Library of Western Classical Architectural Theory

西方建筑理论经典文库

沙利文

启蒙对话录

[美] 路易斯·沙利文 著

翟飞 译

吕舟 青锋 校

国家出版基金项目
NATIONAL PUBLICATION FOUNDATION

Library of Western Classical Architectural Theory
西方建筑理论经典文库

沙利文
启蒙对话录

[美] 路易斯·沙利文 著

翟飞 译

青锋 校

中国建筑工业出版社

2013年度国家出版基金项目

著作权合同登记图字：01-2015-0229号

图书在版编目（CIP）数据

沙利文启蒙对话录／（美）沙利文著；翟飞，吕舟译.—北京：中国建筑工业出版社，
2015.5
（西方建筑理论经典文库）
ISBN 978-7-112-18159-9

Ⅰ．①沙…　Ⅱ．①沙…②翟…③吕…　Ⅲ．①建筑理论　Ⅳ．①TU-0

中国版本图书馆CIP数据核字（2015）第107386号

丛书策划

清华大学建筑学院　　吴良镛　　王贵祥
中国建筑工业出版社　　张惠珍　　董苏华

责任编辑：董苏华　率　琦
责任设计：陈　旭　付金红
责任校对：李欣慰　刘梦然

西方建筑理论经典文库
沙利文启蒙对话录
[美] 路易斯·沙利文　著
　　　翟　飞　吕　舟　译
　　　　青　锋　校
*
中国建筑工业出版社出版、发行（北京西郊百万庄）
各地新华书店、建筑书店经销
北京嘉泰利德公司制版
北京顺诚彩色印刷有限公司印刷
*
开本：787×1092毫米　1/16　印张：18³/₄　字数：365千字
2015年5月第一版　2015年5月第一次印刷
定价：80.00元
ISBN 978-7-112-18159-9
　　　（27390）

目录

第一部分　启蒙对话录

附录

中文版总序

"西方建筑理论经典文库"系列丛书在中国建筑工业出版社的大力支持下，经过诸位译者的努力，终于开始陆续问世了，这应该是建筑界的一件盛事，我由衷地为此感到高兴。

建筑学是一门古老的学问，建筑理论发展的起始时间也是久远的，一般认为，最早的建筑理论著作是公元前1世纪古罗马建筑师维特鲁威的《建筑十书》。自维特鲁威始，到今天已经有2000多年的历史了。近代、现代与当代中国建筑的发展过程，无论我们承认与否，实际上是一个由最初的"西风东渐"，到逐渐地与主流的西方现代建筑发展趋势相交汇、相合流的过程。这就要求我们在认真地学习、整理、提炼我们中国自己传统建筑的历史与思想的基础之上，也需要去学习与了解西方建筑理论与实践的发展历史，以完善我们的知识体系。从维特鲁威算起，西方建筑走过了2000年，西方建筑理论的文本著述也经历了2000年。特别是文艺复兴之后的500年，既是西方建筑的一个重要的发展时期，也是西方建筑理论著述十分活跃的时期。从15世纪至20世纪，出现了一系列重要的建筑理论著作，这其中既包括15至16世纪文艺复兴时期意大利的一些建筑理论的奠基者，如阿尔伯蒂、菲拉雷特、帕拉第奥，也包括17世纪启蒙运动以来的一些重要建筑理论家和18至19世纪工业革命以来的一些在理论上颇有建树的学者，如意大利的塞利奥；法国的洛吉耶、布隆代尔、佩罗、维奥莱－勒－迪克；德国的森佩尔、申克尔；英国的沃顿、普金、拉斯金，以及20世纪初的路斯、沙利文、赖特、勒·柯布西耶等。可以说，西方建筑的历史就是伴随着这些建筑理论学者的名字和他们的论著，一步一步地走过来的。

在中国，这些西方著名建筑理论家的著述，虽然在有关西方建筑史的一般性著作中偶有提及，但却多是一些只言片语。在很长一个时期中，中国的建筑师与大学建筑系的教师与学生们，若希望了解那些在建筑史的阅读中时常会遇到的理论学者的著作及其理论，大约只能求助于外文文本。而外文阅读，并不是每一个人都能够轻松胜任的。何况作为一个学科，或一门学问，其理论发展过程中的重要原典性历史文本，是这门学科发展历史上的精髓所在。所以，一些具有较高理论层位的经典学科，对于自己学科发展史上的重要理论著作，不论其原来是什么语种的文本，都是一定要译成中文，以作为中国学界在这一学科领域的背景知识与理论基础的。比如，哲学史、美学史、艺术哲学，或一般哲学社会科学史上西方一些著名学者的著述，几乎都有系统的中文译本。其他一些学科领域，也各有自己学科史上的重要理论文本的引进与译介。相比较起来，建筑学科的经典性历史文本，特别是建筑理论史上一些具有里程碑意义的重要著述，至今还没有完整而系统的中文译本，这对于中国建筑教育界、建筑理论界与建筑创作界，无疑是一件憾事。

在几年前的一篇文章中，我特别谈到了建筑创作要"回归基本原理"（Back to the basic）的概念，这是一位西方当代建筑理论学者的观点。对于这一观点我是持赞成态度的。那么，什么是建筑的基本原理？怎样才能够理解和把握这些基本原理？如何将这些基本原理应用或贯穿于我们当前的建筑思维或建筑创作之中呢？要了解并做到这一点，尽管有这样或那样的可能途径，但其中一个重要的途径，就是要系统地阅读西方建筑史上一些著名建筑理论学者与建筑师的理论原著。从这些奠基性和经典性的理论著述中，结合其所处时代的建筑发展历史背景，去理解建筑的本义，建筑创作的原则，建筑理论争辩的要点等等，从而深化我们自己对于当代建筑的深入思考。正是为了满足中国建筑教育、建筑历史与理论，以及建筑创作领域对西方建筑理论经典文本的这一基本需求，我们才特别精选了这一套书籍，以清华大学建筑学院的教师为主体，进行了系统的翻译研究工作。

当然，这不是一个简单的文字翻译。因为这些重要理论典籍距离我们无论在时间上还是在空间上，都十分遥远，尤其是普通读者，对于这些理论著作中所涉及的许多西方历史与文化上的背景性知识知之不多，这就需要我们的译者，在准确、清晰的文字翻译工作之外，还要格外地花大气力，对于文本中出现的每一位历史人物、历史地点及历史建筑等相关的背景性知识逐一地进行追索，并尽可能地为这些人名、地名与事件加以注释，以方便读者的阅读。这就是我们这套书除了原有的英文版尾注之外，还需要大量由中译者添加的脚注的原因所在。而这也从另外一个侧面，增加了本书的学术深度与阅读上的知识关联度。相信面对这套书，无论是一位希望加强自己理论素养的建筑师，或建筑学子，还是一位希望在西方历史与文化方面寻求学术营养的普通读者，都会产生极其浓厚的阅读兴趣。

中国建筑的发展经历了 30 年的建设高潮时期，改革开放的大潮，催生出了中国历史上前所未有的建造力，全国各地都出现了蓬蓬勃勃的建设景观。这样伟大的时代，这样宏伟的建造场景，既令我们兴奋不已，也常常使我们惴惴不安。一方面是新的城市与建筑如雨后春笋般每日每时地破土而出，另外一个方面，却也令我们看到了建设过程中的种种不尽如人意之处，如对土地无节制的侵夺，城市、建筑与环境之间矛盾的日益突出，大量平庸甚至丑陋建筑的不断冒出，建筑耗能问题的日益尖锐，如此等等。

与建筑师关联比较密切的是建筑创作问题，就建筑创作而言，一个突出的问题是，一些投资人与建筑师满足于对既有建筑作品的模仿与重复，按照建筑画册的样式去要求或限定建筑师的创作。这样做的结果是，街头到处充斥的都是似曾相识的建筑形象，更有甚者，不惜花费重金去直接模仿欧美19世纪折中主义的所谓"欧陆风"式的建筑式样。这不仅反映了我们的一些建筑师在建筑创作上缺乏创新，尤其是缺乏对中国本土文化充分认知与思考基础上的创新，这也在一定程度上反映了，在这个大规模建造的时代，我们的建筑师在建筑文化的创造上，反而显得有点贫乏与无奈的矛盾。说到底，其中的原因之一，恐怕还是我们的许多建筑师，缺乏足够的理论素养。

当然，建筑理论并不是某个可以放之四海而皆准的简单公式，也不是一个可以包治百病的万能剂，建筑创作并不直接地依赖某位建筑理论家的任何理论界说。何况，这里所译介的理论著述，都是西方建筑发展史中既有的历史文本，其中也鲜有任何直接针对我们现实创作问题的理论阐释。因此，对于这些理论经典的阅读，就如同对于哲学史、艺术史上经典著作的阅读一样，是一个历史思想的重温过程，是一个理论营养的汲取过程，也是一个在阅读中对现实可能遇到的问题加以深入思考的过程。这或许就是我们的孔老夫子所说的"温故而知新"的道理所在吧。

中国人习惯说的一句话是"开卷有益"，也有一说是"读万卷书，行万里路"。现在的资讯发达了，人们每日面对的文本信息与电子信息，已呈爆炸的趋势。因而，阅读就要有所选择。作为一位建筑工作者，无论是从事建筑理论、建筑教育，或是从事建筑历史、建筑创作的人士，大约都在"建筑学"这样一个学科范畴之下，对于自己专业发展历史上的这些经典文本，在杂乱纷繁的现实生活与工作之余，挤出一点时间加以细细地研读，在阅读的愉悦中，回味一下自己走过的建筑之路，静下心来思考一些问题，无疑是大有裨益的。

吴良镛

中国科学院院士
中国工程院院士
清华大学建筑学院教授
2011 年度国家最高科学技术奖获得者

编者前言

　　此次将未曾出版的《沙利文启蒙对话录》（以下简称为《启蒙对话录》）修订稿付梓，至少完成了路易斯·沙利文的遗愿——他在1918年7月撰写的前言中提到：希望以书的形式发表其作品。在他生命的最后6年中，没有出版商愿意发行这本作品。并且世人普遍对于沙利文对这本作品的看法存在许多模糊和误解——甚至针对这份修订过的手稿本身以及保存状况也如是——这恰恰反映了人的本性与学识之间总是有着千丝万缕的联系。

　　沙利文相信一座建筑是行为的反映，而行为揭示了建筑背后的人——建筑师的思想以及道德规范。这种理解方式比任何建筑师针对该建筑的言说都更为准确。在这个意义上，这本由52篇连续短文组成的《启蒙对话录》也是这样一种"行为"，无须过分殷勤地介绍与解释。自1901年刊行的第一版至今仅存一些残本，而1934年由克劳德·布莱登编辑的版本至今也已经绝版，我们需要就1918年沙利文做的校订工作的性质和意义做个一般性的说明。

　　1918年的6月到10月，沙利文一直在撰写手稿，这个文本形成了本书最终的模样。从这次修改的手稿可以发现，沙利文对词语的精确性进行了校对，他认真地对待每一个句子和段落；词语和段落的修改、删减、重写都是他天才思考和力争语言清晰性的成果。一些多余或者不精确的形容词被替换，一些特定的术语被运用更为宽泛的口语替换，重复的段落则被删除。这次修订自始至终突出了文章的主旨（本书直接来自原始手稿），并为之舍弃了次要的内容。比如，为了使理性和文章的整体结构不受影响，许多表达强烈感情以至于产生"偏见"（但并非总令人信服）的词汇、短语和句子被删除或被修改了。因此，文稿的修改绝不是一种妥协，或是对建筑师或建筑批判论点的改变，抑或因为年龄增长而使态度变得折中；恰恰相反，这些修改使文字更加尖锐、更加清晰、更具有逻辑性。（从长度上讲，这份文本被删减了约30000词，完全或大部分重写的章节将会在本书脚注中标注。）应该指出的是1918年版《启蒙对话录》部分与1901年版完全相同，特别是那些早期的段落；在1934年版中被（当时人们）认为是过时或令人不快而被删除的部分章节，在这一版又重新恢复了原貌。沙利文后期所做编辑的深度和广度本身就体现了作者这个人以及作为一个思想家与作家的特征。 6

根据乔治·格兰特·阿姆斯莱先生的建议，我们增选了7篇由他选择的文章，以便读者们研究沙利文由职业生涯早期直至暮年的理论发展和变化（最早的一篇文章是在他29岁时写成的）。这些添加的文章，大多数都是在建筑师学会上宣读的论文，其中的一些论文校订后部分被发表在一些现在已经停刊的专业杂志上；大多数文章可以追溯到《启蒙对话录》之前那段沙利文最辉煌的时期。关于沙利文生平传记和各种说明性的资料，都放在了附录部分。这些工作都意图使本书成为一份人性化的、学术性的、艺术性的文献，同时也是进一步研究的基础。

在《启蒙对话录》中作为插图使用的照片都是沙利文谈及的，以及他所意会的建筑（没有指名道姓）。一些沙利文自己的建筑也被载入书中，以便来解释他的设计理念并与其他建筑取得平衡。

手稿中关于标点符号、拼写以及字母大小写等的风格都基本保留下来，只做了一些微小的变动；一些局部的修改——例如破折号和冒号的使用——在出于复制与出版的需要而产生的不同版本上进行了相应调整。(《启蒙对话录》的亲笔手稿与后来的系列文本并不相同，在一些文章的刊物中存在着一些分歧。) 一些存在明显强调意味的字母大写——比如民主 (Democracy)、人类 (Man)、建筑 (Architecture) 等字词——被保留下来，以保证沙利文充满了口语基调与色彩的文风不受到文体一致性教条的桎梏。

伊莎贝拉·阿赛

致谢

　　本书的出版商与编辑要感谢以下人士所提供的材料、帮助以及建议：

　　沙利文作品的执行人乔治·格兰特·阿姆斯莱先生，如果没有他全心全意的合作，本书不可能被出版；新罕布什尔州汉诺威市的休·莫里森先生及夫人；伯纳姆建筑博物馆的工作人员；芝加哥艺术学会，特别是埃瑟德瑞德·艾伯特小姐，以及小 T·M·霍夫米斯特夫人（特别感谢她们慷慨地借出沙利文手稿）；哥伦比亚大学艾弗里图书馆的工作人员，特别是泰伯特·哈姆林先生和科琳娜·斯宾塞夫人；以及其他所有向我们提供文献和说明材料的慷慨相助之士。

7 路易斯·沙利文简历

1856 年   9 月 3 日，出生于马萨诸塞州的波士顿市

1860—1870 年   就读于当地的小学及初中。大多数夏天，他都会住在位于南雷丁（South Reading）的外祖父母家的农场。

1870 年   就读于波士顿的英语高中，在那里，摩西·伍尔森（Moses Woolson）的教学在他心中留下了深刻的印象。同年，沙利文一家移居芝加哥。

1872—1873 年   沙利文参加了在麻省理工学院（M.I.T）的建筑课程，中途辍学；后在费城（沙利文的一个叔叔在那里）的弗内斯与黑维特（Furness & Hewitt）工作室得到一份绘图员的工作。这段令人抑郁的时光促使沙利文搬到芝加哥，并在那里受雇于威廉·勒·巴伦·詹尼（William LeBaron Jenney）。

1874 年   赴欧洲巴黎美术学院学习（Beaux-Arts，下文中位于巴黎的国家艺术学院亦即通称的"巴黎美院"），行程经由利物浦和伦敦，最终到达巴黎。沙利文在那里用了 6 周时间准备学院入学考试并且顺利通过，其后又在沃德梅尔（Vaudremer）的私人工作室（atelier libre，私人工作室——艺术家领导的私人艺术学校）待了将近两年的时间。他旅行至意大利，并在那里被米开朗琪罗的作品深深打动。在巴黎期间，沙利文大多数时间都住在

位于王子街（rue Monsieur Ie Prince）和拉辛街（rue Racine）转角处的房子里（其建筑仍保留至今）。

1876—1879 年　　回到芝加哥，继续做绘图员工作，直到进入丹克曼·阿德勒（Dankmar Adler）的工作室成为负责人。

1881 年　　沙利文与阿德勒结成了长达 12 年的合作伙伴关系，他们成为芝加哥最为活跃的建筑设计公司之一（例如 1887—1889 年设计的芝加哥会堂大厦）；1880—1895 年，沙利文设计了 100 座以上的建筑。

1893 年　　芝加哥世界哥伦比亚博览会（World's Columbian Exposition），交通馆（博览会上唯一一座获得世界认可的建筑，获得法国政府授予的奖章），对美国建筑发展和沙利文职业生涯具有重要意义。

1895 年　　结束与阿德勒的合作关系

1895—1924 年　　沙利文开始独立执业。关于沙利文这一时期的数据资料十分有限；1906 年，沙利文拍卖了他的财产，透露出他正处在困境中。许多年里，他一直保留着在芝加哥会堂大厦竖塔（Auditorium Tower）内（第 1600 号）的办公空间；他的大部分著作都创作于一间名为"崖间居者"（Cliff dwellers）[于 1907 年由哈姆林·格兰德（Hamlin Garland）成立于芝加哥的面向于职业艺术家的私人俱乐部］的俱乐部中——他本人是这间俱乐部的终生会员；朋友和同事的兴趣促使他修订《启蒙对话录》（1918 年）并使他产生将之出版的想法，但并未出版此书；同时，他还在构思《自传》的写作以及为《一个建筑装饰系统》（A System of Architectural Ornament）绘制插图。

1924 年　4 月 14 日，沙利文死于芝加哥的一间旅馆客房中。

《美国建筑的特征与趋势》

第二届西部建筑师学会年度会议上宣读的论文，圣路易斯，1885 年；发表于《建筑师周报（伦敦）》1885 年的某一期中，无相关参考文献。

《灵感》

第三届西部建筑师学会年度会议上宣读的散文诗，芝加哥，1886 年 10 月；以小册子的形式由内陆建筑师出版社出版发行（作为"自然与诗人"系列的第一部分）。

《在建筑设计中，什么是细节对于实体的适当从属关系？》

在伊利诺伊建筑师学会会议上发表的专题文集，芝加哥，1887 年 4 月，收录了路易斯·H·沙利文、L·D·克利夫兰、O·J·皮尔斯的演讲，以及由沙利文记录的摘记；刊登在《大陆建筑师新闻报道》，vol.9，no.5 中，第 51—55 页，1887 年 4 月；同时刊登在《建筑预算》，vol.3，no.3 中，第 62—63 页，1887 年 4 月。

《礼堂的装饰》

一篇部分被引用在《工业芝加哥，vol2》第 490—491 页中的论文。

《建筑中的装饰》

刊登于《工程杂志》1892 年 8 月份 vol3，no5，第 633—644 页。

《情感建筑与理智建筑的比较：客观性与主观性的研究》

一篇在美国建筑师学会第 28 界年度会议中宣读的论文，纽约，1894 年 10 月；题目中的"理智"经常用"古典"来代替，这是由于作者的疏忽而造成的印刷错误；刊登在《大陆建筑师新闻报道》vol.24，no.4，第 32—34 页，1894 年 10 月。当时以不同的题目发表（"客观性与主观性，一份关于情感与理智的比较研究"），并且有局部文字改动；这篇文章由"大陆建筑师出版社"以小册子的形式出版发行，芝加哥，1895 年。

《高层办公楼的艺术化思考》

刊登在《里皮考特杂志》（Lippincott's），vol.57，第 403—409 页，1896 年 3 月（Lippincott's 是一家 1836 年成立于费城的出版社）；以及《大陆建筑师新闻报道》vol.27，no.4 第 32—34 页；文章略有改动后，以"形式与功能的艺术性审视"的题目，刊登于《工匠》杂志"建筑评论"专栏中，vol.8，第 453—458 页，1905 年 7 月。1922 年 1 月，重刊于《西部建筑师》vol.31，no.1，第 3—11 页，以最初的题目发表，同时注明："沙利文先生本人声明他对于先前的陈述已经没有什么需要增减的内容了。"

《一个不受影响的现代建筑学院：它会出现吗？》

刊登在《艺术家》（纽约）vol.24，第 XXXIII—IV 页，1899 年 1 月。

《在芝加哥建筑俱乐部的演说》，芝加哥艺术学院，芝加哥，

1899 年 5 月。未出版（手稿存于伯纳姆图书馆）

《建筑的现代阶段》

一篇简短的演说，似乎在克利夫兰（未核实）发表，刊登在《大陆建筑师新闻报道》vol.33，no.5，1899 年 6 月。

《大师》

"自然与诗人"系列的第二部，开始于 1880—90 年，完成于 1899 年 7 月 1 日，未发表（手稿存于伯纳姆图书馆）。

《建筑中的年轻人》

一篇在《美国建筑联盟》中宣读的论文，1900 年 6 月；刊登于《砖瓦匠》（*the brick builder*）vol.9，no.6 第 115—119 页，1900 年 6 月；以及《西部建筑师》vol34，no1，第 4—10 页，1925 年 1 月；另发表于一年二卷 no2，春 - 夏季，1939 年。

《建筑艺术中的现实》

刊登于《州际建筑师和建造者》，vol.2，no.25，第 6—7 页，1900 年 8 月。

《启蒙对话录》

刊登于《州际建筑师和建造者》，vol.2，no.52—vol.3，no.51，（从 1901 年 2 月 16 日至 1902 年 2 月 8 日刊登在第 52 号刊上）；1934 年，由克劳德·F·布莱登编辑，由圣甲虫兄弟会出版社出版发行，堪萨斯州劳伦斯市。详见附录 E 中相关手稿和校正稿的时间顺序排列。

《教育》

一篇在美国建筑联盟年会中宣读的论文，多伦多，1902 年。并第一次在这里刊登（手稿存于伯纳姆图书馆）。

《同情心—— 一段浪漫曲》

"自然与诗人"系列中的第三部，约写作于 1904 年，为发表（手稿存于伯纳姆图书馆）。

《自然的思考：一份关于民主的研究》

一篇在芝加哥建筑俱乐部中宣读的论文，1905 年 2 月，未发表（手稿存于伯纳姆图书馆）。

《一种新建筑风格的可能性》

对于费德里克·斯蒂梅兹·拉布《哥特风格的现代用法》一文的回应。发表于《工匠》杂志 vol.8，第 336—338 页，1905 年 6 月。

《建筑是什么：一份关于当今美国民众的研究》

刊登于《美国承包人》，vol.27，no.1，第 48—54 页，1906 年 1 月。重印于《工匠》杂志 1906 年的 5、6、7 月刊号中（vol.10，no.2，第 145—149 页；no.3，第 352—358 页；no.4，第 507—513 页）。在柏林，在名为"新美国建筑展览"的展览会的机会，

以题目"建筑是什么"发表在《艺术学院》杂志中，并附有欧文·K·庞德的一篇前言。这篇文章的节选，由威廉·格雷·珀塞尔"翻译编辑"，并刊登于《西北建筑师》vol.8，no.1，1940年10月至11月，另外这个版本也重刊于1944年6月(细节不详)。

《民主：一个人的追求》

全文分为44章节，约有180000词；初稿完成于1907年7月；修订稿完成于1908年4月18日，未发表(其铅笔手稿保存在哥伦比亚大学的艾弗里图书馆，打印手稿保存在伯纳姆图书馆)。 10
其摘要曾出现在《半年刊》杂志，no.5—6，1940年秋冬版——1941年春夏版，第17—28页。

《我们的艺术是对美国生活的背叛，而非表达？》

刊登于《工匠》vol.15，no.4，第402—404页，1909年1月。

回复 Gutzon Borglum 一篇文章的信件，

《工匠》，vol.17，no.3，1909年12月

《对于艺术化砖砌建筑的建议》

一本名为《砖的艺术》的小册子的前言，由水压制砖公司发行，圣路易斯，年份不明（约1910年），第5—13页。

《为何有诗人？》

刊登于《诗歌》，vol.7，第305—307页，1916年3月。

《建造的发展》

一篇在美国建筑师学会（A.I.A）伊利诺伊分会中宣读的论文；刊登在《经济学人》（芝加哥），vol.55，no.26，第1252页，以及 vol.56，no.1，第39—40页，1916年6月、7月。

《一个观念的自传》

从1922年6月至1923年8月以连载的方式刊登在美国建筑师学会期刊上。1924年由美国建筑师学会出版社以图书的形式出版发行；1934年由诺顿出版社（W．W．Norton & Co）以"白橡树图书馆系列丛书"形式再版。

《与人的力量的一种哲学理论有关的建筑装饰系统》

一个共由19张图版组成的系列图集，绘制于1922年1月到5月期间。1924年由美国建筑师学会出版社以对开的形式出版发行（原初图纸保存于伯纳姆图书馆）。

《芝加哥论坛报的竞赛》

刊登于《建筑实录》vol.53,no.2,第151—157页,1923年2月。

《关于东京帝国饭店的思考》

刊登于《建筑实录》vol.53，no.4，第333—352页，1923年4月；同时收录在韦杰德韦德（H．Th．Wijdeveld）的著作《弗兰克·劳埃德·赖特——美国建筑师的代表作》一书中，第124—131页，1925。

《东京灾难的反思》

刊登于建筑记录 vol.55,no.2,第 113—117 页,1924 年 2 月;
此外收录于《弗兰克·劳埃德·赖特——美国建筑师的代表作》,
第 101—123 页。

（这份名单是根据休·莫里森的《路易斯·沙利文：现代建
筑的先驱》一书中的书目整理而成，并且编者对其做了一些补充
以及局部修改。）

关于沙利文详尽的文章与著作的名单，以及沙利文的建筑作
品名录，可以在休·莫里森的著作中找到（现代艺术博物馆与诺
顿出版社，1935 年），这些名单已经非常详细，基本不需要补充。

1946 年 4 月，美国建筑师学会追授予沙利文金质奖章（见
附录 D）；1946 年 9 月，为纪念沙利文 90 周年诞辰，在他的出
生地——现今的波士顿 42 号班纳特街——树立了一块纪念铭牌
（见美国建筑师学会期刊 vol.6，no.5，1946 年 11 月）。

由现代艺术学会在马萨诸塞州的波士顿市举办了首个关于沙
利文的题为"天才路易斯·沙利文"的个人展；在该博物馆展出
后，1947 年 3 月 4 日至 4 月 19 日进举行了广泛的巡回展览。

前言

本书的文章以连载的形式刊登在 1901 年俄亥俄州克利夫兰市的《州际建筑师》[1] 上。

本书最初是为年轻的建筑师创作的。其目前的内容经过了充分的修订，以更广泛地吸引那些认为建筑的特征是一种创造性艺术的人。

本书避免大量使用技术用语，它采取了一种简单对话形式，向所有人表明了其主旨：它立足于每天日常生活中的现实，在本质上是民主的——[2] 我们所拥有的普遍自然的力量。

本书的故事（如果可以这样称呼的话）十分简单，一个建筑学院的毕业生找到本书的作者进行一项研究课程的学习。因此，所有的兴趣将会聚焦于——[3] 开启一个学生所拥有的那些在专业训练中被淹没和忽略的自然本能。

本书的核心目的在于将思想从传统的奴役中解放出来；在有责任感的、自由精神的氛围中，或者说在真正的民主精神里——展现一个人创造能力中的自然力量。从中我们可以看到那些历史封建头脑和那些先进的民主头脑在实践上形成的鲜明对照。因此，这份呼吁是针对公众中那些具有更广阔才智见识人士的，这些有识之士寻求的不仅是一种知识，或把建筑作为一种造型艺术来理解，他们同时还看到了建筑作为一种表现艺术的社会基础。

1　即《州际建筑师和建造者》1901 年 2 月 16 日—1902 年 2 月 8 日，在附录 A 部分沙利文的书信中提及这一系列的文章。

2　此处字迹不清。

3　此处字迹不清。

当前即将终结的世界性悲剧正在呼吁对人类权力的重新评价；一个新的净化了的社会观察以及社会图景；一个超越狭隘的政治角度的，对民主基本性质的新的阐述。

本书的作者愿将这份工作以图书的形式出版，并希望它能对以上的净化工作贡献一份力量。

本书背后的理想既简单又是基础性的，因此书名定为"启蒙对话录"。

路易斯·亨利·沙利文，于"崖居者"俱乐部

1918 年 7 月 10 日

第一部分　启蒙对话录

1．一幢有塔楼的建筑

—这是什么？我的意思是，它是什么建筑？

—这是一个构造物，向外看往密歇根湖宽广的延伸。

—湖真的有宽广的延伸吗？

—确实是，因为它恰如其分地让眼睛享受了视觉的盛宴，但奇怪的是，就像其他许多精挑细选的东西一样，它对于大众来说过于阳春白雪。

—对于什么样的大众？

—对那些冷漠的大众。

—芝加哥的人们真的不喜欢这壮丽的湖面吗？

—不，并不全是，但近乎是。这是一个美妙的水面——每天变化多端，像人一样喜怒无常与心血来潮；但它宽阔多姿的水域，流变的色彩，它的动荡，它的平静，它的一颦一笑，都让人印象深刻。我一年中会注视它许多次，但从来没有哪两天的湖面是相同的。

—是的，但是那幢建筑怎样？

—不怎么样。

—难道它不是一件高水平的艺术品吗？

—是的，有人告诉我它是 390 英尺高的艺术品。

—那么这塔楼确实是非常高水平的艺术品咯？

—你的理由很符合逻辑。对了，说到这塔楼，据说最初在业主和建筑师之间存在一些分歧，投标工作变得棘手。似乎是业主希望建一个塔楼，但建筑师坚持要四个塔楼。[图 1]

—如果这是真的话那确实很有意思。

—这可能是真的，也可能不是，但是无论是真是假都很有意思，因为如果你稍稍留意探究的话，你会注意到这位建筑师如何巧妙地以他的方式进行设计。

—你是在揶揄这个建筑师。

—公平地讲，他不是也在反过来取笑你我、业主和其他普通人吗？以
及——顺便提一句——还有这个湖。

—是的，看起来是有点如此，但是在那里有没有少许较高级的艺术呢？建筑尖顶上的闪闪发亮是什么？它看起来像是一位雕刻家的作品，不是么？

— 一位杰出的雕刻家，照他们的说法。

　　—它看起来像一位女郎，但是一位女郎在那么高的地方做什么——就像天空中的钻石？一闪一闪小星星（Twinkle, twinkle, little star），我怎样才能知道你是谁！这位女郎在做什么？你没看到吗？她转向这头又转向那头，绕圈又掉头，一会儿东一会儿西，一会儿南一会儿北——正不断试图从一面和她玩捉迷藏的无形镜子中看到自己的容貌。

　　—噢，她是一个虚荣的女郎么？

　　—不，她不过是一个女像风向标。你在浴室中会看到她：注意她手上喷泉里欢快涌出的水流。她的另一只手随着手臂向外延伸，手中挥舞着权杖，一根真实的权杖，一根最真实的权杖——那种西方人最熟知和喜爱的样式。

　　—但是，不管怎样，这个人物有什么象征意义吗？

　　—也许你的意思是问：这个人物通常有什么象征意义。我并不确切地知道，不过我听说它代表节制能够减轻劳动的负担——或者差不多的意思。谁也弄不清这些"艺术人士"们的脑子里到底在想什么，有时他们自己也弄不清自己。可能这就是一个例子。

　　—那他们的方式与我们的不同咯？

　　—啧！啧！不要如此拘泥于形式。再说，所谓的方式，你是指，或者应该是指，高明的方式。他的方式就是她的方式，因此她的方式就是他的方式，因此她的方式就是高明的方式，其实是空想的不切实际的方式。[1]

　　—她若穿着某些套装是否会看起来更加具有现代感？也就是说，更加"芝加哥化"。

　　—她已经被罩上了一层煤灰，这就是典型的芝加哥式的。正像他们所宣称的那样，这显示出了我们市民的骄傲，我们的优雅，我们对于美的热爱，我们"觉醒的公众良知"。在这里我们宠爱一切有吸引力的、提升性的、激发人心的事情。这是我们的天性，我们的天赋，我们不能改变它。但是，看起来我们这种过分的坚持正在走向清教主义（puritanism）的边缘；也许，我们有些过头了。

　　—当然，你不是在暗示——

　　—不，恰恰与你认为的相反，我是在暗示。你看到的似乎不过是一场令你所有官能感到焦虑的海市蜃楼。很难想象我们将会容忍事物都与你幻想的一致。在这里，我们有太多的启蒙，对最终经济性过于良好的感觉，以及过多的自尊。事实上，你看到的只不过对勤奋、节约（thrift）、公共精神和高度的文明秩序等等事物令人满意的确证。

　　—好吧，虽然我同意你的观点，然而对我来说，它看起来非常粗鲁。不

1　原文 Besides, by ways, you mean or should mean, highways, and his ways are her ways, hence her ways are his ways, and her ways are high ways, airy ways, fairy ways. 其中 airy-fairy 是美国俚语：空想的，不切实际的，空中楼阁似的。——中译者注

图 1　蒙哥马利沃德公司大厦（现名 "塔楼"）建筑，芝加哥。1899—1901 年，建筑师：理查德·施密特（后由赫拉伯德 & 洛克添加了建筑的四层楼以及塔楼）

图 2　伊利诺伊中心站，芝加哥，1892 年。建筑师：布拉德福特·吉尔伯特

图 3 马歇尔菲尔德商店（旧附属大楼），芝加哥，1885—1887 年。建筑师：D·H·伯纳姆及其公司

图 4 马歇尔菲尔德批发商场，芝加哥，1885—1887 年（现已拆除）。建筑师：H·H·理查森

过那座建筑究竟是怎样的呢?

　　—但是,奇怪的是,在这里,我们有一个建筑,它同时趋向于相同或者相反的方向,它从自身中演化出一些证据,告知我们可能或者不可能变成什么样。这十分有意思,但是当你看到这个建筑时,你肯定不会产生幻象,你一定会看到它真实的样子。通过这个方法,你的思维将与本地的天气一样清晰,而且你将会在自己的研究中有一个正确的开端。一切都取决于一个良好的开始,这正如炮手对炮弹所说的一样。

　　—说得够清楚了。但是,这幢特别的建筑如何呢?这才是我所关心的。

　　—是的,这也是业主和税务员所关心的,你指的是建筑的哪一部分?

　　—当然,说的是建筑除雕塑之外的部分。

　　—这个建筑师没有给这幢建筑留任何余地,但是,说到其他剩下的结构——它看起来像一份劣质混合的沙拉,带着一股腐臭的纽约风味。

　　—我不清楚一座建筑和一份沙拉有什么联系。

　　—但是我知道一份沙拉和一座建筑之间的联系,因为我知道建筑是以一种什么样的规则建造起来的。

　　—那么,如果你讲述的是一份沙拉的话,你没有放太多的油。总的来说,你对这栋建筑有什么看法呢?

　　—总的来说,它花了太多的钱。

　　—(你的说法)太酸了,不是么?在我看来,你的沙拉既太辣又太酸,你可以去掉塔巴斯科酸汁(tabasco),使用较温和的醋,然后加上油。我想,这会使它的口味儿改善不少。

2. 病理学

　　一揶揄在一定程度上是很好，但是，不过分地说，你不觉得当我们讨论那幢建筑的时候，不仅严厉，而且你过于诙谐了吗？上周我一直在思考这个问题，我不能赞同你的观点。

　　一确实如此，通俗地说来，这意味着你觉得你是在思考——但是你根本不知道，甚至没有去想我的观点是什么。在当下，你想或者不想并不能揭示什么。这幢被观察和讨论（如果你愿意去做的话）的建筑，只是使土地发霉的那些建筑物的古怪竞赛中一个温和的类型罢了。而且我们俩像科学家研究任何一种害虫一样去研究它，这也是为了补救。

　　也许从某个观点来看，这是一座特殊的建筑，从另一个视角出发来看，它仅仅是一种青年的迷惘，一个没有经过锤炼的头脑无力去认识和把握难得机遇的鲜明写照。同样，当我们稍微转换一下视角时，这座建筑就变成了一个无价值且铺张浪费的深刻例子。而如果我们再一次改变角度，我们就会认识到当没有精心挑选的头脑来驱动时，金钱是多么无能。够了，不要再讨论这个建筑了。我们将要研究这个更广泛的问题或者说现象，它在当前的形势下，以及在其灵魂深处，是病态的。当前的美国建筑界意志消沉，建筑师们不仅在精神上与艺术分道扬镳，在社会和经济层面更与时代脱节，这是一个令人失望的现实，但却是一个铁一般的事实。我们看到的是一个有趣的情形，就像一团纠结的纱线需要人们耐心地去解开。对于我来说，方法简单明了——不过，要让你觉得它简单明了则是另外一回事。然而，事实已然存在，我们必须去正视它。

　　所以，不管愿意不愿意，为了获得健康，我们必须看透并超越疾病；为了找回理智，我们必须徘徊于丛林、湿地、沼泽，以及更令人讨厌的混乱的旱地。我们必须坚定向前——白天有太阳引导，黑夜有星辰领路。没有别人的帮助，我们正在瘴气中窒息，我们必须找到通往新鲜空气的道路，否则将会灭亡。我们正在腐烂——我们亟须得到洁净；我们正在麻木不仁中消耗生命；在我们的时代来临之前，我们就已经老去；我们像是有蛀虫的被风吹落的果实。唉，悲哉！哀哉！我们坠落至何等的深渊！我们的头脑溶化成了一堆腐烂的糊糊。我们真的在悲哀中出生？我们的幼年是一场祸害？在我们当中没有健康吗？或许将会有一个有活力的神恩，一种力量，新生的力量？从丑陋的蠕虫中将会诞生出美丽轻盈的生灵么？从这些肥料中能生长和盛开玫瑰来么？

这些都是沉重的问题，我年轻的朋友，而它们每时每刻都变得更加沉重。是我们正在走向魔鬼，还是魔鬼正在接近我们，在这个问题上我不打算诡辩。我们的时代正在孕育着新生，但将会是什么，只有天晓得。

因此让我们缓步地穿过这间屋子吧，这里面的疯子们一致认为我们疯了。让我们尽早结束，尽快完成。

你说的确实鼓舞人心。前景是喜人的、引人入胜的。蠕虫和臭虫，沼泽和丛林，疯子和精神错乱者，瘴气和潮解，事物和许多其他事物。一切都相当迷人。我愉快地接受了：让我们欢欣踊跃，无忧无虑，勇往直前，振作精神，我的朋友，最严重的（挑战）还在后头。

就是这样。当你来我这里的时候，正如我预料得那样年轻，"受过良好教育"，自信，毫无戒心地充满希望。你的快活对于别人来说真是不幸。但从某种程度上讲这是一件好事，只要你不用它来自取灭亡。因此，紧腰收腹，做好准备。此后你就不会觉得这么欢快了。你就像一个从来没有任何航海经验的水手。而当你熟悉之后，狂暴的大海上的生活就会变得很不错了，但是与此同时呢？如果你真的相信你可以在病态中涉水前行，甚至漫过脖颈，却不会变得神经质和摇摇欲坠，不会对于自己的前景有一点点不确定的话，那么，去做吧。——无论如何，我不愿被淹死。

——您真是位非常亲切、最最仁慈的老师啊！

——而你则是一个轻率的，却并非没有魅力的年轻人。我们所看到的第一个建筑仅仅是神情恍惚，口齿不清，似是而非。让我们关注那些更加拙劣的案例吧——那些案例无论是从激烈的还是较温和的方面来看，都深深渗透着威胁社会生活以及推动衰败的病毒。这样做，我们将会揭示出一些之前不同寻常的责任，一些出乎意料的蜕变——总之，这些案例反映了一些直白却十分需要的事实。当这一步完成了，我们才能去追求将深谷抬升，将扭曲的变直，让崎岖之地变得平坦。

3. 终点站

—我的孩子，就是这个地方——也许也是地球上一个独特的点——它真是污秽中的圣物，这里，里外颠倒，上下颠倒，为了向上得向下，为了向下得向上。总而言之，对我来说，这是从知识之树延伸分支上摘下来的上等果实（呈现的），被称为"让公众见鬼去吧"风格。这种风格在外在层面上呈现出的是类似于建筑的外观，就像传声管传导声音一样。让我们好奇地观察它。它思想的清晰度仿佛是在阴沉黑暗中间。它是典型的——太具典型性的美国作品。唉，这毋庸置疑。并且，我们对于当代建筑，其起源、灵感、主导精神、发展、趋势以及最终命运的研究，构成了我们调查的一部分；而存在于那砖石构筑的歪曲和虚假的画面后面的总体和个人责任及义务构成了一个相关部分；让我们在这个物体前停留一会儿，这个东西，就是这个；让我们驻足，并且思考。我说"它"，因为它是中性的。男性，用心理的术语来说，意味着阳刚、有力量、率直、明确、直截了当，男性在思想中理解并保存；女性：则是直觉的感应、机敏、柔和、优雅——这些品质能安慰人心、振奋精神、让人变得高贵和纯粹。但是，这是"它"！这滑稽和不切实际的对逻辑的拙劣模仿；这一巨大的难题；这矛盾的网；这公然的谬论；这僵化而令人厌恶的秽物，这讲话舌头上的疮。[图2]

为什么那个湖不吞灭它？为什么不从天上降下天火来烧毁它？地球上没有神志清醒的审判官么？可能是湖水太忙了，上帝也太忙了；世上的人也太忙了——太忙以至于没空多想，太有耐心以至于毫不关心，太无动于衷以至于不会烦恼；太利欲熏心以至于不去看，太无知以至于不去笑。这就是为什么在这个情况下——正如在许多情况下一样——并不是建筑成为被嘲笑和被咒骂的对象，而民众才是。当伟大的美国公众将其伟大的头脑钻进一个巨大的绞索中，而这个绞索正在拉紧……

—请不要讨论政治了，教授先生，我对此并不擅长。还是对我说一些有关这个构筑物的建筑方面的事情吧，它的外部处理，它的风格。我看不出这些里里外外的东西与美学有什么关系。

—我已经告诉过你它是什么风格的了，它的外部仅仅是一个恶劣设计的粗糙且愚蠢的体现。它只是这个整体疾病的一个局部症状罢了。

—那么，这个疾病是什么？我好像不能理解你的词汇，我不知道你的用意所在，我也跟不上你的推理——如果你有在推理的话；我实在毫无头绪。

—是的，我记下了。不过不要让这些小波涛扰乱你，因为我们还没有碰到公海上的巨浪呢。疾病是一种对正常健康状态的强烈偏离，并且在这种情况下，疾病就隐藏在我刚才给这种风格所起的名称中。此外，我并没有开始同你讨论政治，而是在讨论社会学，这完全是另一回事。既然你已经接受了常规的学院教育以及良好的艺术教育，那么你理所当然的不知道去观察在这个大千世界中都发生了什么事情。在这个世界中，你的学校被完全淹没并且紧紧封锁；你们那些所谓的老师将他们认为应该包括的过去东西放进你们的头脑，然后把它小心仔细地密封起来。所以，就像其他灌装货品一样，你被摆放在货架上一言不发。当然，你就不知道，并且现在也没有意识到，一个有着不受束缚的观察能力以及中等智力的人能够立即学会并且迅速掌握的道理，即你看到的每一个建筑都是你所没有看见的那个人的映像。人物就是现实，而建筑则是他的后代。那些砖头、石块、钢等等都是对于一种冲动的回应；隐藏在这种冲动之下的起因不是物质的，而是精神的：这股推动力来自一个人。现在，如果这个人的头脑异于常人，或多或少有点邪恶，或多或少有点堕落，那么作为人的映像的建筑，也将或多或少有点邪恶和堕落。

我已经告诉过你，我们必须通过观察和注意精神失常的症状以谋求神智健全；我们若为了认识健康的功能，就必须去研究疾病。因为在我们所谓的艺术、功能的退化，以及那些延伸层面上，能够以正常、健康的思维来设计建筑实体的例子实属罕见，所以我们必须在自保的基础上，以探究的心态透过那些被感染的建筑来查看其源头，即那些被感染的头脑；并且透过这些被感染的头脑，去查看这个被感染的社会组织结构——而建筑只是其中的一个细微的纤维罢了。

换句话说，如果我们想知道，为什么在令人沮丧的建筑学中某些事物会是现在这种状态，那么我们必须将眼光投向大众。因为我们的建筑——作为一个整体来说——是一个巨大的屏幕，在它的后面是作为整体的我们的民众——建筑更反映的是那些人——他们已得到公众的授权和委托进行建设。

所以，有鉴于此，这项对于建筑批判性研究不仅仅只研究建筑艺术——因为它不过是一个宏大现象中的一个小阶段而已——这应是一项对于造成现今建筑现状的社会条件的详尽研究，对于一个新形成的文明类型的研究。有鉴于此，这项对于建筑学的研究已经顺理成章地成为社会科学的一个分支，我们必须使我们的能力与之适应，才能到达到我们的目标。

每一栋建筑都在明白地诉说它的故事。对于倾听的耳朵来说她讲述得多么清晰，对于睁开的眼睛来说他的图像多么活灵活现，这需要一些时间来感知。但是它全都在那里，等着你去发现，就像每一个伟大的真理都等待无数世纪直到一双慧眼来发现一样。

—但是我永远都学不会该怎么做，我觉得这需要有诗人的眼光。

　　—不要畏缩，我们都是诗人。现在，你看不到事物；但是不久之后"事物将会发现你并且召唤你"；到那时你会觉得震惊——但同时你也会明白了。因此，当我告诉你，这座饱受摧残的建筑——这座所谓的火车站，是"让公众见鬼去吧"的风格，是堕落和败坏的，我只是在重复这座建筑所告诉我的。

　　—哦，我明白了。

　　—真的！？

　　—嗯，也许没有完全明白——不过已经略知一二。

　　—太棒了！即使你仅仅是略知一二，你已经比我认识的一些著名的建筑师强多啦。所以，如果我们必须要去研究疾病的话，就让我们去系统地研究吧。我不能立刻向你指出这一以建筑作为表征的，本质上算是社会骚乱的确切性质；不过我会向你一点一滴地揭露内中隐藏的根源，同时让你清楚明白地看到这场疾病的外表与本质。　　25

　　—千万不要太突然了。

　　—即使我想也不可能做到。这是一个全新的课题，详细说明它需要时间。

4. 花园

　　—你说每一个建筑就是一个屏幕，在它的后面有一个隐藏的人，这个说法果然新奇有趣。这实在是惊人，每一个能看到的建筑都意味着这其中有一个人所未见的明确的个人责任与义务，虽然你没有这么说，但这个人多半就是建筑师。这让建筑评论进入了一个新视野，我十分急切地想知道你要怎样做。我可以感觉到你打算消解我过去的思维习惯；不过究竟如何去做，还不甚明了；事实上，它仿佛是一个正在发展的事业。你可能要摧毁我所有的支撑，但是你要给我这世界上的什么东西来代替它们呢？我只能说，我感到一种令人不安的兴趣，目前为止，我只能这么说。然而，在这个有关责任和义务的理论中，我感到一种不安全感——你将会斥责我将来的工作，那么以后我将何去何从呢？我希望你能够继续谈，这样我也可以尽快找到自己的方向，是吧？

　　—现在不行。此外，个人的责任与义务不是一种理论，而是一个潜在的事实。不经过预先的训练，你还没有准备好立即去开展这项如此深刻、深奥、复杂的调查。我说深刻和深奥，并非，因为我个人认为如此——恰恰相反，我觉得它极为清楚和明显。但是，在当下现代的思维中有一股潮流，就是把简单的问题复杂化，让自然的东西变得做作，用文字和精心设计的道理来包裹一切；去过分地设想人生活在一个分离的世界中，被他称为头脑的那个小东西独立于宇宙；并且设想他所求于自由的就是一张让他有言论自由的特殊许可证。因此，一段时间内，我们得依照当下的方式使用一些术语，直到有一天我们抵达一种更完整、更简单也更直接的理解，那些简单的词句和事物的真正意味着什么。

　　"白发好诗人"（good gray poet）[1] 说道："自然既不加速，也不迟延。"所以让我们既不要加速，也不要迟延，而是一步一步、一点一滴地前进。我既不是要指导你，也不是要重塑你。我只是寻求去引导那些你与生俱来的才能，这些现在部分枯萎的才能按照自然天性去复苏，发出新的根茎，生长，壮大，结出果实。

　　对我而言，你是人性广阔的天空中被忽视的未开垦之地：将被犁田、除草、翻土，然后，耙一会儿，再去耕作。我将在那里种上许多思想的种子；然而它们必须在你自己灵魂深处的沃土中发芽，接受那无法抗拒的、惠及万物的太阳的普照，以及那同时降给好人和歹人之雨水的滋润。[2] 但是我会依旧做一名好园丁。等到这些微小的种子在光明中伸出它幼嫩的根茎和叶片，各从其

26

1　在沙利文的藏书室里有一本破旧却保存很好的惠特曼诗集。

2　这段文义在圣经中有相关经验，所以应该是这个意思。——中译者注

类[1]，我将会精心呵护它们，用从大自然的源泉中汲取的生命之水浇灌它们。

如此，你将成长，生出枝蔓和蓓蕾。你盛开的芳香将是对于我的奖赏，而其中的果实将属于你自己。

"模范"霍尔[2]说过："一个在他的花园中有美丽玫瑰的人，一定在他的心中也有美丽的玫瑰：他必定是一直热爱着它们。"因此，只要我是园丁，那么在你的土地上盛开的鲜花，也必出自我的内心，在那里它们扎根在良善的意愿中；而我的眼、手仅仅参与耕种，除草，防治真菌枯萎病、空中的害虫及地下有害的蠕虫。

这样，你的花园会生长，它将从人性的肥沃的泥土中升起，在精神纯净的空气中绽放它的美丽。

因此，你的思想吸收了这股强大的推动力中的精髓，并且生长发芽，攀爬延伸，盛开结果，各从其类，各自朝向实现它正常而完满的愿望流去。其中的一些将以谦和的美来拥抱大地；而另外一些将会向上生长，年复一年，经历日晒雨淋，经历干旱和冬日的大雪，直到高耸入云，小鸟将在那里筑巢并且繁衍后代。

这就是心之花园：在未经耕种以前它经常被忽略和轻视。

事实上，这里需要有一个园丁，以及许多的花园。

这就是青春——仿佛一块处女地；不断翻新的土壤中充满着不曾透露的韶光：奇妙、神秘、预言般的韶光，中间充满了点点滴滴的灿烂欢笑和凄风苦雨。我的朋友，当你真正把握、抓住和拥有当下的这个稍纵即逝，却是至关重要的时刻，我会带你一同去探求其中的奥妙。

所以让我们走我们的路，缓慢而坚定地，从容不迫地向前吧。

我们拒绝费力不讨好的蠢事，拒绝扼杀乐趣的草率，拒绝焦急、暴躁地抓住生命，因那会带来道德死亡的苦味糠秕。

法国人常说："如果时间被忽略，它将不再神圣。"请记住这个忠告，因为它十分正确。

因此，当我说我们不要再跃进或者迟延时，让我们不要迟延，所有的道理都总结在了以下的谚语中：

欲速则不达。

坐失良机必有忧患。

当断不断，反受其乱。

勇敢而不鲁莽。

1　原文：each after its kind，应出自《创世纪》，所以引用今中文通译的"各从其类"。——中译者注

2　撒母耳·雷诺兹·霍尔（罗切斯特大教堂主教），《玫瑰之书，如何生长以及展示它们》的作者，1869 年初版，有多个版本。沙利文是一位狂热的玫瑰种植者，他在密西西比的欧申斯普林斯（Ocean Springs）市自己的住所有近百个品种的玫瑰花。

5. 一座饭店

——教授，我想知道你是否清楚这座特殊建筑是什么？

——你说它特殊，这很好——因为它是由虚词（particle）组成的，缺少实词和形容词——尤其缺乏动词。它全是"这是"、"如果"、"但是"，全是关联词，但是没有关联任何事物；全是修饰词，但没有修饰任何事物；全是前置词，但是却没有前置任何事物；全是连接词，却没有连接任何事物；全是惊叹词，却没有惊叹任何事物。它在没有转折的地方转折；在没有动词的地方有动词变化；在没有名词的地方使用词形变化。为了添加分量，它加入了许多文法、发音、修辞、韵律、正音法、音节划分法、语源学、标点法，以及诸如此类。但是没有句法——肯定没有句法。它是"非常好"，"很可爱"；它是"相当宏伟"—— 这些都说什么？什么都没说！它是建筑界中的年轻小姐，直说吧，这就是帝国饭店。[图3]

——多么惊人的想法！帝国饭店在纽约，而我们在芝加哥。

——是啊，我们在芝加哥！多么稀奇啊！那它一定是帝国饭店失散已久的孩子吧。

——不，我恰好知道它是一个百货商场，而不是饭店，它也从来不是饭店。所以，是你误入歧途了。

——完全不是。我说它是饭店。如果你愿意，你可以认为它是一个百货商场。

——但是我敢肯定它是一个百货商场，因此，我们的讨论可以结束了。

——恰恰相反，它才刚开始。

——但是看看那些低层的窗户。你能看到正在展示的商品，不是吗？

——我看到了这个建筑，也看到了那些展示的商品，那些商品可能让人联想到建筑中的百货商场，但是那商场不存在于此时此地。我告诉你它是一座饭店——如果你愿意换个说法，甚至可以称作是一座酒店（an hotel）。

——你在打哑谜，你的话明显与事实相矛盾。

——我年轻的朋友，你并没有在认真谈论。用你的眼睛好好看看这建筑吧。当然，如果这是一个百货商场，所有砌体将会减少到最低限度，并且为了采光和展示，会装上宽阔的玻璃。如果你怀疑的话，在这附近有一些百货商场大楼可以作为例子说明我的意思。这样一来，你看，这个建筑本身也证明了你的错误。因此，如果这个建筑可以命名的话，正如我说的那样，它是一座饭店。

——噢！不！我知道你在哪里误入歧途的了。它是一个百货商场，这够清楚了，不过在它上面有办公室。

——不，我年轻的朋友，上面没有办公室，这是一个错觉；你被误导了。这座建筑是饭店，它根本不是一个结合了办公室的百货商场——正如你想要我相信的那样。它是饭店，其中最底下的两层可能是租给商业了。

——无稽之谈！我要向你强调，这座建筑里确实有办公室。我曾经在其中待过，所以我知道。为什么你坚持去否定一个自证的观点呢？

——正好相反，我正在维护一个自证的观点。如果这是一个办公楼，它应该体现这个功能。它应该有规律并且固定的窗户空间，以清楚明白地暗示商业活动和商业活动场所。在这附近有一些设计得很好的办公建筑，它们中间没有一个有这样一副懒洋洋、犹豫不决的体量处理。

28

——很明显，这座建筑是供人睡觉、休憩、可能还有——用餐的。天哪，它暗示的是倦怠，而不是忙碌。

好吧——

——好吧？

——我开始看到一丝曙光。是的，我开始看到一丝曙光了——虽说不完全是令人愉快的光照。

——我年轻的朋友，忽然的光照会让还没有适应的眼睛受到伤害。但是当光线变得更强时，眼睛也会逐渐看得更清楚、更准确，你最终将会看到我所看到的：一种正在消失的幻象将一栋建筑，以及即将破晓的现实称为——这是实质内容—— 一种面带假笑的强迫接受。

如果我费力地去和你讨论这个建筑，请放心，这不是为了它自身的缘故，因为它实在无关紧要，不过说对于我们的目的来说，它代表了一大群建筑中的一类；幸运的是，对我们来说，这个建筑类型在东部比在西部更加猖獗，它体现了我所要所说的当前建筑界的那些陈腐术语：那些受过不多教育的、未经感化的、浅薄的人，在用简单和精心挑选的语言来表达那些当下日常生活体验方面，是多么的无能。

当然，这座特定的建筑不是西部的典型特色，它彻底地缺乏西方的坦率、直接——生硬，如果你愿意的话。它仅仅是东方的温室中根基浅薄的支条，在露天的户外就会凋谢枯萎。一个专业的园丁绝不会做出如此愚蠢的事情来。

可以肯定的是，仅从金钱支出上来看，它花的钱足够了；为了这个原因——如果不为其他原因的话——它的最终效果就仿佛是"劣质商品经销者"（Cheap-John）。因为如果没有一个受过磨炼的精神作为指导的话，仅仅有钱将会什么用？它只能不加节制地，让它的拥有着变得荒谬和可怜。

那么，就是说，这栋建筑是伪善和虚伪的，它以一种最温和的方式来表达了我们的定义。

我要保护你这未受训练、未经考验的判断力，你轻信以及过于自信的天性，以对抗这种恶意的建筑物。因为这种建筑是对精神的背叛，它们都是犹大——为了银钱而出卖了他们的主。

6. 绿洲

—让我们在这沙漠中的绿洲里停一下吧，孩子。让我们休憩在这凉快而令人满足的和平安宁下，喝一口这路旁的泉水。

当我们还烦恼于那些制造出尖锐、刺耳和微小声音的灵魂的贫瘠、吝啬和渺小时，一段强大、阴沉、刚毅的男子气概就变得越来越崇高，因为我们还有很长的路要走，去穿过那些令人生厌的路途。

—你的意思是，我想，这里有一个很好的建筑让我来欣赏——我也很赞同你的意见。

不；我的意思是，让你去欣赏一个男人，一个以双腿代替四肢走路，有着强健的肌肉、心脏、肺和其他内脏的人；一个活着并且在呼吸的，有血有肉的人；一个真实的人，一个有气魄的人；一股男性的力量——宽广、强健，带着一种压倒性的能量——一个完全的男人。[图 4]

我是说这里的石头和灰泥都跃出生命，它们不再是粗鄙、污秽的物质；它是一段旋律，代表了充满和谐的心智。

—我的意思是——

—我知道，你的意思是它很简洁、端庄和坚实有力。

—但是我也看到了它的缺陷——

—而我却看到你眼中有刺 [1]，天哪，在这样好的一个作品上你究竟能挑出什么瑕疵来？你能变得像山一样高吗？你能让风停滞？还是能阻止树木生长？

—但是，真的，你敢说它真的没有缺陷吗？

—的确，它有瑕疵，同样一棵古树的树皮也有瑕疵，一只古代狗的吠声也有瑕疵，如果你愿意这样说的话；但是那里也有忠实，有生命的呼吸，有自然的冲动，有仁慈的友谊。你会对月亮百般挑剔，而忽略了她那为你在丛林中引路的优美的光芒吗？去吧，我年轻的朋友，去吧！

—那么，我说它坚实有力、端庄和简洁总没有错咯？

29

---

1 原文为 I see your eye has a mote in it. 圣经中有原经文："And why beholdest thou the mote that is in thy brother's eye, but considerest not the beam that is in thinned own eye? Or how wilt thou say to thy brother, Let me pull out the mote out of thy eye；and, behold, a beam is in thine own eye；and then shalt thou see clearly to cast out the mote of thy brother's eye." 为什么看见你弟兄眼中有刺，却不想自己眼中有梁木，怎能对你的弟兄说，容我去掉你眼的刺呢。你这假冒伪善的人，先去掉自己眼中的梁木，然后才能看得清楚，去掉你弟兄眼中的刺。这里应该这么解释。——中译者注

—你用了三个很重要的词，这意味着，你只是发出了三个空洞的声音。

—啊，我明白了，你是在挑衅，因为我打断了刚才你对我做的演讲。

—显而易见，我刚才并没有在对你说。

—那么你在对谁?

—我只是在出声地思考，你碰巧在场而已。

—你为什么这样说?

—因为你什么也没有听进去。

—啊，那么我现在开始——

—在你的时代和同辈人当中，你是一个明智的年轻人；并且，因为你的进步，我们将恢复友好的关系。

—但是请如实地告诉我，为什么你会给这个建筑如此高的评价，而斥责其他的建筑呢? 即使你可能会说我愚昧、邪恶、卑鄙，或者如此等等，但是我也必须承认，我没有发现什么过人之处——显然没有什么能让人兴奋异常。相反的，我认为你知道自己在说什么。但是，你为什么如此偏袒呢? 在我看来，这样的作品几乎每一个有头脑和稍许品味的人都能完成——它究竟哪里出色呢?

—它的过人之处在于它存在于真实中，而不是空谈里。我们听到过太多的伟大之处，但是极少真正地看到。为了看到的一丁点，仅仅是这一丁点，就足够我感谢的了。对那些邪恶的建筑，我给予了公正的对待；而对这个正义的建筑，我要加给它公正（justice）。当我看到不人道的时候，我就鞭笞，当我看到人道的时候，我就祝福。当我看到浮华，我就戳穿它，当我看到腐坏，我就用上手术刀。就像你说的那样，这幢建筑坚实有力、端庄以及简洁。但是它不止这些，除非你将每个词表达得更加深刻、丰满。它远远超出这些，所以我会称其为绿洲。

30

它作为一种物理现实存在着，四方形，棕褐色，它是一座贸易的纪念碑，纪念了有组织的商业精神，时代的力量与进步，个体的力量和创造精神，以及个性的力量；从精神层面上说，它作为头脑的象征，足够强大，足够勇敢去这些事务、掌控它们、吸收这些事情，并重新表达它们，给予他们强大而有力的个性的印章；从艺术上讲，它仿佛是一篇精通辞藻之人的演说，这个人知道如何挑选他的词汇，他又东西想说并且说了出来——他的表述犹如一颗有识、率真、宽广、单纯之心的自然流露。

所以，在这个由贫乏的琐碎之事组成的世界中，我用"男性"（male）来称呼这座建筑，因为当其他建筑正发出混杂的悲鸣的时候，它却高唱着多产（procreant）的力量之歌。因此，你和我在这里，"在大自然中唱歌"，一首寂寞的歌；我将在这位独自矗立的艺术伟人的丰碑上敬献花冠，他正穿过由这些石头砌成的无形之桥，吐露出一首崇高的诗歌旋律。

—亲爱的教授，你说什么? ——

—有时候是会有那样的感觉，这可以帮助心智从脱离正道的方向上回转。像这种不多见的建筑，就像是航海家眼中的陆标和岬角一样。它们表明建筑在何时以及哪里能够将其形式的迸发转化为宏大的激情——在一群搔首弄姿，吸引眼球的可笑建筑当中。这真是"益于身心"、"过滤并生成血液。"它恢复精力并增强壮大，因为它是基本的，显示出了自然的广大与慷慨，以及人类的刚毅。

—但是，说真的，当你在寻求公正地评判建筑的时候，你是否忘记了对我的公正？你开始以一种高高在上的语气谈论这幢建筑——这完全超出我头脑的理解范围。然后，因为我不能马上跟进，你就说些不近人情的事情。首先，你假设我对于建筑艺术一窍不通，然后，忽然间，你又假设我什么都懂。此刻你不觉得这是一个明显的不公正，正如这是一个明显的错误吗？

—这并不是不公平，因为我希望你好，并且得好好待你——这是达到目的的一种手段罢了。当然，这是个错误，但不是你想象的那种错误。我需要时刻铭记你所受过的那些粗疏、浅薄的教育，以及它多么可悲地拖了你的后腿；我需要时刻铭记你了解建筑艺术，而不是一点也不晓得，但是，更糟糕的是，你的知识是一个可憎的负数量级，并且我也应该时刻铭记的是，那不是你的错，而是你的不幸。

—但是你不能教我真实的艺术吗？

—我不知道，我会试图去做。真实是对于那些哺育在非现实和谬误的氛围中的头脑来说，很难觉醒的意象。就个人来讲，我宁愿哪天去尝试向一个乡巴佬教授建筑学，而不是向一个受了过多教养的人。前者会有心灵，而后者却没有。对于前者，我会谆谆教导，但我却难以对后者有耐心——他的机会实在太多；所以他的虚荣心将他的心灵吃空了。但是你很年轻，有青春就有希望，因为在你里面仍然有一颗心，所以我们会看到我所所想看到的。振作起来吧！

31

7. 钥匙

一到目前为止，我们主要涉及的是每一个建筑的外观：它的外在层面被认为是对于人格的反映；并且被作为我们手中的一把钥匙，可以率先打开一扇被称为建筑的有点生锈的大门，并在其后提示这个大千世界究竟有些什么。换句话说，在我们方便的时候，去观察（如果我们选择这样说）建筑师在多大程度上体现，或错误体现了整个社会；倘若存在，建筑师的最基本责任是什么；倘若存在，社会的公正的权利对他有什么样的要求和期望；倘若存在某种信任，这种信任的本质是什么，社会将信任交与他的手中——老者中的有才华的人——在何种程度上，他或忠实或虚伪地理解这份信任的含义。

在一个民主国家，并且根据民主体制，这种调查必然会，如果按照逻辑推导的话，导向一个或两个结论：其中一个，是有活力且乐观的，而另一个，则是愤世嫉俗的。

做这样一个调查的资料已经完全具备。我们建筑的特性对其自身已经下了明白的定义，现在评价它的时机已经成熟了。你已经来到你建筑生涯中一个最关键的时期，在这个时期，那些导向生长或衰减的力量正保持着紧张而微妙的平衡。无论我们的建筑选择哪条道路前行，我们的国家也会同样如此；或者，如果你更愿意这样认为，无论我们的国家选择哪条路前行，我们的建筑也会同样如此。这只是一个命题的两种陈述方式而已。我们处在一个关于国计民生的戏剧性时刻，在这其中，我们同时在衰退和进化二者之间摇摆，而我们的建筑，也神奇地忠实地反映出这一平衡。一种假设是，颓废的势力毫无疑问地在数量上占主导地位，而振奋的力量则凭借质量与其平衡，并且可能最终战胜它们。我们大部分的建筑已经烂入骨髓，这是一个确凿事实。在我们的国家生命中，在我们人民的天赋中，有一棵能结出无数果实的嫩芽，但却只有少数人认识到这一点；这似乎也是毋庸置疑的。在我们接下来的探究中，我将努力让你清楚以上这些事实，以及更多的事情。

建筑材料之所以出现在一栋建筑物的各个地方，并不是出于它们自己的意志，也不是出于偶然因素。树木并不会随意离开森林，石头也不会自动从岩体中分离出来，或是离开采石场，去码在街道上。当森林中的树木在第一板斧头的砍伐下松动颤抖时；当沉睡了千百年的石头遭到第一次凿击时；当人的元素融入建筑这一吸引人的戏剧中时，一切的结局将是多变的、神奇的、复杂的，正如我们的人类的特点一样。

我可能将继续长时间地一步一步、一点一滴地追寻这些经过手工触摸和蒸汽动力加工后，被慢慢会聚，按着顺序码放在某某街道中的那些简单的自然元素——这将是一座美丽或者不恰当建筑的开始，也是它的结束。你可能会说：多么稀奇，多么戏剧性，多么形象，多么富有人的趣味，然后你就止于这样一个有趣但却不充分的观点。这样一个表述同那些作家、传奇小说家、剧作家如出一辙——关注于如画的外观，标榜表面因素，而忽略其内涵。因为一栋建筑产生地真实原因不是外在的，而是内在的。它存在于一个人的头脑中，那就是建筑师。如果那个头脑是正常的，那么那个建筑也将是正常的；如果那个头脑是歪曲的，那么那个建筑也将是歪曲的。确实，无论建筑师的头脑是什么样的，建筑都是它的表征，不管那些材料、劳力以及花费如何。

但是我的目的与那些传奇小说家，或者那些感伤的评论家并不相同。我希望向你展示现实所有的丑陋，然后向你展示其他一些现实，它们全部的美丽。或者，如果你喜欢的话，我首先将为你打破这个所谓美国建筑的可怜幻影，然后，去唤醒你心中美丽的、合理的、有逻辑的、人性化地活着的时代艺术的真实样子；一项民主的艺术，也是为了民主的艺术，一项属于你的时代，同时也是为了这时代而生的美国人民的艺术。

这绝不是一个轻而易举的任务；不过你们这些年青一代，以及那未来可能会出现的曙光，都将激励我去完成这项事业。

所以，尽管我必须慢慢地、仔细地、有条不紊地进行，而你则必须是全神贯注，快速地去观察、吸收和记住。

从现在开始，请不要忘记，你所听和所见的任何事都有着双重含义：第一，是它的客观的或者外在的含义或各种方面；第二，是它主观的或者内在的含义和意义（significance）。请记住这个词，意义，它所代表的就是我们所寻求的东西。

自然，以它可见的、客观的形式，用颜色和形状的美的方面来冲击我们的视觉：这里有时间之手所雕琢的大地与空中所包含的自然元素；但是如果它们没有进一步地象征以及暗示一种原始神性的内在、主动、创造性的冲动的话，那些外在形式的神奇魅力将是不完整的。

所以，建筑的材料只不过是那些从自然界的母体中拿来的大地元素，通过机械的、人力的、心智的、情感的、道德的以及精神的力量重组和改造而来。如果这些元素的神性被剥夺了，那么至少让它们变得具有真实人性吧。

所有的这些丰富多彩，赋有人类天性的元素及其环境以一种特殊的样式共同会聚在一个人身上，并且形成了我们所说的个性（character）。个性就是这样的东西——用机械上的技术语言来说的话——我们去控制组合那些在个体的人体内运作的所有力量所产生的结果，这种控制预先决定了这个人活力的大小和取向。

　　这样生成的结果绝非一条直线，它因人而异，从婉转扭曲的极致到一条相对简单的曲线的平滑。

　　这条假象曲线的延展越简单，那么个性就越简单和有力——它们越与自然基本的能力和运动相似。

　　但是，道路可能是曲折的，最终的结果，就像一条大河，会在一个特定的点上涌出，从那里喷薄而出。

　　去考察并且彻底地了解一条河，我们可能从成百上千的水源开始，然后追踪小河，支流，直到它们所组成的主干河道，再从这个主干道直溯到三角洲；或者，我们可以从三角洲或者入江口开始，然后追踪它的主干河道、分支以及更小的分支，直到我们探察出最细小的源头。

　　个性是一个宏大的词汇，它意义丰富；作为隐喻的河只能暗示它的含义而已，个性不仅限于个人，它同样可以定义城市、州省和国家；而且，它趋向于我们能够考虑到的细微的品质和数量。

　　当我们试图去寻找其细枝末节的分支过程时，我们将会最终迷失在复杂的迷宫中。而当我们追溯支流一直朝向主流时，我们将欣然地走向简化。

　　因此，我们的路径是这样的：向上，逆流而上，向下，顺流而下。我们会广泛地回溯物质的表象直到了解它们的道德缘由，然后从道德和社会的推动力出发走向它们的砖石表象。

　　我们将通过建筑师以完成的作品的意义来了解他本人，而不是通过他的言语、手势，或是他的含蓄。

　　同样地，我们将寻求一座出于正常、真实的建筑师之手的建筑，即使他只是一个比喻而已。

　　这样做，我们将自己限定在简单、自然、合理、实用以及人性的范围中。

　　你应该自己来看和判断，这是在靠近你的心灵和思想，那些腐朽的谎言——猖獗的无政府状态和社会邪恶——现在已离你远去了，或者我会带领你迈过真理之所的门槛——这个我们称为"心"的隐秘、谦和的圣殿之门槛，这颗心的脉搏（pulse）是人类的，但是它的冲动（impulse）也是神性的。

8. 价值

—你将如何设法做到将你的主观变成我的客观呢？你将如何向我塑造有形的东西呢？我将如何在迷雾中立足呢？

—有许多方法，现在让我们举一个简单的例证——即价值。

每个人都知道，或者认为他自己知道，价值的意味着什么。粗略地说，价值可以用美元和美分来表示：例如我们可以说，这个东西值这么多美元；通常情况下，问题就此解决。此外，我们也认为其他事情有价值，而这些价值我们则以奖章、证书、颂词或纪念碑来衡量。我们为一位英勇的消防员颁发奖章，这就是我们向社会表达他奉献义举的价值。为了纪念伟大的诗人，我们设立了纪念碑；对这个人，我们给予名声；对那个人，我们给予敬意；对其他人，我们付出爱心。这一程式可以通过一系列的价值和报酬就这样进行下去。从理论上讲，这很好。而在实践中却并非总是如此，因为，为了希望同伴安好，一些人却被钉上十字架，另一些人则被处以火刑。

不过，总而言之，社会上还是存在着一个普遍的观念，就是有一些价值是无法也不能用金钱来衡量的；对于某些事业来说，金钱既不是它的推动因素，不是它的交换机制，也不是它的评估标准。并且这些事业被普遍默认为对社会有着巨大而积极的价值：它们增加了社会的财富，如果财富用更广泛、全面的意义上去理解的话。

以最吝啬的角度来看，一副伟大的画作的价值可以通过计算画布、颜料的价钱，以及每日画画的合理人力津贴而获得。但是每个人都知道事实不是这样的。每个人都知道并且感受到伟大的画家赋予了颜料一种它们过去不曾拥有的价值。他传达给颜料一些属于他自己的东西，以及一些属于这个世界的东西。这样，他让一些客观的东西变成主观的。

这种主观性就是他的艺术。他根据这种主观性升华了材料。

在不同的情况下，我们将这些增加的价值我们称之为天赋、才能与技巧。

最终这些增加的主观价值仍然按照当下所有价值的标准——金钱——来进行衡量，然而，经常是，只有它的作者，它的创造者，这位可能成为民族英雄的人，通过了那些全人类的最终衡量与均衡标准的详细审查。

同样地，诗人与那用墨水和纸张打印出来的诗作也是如此。

作曲家与他的乐谱亦如是。

雕塑家与他的大理石块亦如是。

激励人心的演说家亦是如此,他吸进普通的、物质的空气,然后提出一个对人类全新的,具有启发性的信息。

因此,所有真实的价值都是主观的;所有客观的价值都是不真实的;在分析之下,它们被解析为种种主观价值,而剩下的东西——如果我们能抵达这一步的话——不是人创造出来的,而是自然所赋予的;而且那些自然所赋予的东西也从来不是客观的——它一步一步地,潜移默化地,将自己融入那个具有无限创意的头脑中。

那么,建筑会与这些其他的东西不同吗,我能想到的例子是很贫乏的,这点可以肯定?这个明了的准则适用于其他东西,却不适用于建筑吗?在流行的观念中,建筑又是由于什么缘故而被排除的呢?至少可以说,这不是很奇怪吗?对于这一被排出的客观事实是毋庸置疑的:建筑可以作证,人民可以作证。

任何一位优秀的建筑匠人都能告诉你一栋建筑用金钱衡量的价值,他会把原材料成本、劳动力成本、薪金以及计划外开销都一一相加,最后给你一个总数。他已经顺利完成了自己的职责,你接受了他的说法并且理所当然地认为事情已经了结,为什么不呢?你已经用钱来估价了!

现在评论家该说:"让我看看美元的花销再让我看看这栋建筑;让我将你的数据和建筑对照一下,是的,非常好;这是每种材料的价格,以及每项人力工时,但是,建筑师在哪儿?除了他的酬金,我没有看到其他记录。我把你的花销放在我天平的一端,把建筑放在另一端,然而,看哪——天平是倾斜的——不是你的账目就是建筑里面缺了些什么。谁在规模上犹豫不决——谁在急得跺脚?是一个人,我在你的账单里没有看到人,我只找到一个名字;但是我可以感觉到一个人,我知道他在那里。你的账目与建筑并不均衡。你的价值必须要重新评估——你的方法是粗糙的,是愚蠢且自私的。你真是鼠目寸光,如果你的眼光再放长点,你就会更富远见。你为建筑师的决定性工作买单了吗?他是不是添加了什么,而你却仍不知情?你就是这样在你的账目中取笑建筑的吗?你自己又值什么?你一磅体重又值多少钱?噢,你有价值,是这样吗?这个问题是无礼的,是吗?在你的银行账户之外你有什么价值?谁为你估价?为什么?当你被层层筛选,你一切外面所有的都被拿走以后,你又有什么好的?你值什么?你做过什么?你又能做什么?你是谁?你是什么?你又为什么出现在地球上?你认为如果你是一个建筑师的话,你的价值会更高,或者更低吗?如果真是这样,又是为什么呢?你是什么?建筑师是什么?建筑是什么?钱又是什么?回答我的这些问题,然后我会将你的答案放在我手中的天平上——在这个天平上我仅要求你能与人性一小毫克的重量相平衡。"

这些问题公平吗?或者不公平?它们恰当吗?还是不恰当呢?它们有实

35

际意义吗? 还是没有呢? 它们经济划算吗? 还是不经济呢? 它们有社会意义吗? 还是没有呢? 它们民主吗? 还是不民主呢?

你可以在闲来无事的时候思想这些问题。这些建筑在那里,不管是好是坏,它们都不会逃走;它们不能轻易地躲过调查。而且,如果这个建筑在那里的话,那个建筑师就会和它同在一起;他同样也别想躲开。我们会一点一点地把他搜出来,这并不急于完成。

—非常棒,但是请告诉我:当你说一栋建筑的价值时,你当真比起它的经济价值更加强调它的主观性价值 (subjective value) 吗?

—两者我都强调。因为人类的本性决定了建筑的主观性价值,而这个主观性价值或早或晚都会变成经济价值;如果缺少主观性价值,那么或早或晚也会造成经济损失。主观性价值远远高于经济价值,至今为止,它也更持久;但是经济价值是与我们的日常生活不可分割的;忽略了它就成了镜花水月的空想。

9. 一座罗马神殿（1）

一孩子，很少有建筑像我们面对的这座一样被赋予了如此浪漫，如此奇异的历史。因为这个缘故，我把你领到了这里。因为，正如我现在向你展现的，一个瑰宝不期而至，降临在我们中间，它从我们崇高艺术的宝库中溢流而出，却默默无闻，安静地矗立于此，在这些不经意的人群中，在这个伟大的芝加哥的心脏——它是如此有名，以至于被当作广大毗连区域的中心。奇怪的是，这个说法可能会刺激你过敏的神经——你们这些受到我们土地上更加古老与智慧的文化熏陶，同时享受到学习的甜美花蜜的人——但这些话语却是如此真实，只需要一点时间就能被充分地证明出来。

看起来不需要过多久，事实上我可以说就在近期，一队古罗马人通过某种神奇的死尸一样地内省，奇迹般地肉体复活，身形如初。

他们将随着现代的移民趋势，在适当的时候，在我们的海岸登陆，并且向西进发，翻山越岭，淌过溪流，穿过牧场，到达北伊利诺伊，在那里，他们将在靠近芝加哥西界的乡村定居，在那十分接近的地方，他们把这个流浪者的寄居地变成了自己的新家园。

在适当的时间，他们会以自己那片阳光充足土地的传统，那个优美乐曲的摇篮，来向当地人民解开那个有机艺术的奥秘，在精神内核上是他们所创造和继承的艺术。

从而他们迅速地积累财富；很快就越来越富有，于是他们心怀感激地承认他们的守护神——名为西米亚（Simia）——对他们的眷顾，并决定为了他的荣耀、尊严和权力建造一座神殿。

确实，在这座伟大摩登城市心脏的风景、声音、气味中，他们下定决心去为他们的异教神祇建造一座神殿：这位神圣而严苛的神祇端坐在这座神殿寂静的大厅中，在孤立和沉静的光辉中孕育和施行统治。

在这些古罗马人中间，似乎有一位怀着崇高思想和强烈决心的建造专家，他是一个有高度精神境界的人；人们将建造神祇伟大住所的使命交在他的手中，在豪言壮语和带着神秘色彩的仪式中委任他为建筑师。

在这些罗马人中间，有许多手艺精通的手工艺人，其中不乏石料开采者、铜匠，以及各种名目的能工巧匠。

他们如此聚集在一起，共同抱有一个强烈的决心。

这样，神殿在它自己人民的手中创造出来了；他们的血成了它的血，他们的肉成了它的肉，他们的骨成了它的骨，他们的黄金成了它的黄金；他们按照真正的永恒的法则，以他们强健的肌肉和他们的好战精神来实施这项工程。

所以，现在它矗立在这里。

我们能够站在这里，在这个他们欢庆的时刻，在这个举行竣工仪式的庄严时刻，是多么幸运，多么蒙恩啊。我们不要进入，当然，我们也不能亵渎。因为，在我们对于这份新旧调和尊崇中，这样一个神圣的区域会变得加倍的圣洁。因此让我们暂且驻足一会儿，直到那一刻的到来——他们的仪式到达规定的结尾，就是它公正、庄重的闭幕——他们走出来，身着长袍，脚穿凉鞋，飞扬的眉毛上闪耀着昔日的光辉。

能够看到一座罗马神殿，以及罗马的群众举行一个西方的节日，是多么不寻常的恩惠啊。

所以，不要过于焦急，只要等待，带着耐心的眼睛和心灵，以回应这一二十个世纪之前的和谐——

—我根本听不懂你在说什么。我只能让你继续，并且觉得你太多愁善感。或者，也许，有更多的主观性了。但是来吧，让我领你出去吧。你生病了，你的眼睛很迷乱。这不是什么由街头艺人组成的乌合之众建造的罗马神殿——那是你精力旺盛的头脑中的诡异创造，这是一间银行；只是一间平凡、普通、日常的美式银行，充满着冰冷坚硬的现金以及其他冰冷的东西。它的所有一切我都知道，我阅读了所有相关的文章。我看着它被盖起来，我也认识这家银行的行长。并且，根据你所说的我学到的这样那样花蜜般的知识，这间银行也的希腊特征也仅比罗马特征少一点而已。[图 5]

—打住！年轻人！如果我在做梦，那么这些"富豪"（money-people）也在做梦！他们如何进入这座神殿？难道他们的建筑师也在做梦吗？是我神志不清？还是他神志不清？还是他们？是我在犯迷糊，还是我们所有人以及他们所有人都失去方向了？到底谁是头脑清楚的？谁还在地球上行走？是他们还是我？是你还是我？是他们还是你？我觉得当这种怪异的事情发生的时候，这个世界真是颠倒了。谁是谁？什么是什么？大地的坐标轴在哪里？它又转向何方？我们寻找的道路又在哪里？究竟在哪里隐秘潜伏着微小的理智火花？

—但是这家银行的行长可是一位聪明人。如果没有做了正确的事情，他不会拥有这家银行。一个好的商人不会做这些事情；如果他做了，就不符合明白、固有的常识了。你已经偏离了这个时代了。

— 一个有着固有常识的人怎么会去想（建造）一座罗马神殿呢？基本的常识又如何能够成功完成这项非常的作品呢？

—为什么？其实简单。他的建筑师绘制出一张他认为的罗马神殿的样子，然后拿给银行家看，并在一旁告诉他当下罗马神殿是最适合银行的样式，然后银行家就同意了。再直接不过了，不是吗？

——是啊，但是它很古怪，异常古怪，十分令人费解。然而，它很明了，并且清晰，它是一个冒失（pert）的作品。

——这很明了？好吧，如果你说它很明了，那么在你头痛之后，我要回家了。也许我是有点不对味儿。

——是的，现在是很明了；因为从某种程度上来说，这位银行家选择去成为一个建筑师。这位聪明的人认为在明智地选择一个建筑师以前应该首先是去聪明地构思房子。一个不明智的选择，会导致承担最终的愚蠢后果，就像我们看到的，以及要揭露的那些羞耻地躲藏在这里和那里的蠢事一样。

——好吧，也许是这样，不过就此你打算做什么呢？

——我打算坚持认为这位银行家身着长袍，脚穿凉鞋，以一种令人尊敬的拉丁腔调——无论是口头的和书面的——来指导他的生意。

——那么，你不喜欢罗马神殿咯？

——我想说的是：如果是在古代罗马，它们十分恰当。但是我并不享受罗马神殿式的银行；而且这种通常意义的罗马神殿式银行特别不适合我。

——那么，我就不妨猜测这些银行可以像其他任何老式银行一样赚同样多的钱；虽然我猜那些高贵的银行家会地认为这是真正的风格，对么？

——我年轻的朋友！说真的，我反对你言语的不加节制；但是你的思维活动还是有些犀利的，这样的犀利，我相信，时间会缓和它的尖刻。

——好吧，无论如何，这实在可笑！

38

——是的，恐怕是这样。但这是多么可悲的梦想的崩塌。一种愿景的崩溃，这种愿景有着古老的故事，充满了幻想，属于一个为征服而骄傲，在法律上充满智慧的人群——这个你称之为银行的建筑经过了怎样的堕落而成为一座疯狂的鸽子房！

——是的，但是你刚开始的时候没有这样说啊。

——我刚刚在做梦——你叫醒了我。

10. 一座罗马神殿 (2)

——即使你说了这些话，但是我实在不理解为什么：作为一项共有的特权，一个人，如果他愿意的话，不能做一个罗马神殿的仿制品吗？难道这不是一个关于性格选择、学识、人人品味的问题吗？

——我也不理解。如果他是在自家后花园玩这一套，如果这只是作为他私人的用途，那么无论是出于满足感还是消遣，我看都不会有人反对。但是，当他将这个神殿放在人民的公路旁，并且给它打上现代美国建筑的标签的话，就会有人大呼上当，而且更糟的是，他们会去证明它。此外，我将要引导你接近的真正的建筑艺术，不是取决于学识（scholarship），而是取决于人类的力量（human powers）；因此，它也不是通过学识来检验，而是通过人性的试金石。"品味"（taste）是我们语言中较为软弱无力的词语之一，它意味着比一些要少一点点，又比没有要多一点点；当然，它并不传达任何有实质性效力的建议。时髦地说，它带有成就的意味，而不是指有创造性地去实行的能力。它表达了一种与库兰特舞相似的所谓文化，以及所谓优雅的形式。它本质上是一个二手词汇，在那些需要思考和行动的一手实用性词汇中间毫无立足之地。如果说一个东西有品味（tasteful），事实上等于什么也没有说。但是，"欺骗"（humbug）这个词也只是比"欺诈"（fraud）这个词稍微不强烈一点，而说这是一个罗马神殿的仿制品也只是一个似是而非的谎话，为了让我们的控诉显得更加温和而已。如果一个银行职员挪用了部分资金占为私有，我们会愤然指摘——我们会说那是侵吞公款，滥用信任，背叛信誉，以及各种恶劣的名称，而且如果他不够聪明而被人发现的话，我们会将他送进收容所。但是当一个人背叛了民众赋予他的信任——这份特殊的信任通过"建筑师"这个词表达了出来——我们却称这是他的品位不高，学识不丰，情绪化地选择，以及各种委婉的名称。在现实情况中，对这两种人没有有效的道德区分。要在错误的价值观中正确地衡量出那些存亡攸关的价值，这是一种本事。为什么这个关系到每个人的事情变成了无人相关的事情？评论家有职责去纠正，但是现在他们却显得无能为力和漠不关心；不然的话，建筑这一优美的艺术，就成了柜台上交易的商品，而民众也仅仅成了采购者；因此，通过讨价还价和销售，价值往往必定会趋于下滑，而且买家往往会变得更加贪婪；直到所有一切最终陷入了错误民主方式的泥潭，于是，在代价和懊悔中，民众终于领悟这意味着他们的领袖背叛了他们。所以，这就是民主的进程——无论是

39

向下还是向上。最后的结论是，民主的稳定性和价值，依赖于被民众赋予了权力的那些人的忠诚度。

—好吧，这听起来像是生意经。起初的时候，我还以为你的观点是个人的，不过现在我开始明白不是这样的；它更加宽泛。所以，我认为你的观点是那个罗马神殿的现代仿制品在任何情况下都不是一个好东西，是吧？

—当然不是好东西，特别是在美国。学识有它的用途，它特别的用途。不过当学识变成了头脑中的固有习惯，这个习惯无疑地会削弱创造力。我们应该知道罗马神殿曾经是真实的，它近在咫尺，正如我们——通过考古调查——能够到达一样。然而我们的学识能触及的最深之处也只揭示了以下事实：罗马神殿曾经是古罗马生活的一部分，不是美国生活的一部分；它与古罗马的脉搏一起跳动，与古罗马的一切活动相联系；并且它与古罗马的荣耀一起衰退，以古罗马的方式死亡。古罗马神殿实际上不能出现在门罗街，芝加哥，美国，正如古罗马文明不能在那里存在一样。这样一个建筑物必定是一个影子，一个幽灵。

当然，你和我都很清楚这个银行建筑之所以成了一个罗马神殿仿制品的原因，因为盖成那种样子既方便又便宜——但是民众们却并不清楚。他们不知道这对于一个建筑师来说有多便宜，他只要翻开一个图集，选出他想要的样式，然后把它交给一个制图员，那个人会为了薪金去咀嚼这个建筑的反刍食物。他们不知道，当这个建筑建成，被这位所谓的建筑师赞美它是罗马式样之时，事实上，它是一种"老古董"（hand-me-down）的风格。它盖起来很便宜，同时它也很潦草。即使依赖于最高级、最精心、最刻苦的学识来完成，这样的建筑也是完全虚假的。但是对于这个周五促销表现式的建筑，一个商业化的污点，没有什么词句更适合形容这个如此扭曲和污秽的副产品了。

—我开始猜测你肯定非常不喜欢这个罗马神殿的仿制品。事实上，你几乎已经这么说了，不过用一种拐弯抹角的语言。

—此外，如果这种伪罗马神殿对美国的任何一件事物是有益的，那么事实上它必须对美国的任何事物都是有益的，因为美国的事物就意味着美国人，它们体现了人民的天赋。但是罗马的不是美国的，从来也不是，也不可能成为美国的。罗马的就是罗马的；美国的就是，以及将要是美国的。建筑师不需要我们教导就应该晓得这点，并且我怀疑，他在不被雇用的时刻也的确非常清楚地明白这一点。公众如果不是不断地被建筑师迷惑和哄骗而导致丧失了健康的感觉的话，他们也应该本能地知道这点；因此他们可以以任何其他的眼光来考察建筑师，而不是以建筑师自制的一种小贩的时尚来考察。

现在来看，责任究竟在哪里？在这一特殊的事件中究竟谁应该被指责？是该指责银行家吗？他为这座建筑买了单，并且，他不会对此有任何感觉，除非这个建筑成为他支出中的一项骄傲，或者他为自己的公共精神感到自夸

时所体会到的愉悦的羞涩。或者应该指责公众吗？是他们托付了建造的权力
和职责，同时让它成为这副模样。或者该指责建筑师吗？他创造了一个错误
的印象，坚持了一个误导性的标准，使得普及教育堕落败坏——是指责银行
家？公众？或是建筑师？

建筑艺术在现实中是什么，谁被这个笨拙的概念刺伤了？

建筑是一个游戏吗？还是它是一股强大的力量——揭示了人类特质并且
是一个灵感？它是一块破布头？还是它是一整块我们用来裁剪新衣裳的布
料？它是人性的，还是超人性（post-human）的？它有根基吗？还是没有呢？
它是人类话语的一部分吗？它是全人类演说的一个阶段？还是它是个哑巴？
我所主张的艺术，是建造在"故纸堆"堆积成的沙子基础上？建造在品味与
学识形成的滩涂上？还是建立在个性（character）的磐石上？

我所对你说的东西或是无足轻重，或是意义深远。要区分它究竟是哪个，
我们必须避免局限于自身条件之中——在其中我们不是放弃就是被放弃。因
此，打开你的双眼，这样你可以用清澈的灵魂看到那些出自于灵魂的东西。
半闭着你的眼睛就意味着轻视了人类的创造能力。不要用你软弱无力的手指
去触摸民主充满生机的脉搏。不要将崇高的艺术扔入下水道。

不过现在让我来告诉你，为了熟练地掌握，你必须首先感受到心灵力量
的波动起伏；为了让你意识到你的所有责任，你必须首先真实地了解它们。

要了解你的艺术，你必须拓宽你的同情心，而不是限制它；你必须滋养
你的心智，而不是抛弃它。

加油吧，这样，当你的时代到来的时候，你就不会变得与潮流格格不入了。[1]

---

1 对于编辑来说，一封关于这段文章的信件是第一个，而且显然也是唯一一个印刷在期刊上的证据，
表明了公众的反馈。这段对话以及沙利文的回执都收录在附录 B 中。

11. 一座百货商场

　　—这一次，很显然，孩子，我们正在看着一家百货商场。不会有人把它误认为是一家饭店，一个办公大楼，一个地铁站，或者一家银行——而且它也没有披上一座罗马神殿的美丽外衣。它的普通外表清晰地表达了其目的，而且它的形式以单纯、直白的方式追随了其功能。这个构造物合乎逻辑地——虽然有点单调——阐释了它的建造目的，同时它是一个明白无误的——虽然不是完全令人满意的指示物，展现了在其外墙内部的一切商业活动。这是在任何时候表达任何建筑的一个很好的处理方法，它在当前精神涣散的建筑界中应该获得极高的赞许。它的直白是它的主要美德。它从冗词赘语中得到的相对自由促成了它在形式上具有一种接近于雄辩的态度。它的建筑师显然进行了——如果他是有意识进行的话——删减的工作。目前，他把他最喜爱的"建筑"，放进了他的公文包——这真是一个明智之举。他没有将橡皮擦用在他的图纸上，而是用在他的头脑上——这又是一个明智之举。在他跳跃之前，他先观望了一下——这实在是聪明至极。这种情况，这种行为，这种比较健全的心理过程是新鲜而罕见的。如果它是意外，那么让我们来欢迎这个意外。对此我鞠躬致意。

　　—在我看来你的根基打得十分扎实。我承认，这是个不错的坦白简单的建筑，但是我不太喜欢那儿的那种装饰，看起来是用——

　　—别管那个装饰是用什么来做的。我们离讨论装饰还远着呢——如果说我们要讨论它的话。当装饰得自然而又有创造性的时候，它会成为芬芳的香水。它会改变外貌，它是微笑的情绪，它是十四行诗的最后一行。但是我们现在还没有讨论情绪，我们是在讨论常识。

　　—但是，就算承认你刚才所说的，我还是不太喜欢其中一些较高楼层的比例，你呢？

　　—别管那些较高楼层的比例吧，我们并不是在讨论比例问题。但是，顺便提一下，我会认为比例是一种结果，而不是一个原因。它在一段时间里被束缚于学术化的比值中，在那些笨拙的规则里；它的自由意志并不存在于这些比值当中。它产生于更为精妙的源头：它并不是被制造出来的，而是自然而生的，它是开放的产物。它是羞怯的，它害怕书呆子。所以，这时候不要再多谈比例了。让我们继续我们的话题：功能与形式。

　　用最简单的词汇来说，这个短句仅仅意味一个正确的开始以及一个正确的结尾。这位建筑师在这里表现出足够的常识去有一个正确的开始。他是不是并没有更高深的知识去认识到自己一直在正确的轨道上，直到盖棺定论为止，那又是另一回事了，这个问题也不会马上关系到我们。

——然而我现在就想知道一切。实际上，你说他在主要的事情上有了一个正确的开始，但是在细节和比例上有败笔——你说那是小问题。但是我一点也不觉得这是小问题，我喜欢精美的细节和良好的比例；我需要在立面上看到这些，但是每当我谈及它们的时候你却让我住嘴。

——镇定，孩子，要镇定，细节放在后面讨论。

——我简直不能和你交流，你实在有太多可说的了。但是，请告诉我：一个人怎么可以同时又是对的又是错的？我曾经听你说过：有其因必有其果（like begets like）。现在，一个正确的开始有怎么能生出一个错误的或者是部分错误的结尾来呢——正如这个案例一样？难道我不能也同样认为：一个细节上失败的结尾必然也意味着一个主体上错误的开始呢？

——如果你愿意，你可以这样认为，但是你会把这事搞得一团糟。

——那么，该怎样做呢？

——非常简单。在我们这个职业中绝大多数人都心胸狭窄：也就是说，他们缺乏概括和抽象的能力，他们缺乏天赋和能力去分析究竟什么是短暂的，或者是去将他们的常识与坚定和决心结合起来。事实上，他们往往会放弃他们的常识，以屈从于"艺术"的严苛要求——正如你看到的那样。现在一个心胸狭窄的人偶然间掌握了一部分的真理——可以说是一个不完整的真理；但是，他缺乏与这个局部真理的积极共鸣，他缺乏能力去从其中提炼出一个更加广博、普遍的真理，或者说是从中分析出那些蕴含着最简单情感的真理。

42　绝大多数人，特别是，绝大多数的建筑师，都处在这个水平；在他们失败的能力中隐藏着一个根源：不完全的教育。因此，对于他们来说，健全的法则不存在；因此，会产生出像这个房子一样的建筑。它与它的同族有着各种类型千丝万缕的联系。

当我在暗示设计这个房子的建筑师心胸狭窄时，我并没有恶意——因为这么多的常识都表明了这一点。也许，说得更加得体的话，他的心胸不够宽广，不像他应该是——以及，我相信，应该变成——的那样心智健全。如果这里具备常识的发酵剂之后，我们会期待更多。

此外，你在使用"开始"（start）这个词时，你在某种程度上歪曲了我的原意。如果你要用词语时，你需要确定明白它们的价值，它们的形式，它们的上下文，它们的色彩；它们字面上以及隐喻的意思，它们变化的趋势。文字都是活的，请小心驾驭它们——就像你要牧养羊群，或者饲养马匹一样；否则它们会溜走，逃走，或是受惊乱窜。你现在还不够熟知文字，不能公正地对待它们，或者巧妙地使用它们。但同时你也没有聪明到狡猾地对待文字，不过我警告你，极端地滑头滑脑、过分地狡猾是错误的基础。事实上，这正是许多诗歌创作的基础。一个简单的单词，根据他们的背景，对于一千个人来说有一千种不同的意思。一旦你对于词语以及它们的用法稍微熟悉一点，你就不会去关注别人如何写和说它们——相反，你会去听他们所想的。

　　—好吧，这真是一个好笑话：到现在为止，你开始告诉我一些我所关心的建筑的事情，并且你已经让我对它们印象深刻了；但是，当这样做时，你又转入一场对于文字的枯燥演说中——而我却不关心这个。我用它作为一个典型的例子：你开始得正确，但是结局却是错误的。究竟文字与建筑又有什么关系呢？

　　—你的问题显示出你无知的可怕本质。我听见一个硬装聪明人的傻瓜在叫嚣不已。

　　—不！你确实是这个意思吗？

　　—似乎是这样。

　　—那么，告诉我所有一切吧，我将洗耳恭听。

　　—改天吧。

12. 功能与形式（1）

—你刚才试图告诉我更多关于语言的事，你——

—不，我没有。我刚开始对你谈论功能与形式，但是被你打断了，现在我要继续。

—是这样，我们刚才还没有结束讨论，对吧？

—我们永远不会结束。我们可能经过长时间的讨论，也仅仅才刚开始；但是我相信，这将是个正确的开始。也许，我们会看见结局在哪里，但是它将像天上的星辰一样遥不可及；或者它将像生命本身一样，直至最后都难以捉摸——甚至在死亡中，或者它像是幻想的惊涛骇浪中的幻影灯塔；或者，像一个声音，一个呼唤，在遥远的丛林中；或者，就像一朵云投射在另一朵云上面的阴影，透明而难以捉摸，在灵魂的静止空气中飘浮。

—你说的是什么？

—功能和形式之间的相互关系。它无始，也无终。它既是无限的细微，又是无限的宽广；既变幻莫测，又静如止水；既是简单又是复杂。

—但是你确实告诉我不要去听文字，而要去听里面的想法。如果你总是在文字表达之前思想已经飘远的话，叫我如何去跟进呢？你似乎乐此不疲。

—确实是这样。我将具体说明：现在，必然存在着一个理由，让一件事物看起来像它实在的那样，而且，反之亦然，它的实在也像它看起来的样子。我将在这里止住，为了先把玫瑰丛中的某种小小的、直直的、褐色的害虫挑拣出去。它们初看起来像那种小小的、褐色的、死掉的枝杈。但是一般来讲，外部的现象总是与内在的原因相似。举例来说："栎树"的形式，正表达了它的目的或功能——栎木；"松树"的形式，也预示了它的功能——松木；"马"的形式，也类似于马的功能，同时也是这功能的逻辑性表达；蜘蛛的形式，也是蜘蛛功能的有形凭证。波浪的形式，看起来也会像波浪的功能；云的形式，向我们诉说了云的功能；雨的形式，也显示了雨的功能；鸟的形式，也告诉了我们鸟的功能；鹰的形式，将鹰的功能可见化，那只鹰的喙，也是如此。玫瑰丛的形式也忠实地证实了玫瑰丛的功能；玫瑰枝的形式反映了玫瑰枝的功能；玫瑰花蕾诉说了玫瑰花蕾的功能；盛开的玫瑰的形式，也在吟诵着其功能的诗篇。另外，一个人的形式也可以反映人的功能；张三的形式，反映了张三的功能；微笑的形式，让我们知道了微笑的功能；所以，当我说：张三正在微笑——我们的脑中会有一系列关于形式和功能的映像，它们实在是密不可分的，然而却以一种不经意的方式呈现在我们面前。如果我说，张三笑着在说话，并且伸出了他的手，我在形式和功能中加了一些元素，但是我没有影响它们之间的有效性和延续性。如果我说，他说话语序混乱并且口齿不清，我仅仅是对你听到的以及留下映像的形式略做修饰而已；如果我这么说，他微笑着，伸出手来，开始以一种语序混乱以及口齿不清的样子说话，他的嘴唇颤动，眼角渗出了一滴泪水——这些形式和功能没有在按照他们自己的节奏运作吗？你在听的时候没有按照你自己的节奏运作吗？我说的时候没有遵循我自己的节奏吗？如果我说，在他说话的时候，他靠坐在一张椅子上，他的帽子从他放松的手指上滑落，他的脸色苍白，他的眼皮下垂，他的脑袋微转。我有没有在你的映像和我的感情中加入更多的东西呢？事实上我没有添加或删除什么，我也没有做什么或不做什么；我说话，你在听——张三继续他的生活。他并不知道，也不关心什么形式和功能；但是在他的人生中和一直与它们一起生活；并且在此过程中支配它们。他活着，然后死去。你和我活着并且我们将要死去。然而张三过了张三的人生，不是李四的人生：那是他的功能以及他的形式。因此，罗马建筑的形式，意味着，如果它有所指的话，罗马的功能；美国建筑的形式，将意味着，如果它能成功地意味着什么的话，美国式的生活；张三的建筑形式，如果那里有这类的建筑的话，将意味着张三的建筑，而不是别的。当我告诉你张三口齿不清地说话时，我没有说谎，你在听的时候也没有说谎，他口齿不清地说话时他自己也没有说谎；那么为什么这里有那么多说谎的建筑呢？为什么张三的建筑要装作李四的建筑呢？我们是一个擅于撒谎的民族吗？我觉得不是的。不过我们的建筑师信奉一个撒谎成性的教派，这又是另一回事了。因此，在人为的事物中，文学的形式，就意味着文学的功能；音乐的形式，就意味着音乐的功能；刀的形式，就意味着刀的功能；斧头的形式，就意味着斧头的功能；发动机的形式，就意味着发动机的功能。同理，在自然中，水的形式，意味着水的功能；小溪的形式，意味着小溪的功能；河流的形式，就意味着河流的功能；湖泊的形式，就意味着湖泊的功能；芦苇的形式，意味着芦苇的功能；水上的苍蝇与水下的巴斯鱼也与它们的功能相联系；船上的渔夫，也与他的功能相联系；以及等等、等等、等等——不断地、无穷尽地、持续地、永远地——贯穿在这个物质的世界中——包括肉眼的世界、微观的世界、宏观的世界，感性的世界、理智的世界、心灵的世界、灵魂的世界：这个我们了解且相信的物质世界，以及那个我们所不知道的世界的朦胧之境——那个沉默的、无法测度的、创造性的灵魂世界，所有的事物都是这个灵魂无限功能的多彩多姿的表征，通过或多或少有形又无法估量的形式表现出来——一个如同生命之初一般纤细，如同命运一般严峻，如同朋友的微笑一般有人情味的朦胧之境——在这个宇宙中，一切都是功能，一切都是形式：一个将思想推向绝望的可怕幻象，

44

或者，如同我们想说的那样，对一种力量的光荣揭示，这种力量在这个不可见的、仁慈的、又是无情的世界中支撑我们—— 一只神奇的手。

—天哪！这是一股多么耀眼的光芒在照耀那间银行啊！

—什么银行？

—你知道的。

—银行，我没有说银行——它在这里既没有形式也没有功能——但是听着：有其因必有其果（Like sees and begets its like）。在灵魂中也往往寻求找到与它相对应的物质形式，即它可见的形象；一个笨拙的想法，会对应一个笨拙的形式；一个怪诞的想法，会对应一个怪诞的形式；一个颓废的想法，会对应一个颓废的形式；一个有活力的想法，则对应一个有活力的形式。光就意味着光——有阴影则意味着太阳被遮挡。人们投射出了多少阴影啊！有多少人生活在阴影中！有多少人行走在黑暗之中！又有多少人在黑夜挣扎！有多少孤独的人在死亡的深谷边缘徘徊！有多少人陷入了黑色的陷阱之中！又有多少人将别人也拉入其中！所以，照耀的光有多么的伟大啊。人们自己的灵魂投射出的阴影多么意味深长！一个晦暗和奄奄一息的人，在他的每日生活中没有发出亮光，反而投射出阴影来。这个人，就像一个不透明的、物质的、移动的幻影，站在太阳下却将他的艺术置于黑暗之中！不要挡住我的光！不要挡住我们的光！我说，你们这些已死之人！现在可是一个正午时分的晴朗的天空！太阳，请留步！滚开，你们这些遮掩了太阳光芒的人！让这时光发声，却没人欢快地回应它的呼唤？难道在阳光照耀下却没有鲜花喜悦地盛开吗？难道没有人回应这快乐天堂的微笑，反而对它无动于衷吗？不可能是这样，也不应该是这样的。因为在荒野之上我要唱一首春之歌来驱散阴暗寒冷的天空和冰冷的白雪，去唤醒甜美青春的百灵鸟，就是那在所有年轻人心中的翱翔且歌唱的百灵鸟！

—真不错！虽然它有看起来非常黑暗，特别是对于那些凡人（claymen）来说。你是否常常作这些优美的诗篇呢？如果是的话，请告诉我，以便我能及时赶到来听下一段。顺便问一下，形式和功能在这场混乱中将变成什么？

—我又开始做梦了。不过这一次，我醒得恰到好处，多亏了你的智慧和方式，把我拉回到迷人的现实中。我的梦境就是我自己的功能，而我的话语，则是以声音的形式表达出来。

—那么是不是形式存在于所有事物中呢？

—形式存在于每一件事，每一个地点，以及每一瞬间中。根据它们的自然属性，它们的功能，一些形式是明确的，一些则是不明确的；一些是虚无缥缈的，一些则是有形而具体的；一些是匀称的，另一些则是单纯而有节奏感的。一些是抽象的，另一些则是实在的。一些适合观赏，一些适合聆听，一些适合触摸，一些适合闻嗅，一些适合以上任何一种，或是以上全部，或是以上几种方式的任意组合。不过，它们都毫无例外地联系着物质与非物质，客观性与主观性，以及无限的灵魂与有限的思想。通过我们的感觉，我们大体上了解了所有我们可以了解到的东西。我们所说的想象力、直觉、理性，只不过是物理感觉的高级形式而已。因为人类不过是物质的东西；他的所谓的精神上的事物不过是他动物性征的一个高级反映而已。人通过他的感觉，一点一滴地，追求着永恒无限。他的最崇高的思想，他的最美丽的憧憬，都是通过一种潜移默化的生长，从物质的感觉中升华出来的。从他的饥饿中燃起对于灵魂的渴望；从他紧迫的痛苦中产生出心中的美好誓言；从他天然的本能中产生出思想的力量和权柄。所有都在成长，所有都在传承。功能生出功能，然后依次生出其他东西。形式形成形式，其他的从中衍生出来。所有的都是互相关联、互相交织、互相结合、互相连接、互相混合的。它们之间内外渗透。它们无限地漂移、摇摆、旋转以及混合。它们成形、变换、消失。它们互相感应、互相回应、互相吸引、互相排斥、互相联合，然后消失、重现、合并之后再出现：缓慢地或是迅速地，轻柔地或是剧烈地——从混沌到混沌，从死到生，又从生到死，从静止到运动，又从运动到静止，从黑暗到光明，又从光明到黑暗，从悲伤到喜悦，又从喜悦到悲伤，从纯洁到肮脏，又从肮脏到纯洁，从繁茂到衰退，又从衰退到繁茂。所有的都是形式，所有的都是功能——不停地展开又合拢——同时人的心也随之展开与合拢：在"人"这个观众前，这场戏剧展开了它惊人以及鼓舞人心的关于漂流与辉煌的和谐，经过时间的千年流转，从永恒走向永恒：虫子吮吸着花瓣中的蜜汁，蚂蚁正在殷勤地到处游转，鸟儿正在枝杈上鸣啭，天真无邪的紫罗兰散发出了她甜美的芬芳。所有的都是形式，所有的都是功能，但是它们的芳香、语言都是韵律：因为这韵律就像是婚礼的游行和仪式，它加快了形式和功能互相调和融入歌曲的步伐；或者这韵律像是告别的挽歌，当它们渐行渐远，并且走进了我们称之为"过去"的奇妙黑夜的寂静守望中。这个故事就将这样永无止境地继续下去。

46

13. 功能与形式（2）

—对我而言，设想如果你只用了一半的文字，我可能已经对你近期关于功能与形式的长篇大论有了更为清晰的认识。尽管如此，我认为我明白了表层之下你所表达的意义。就我的理解，所要表达的重点在于，在每个我们所见的形式之后存在着某种至关重要的东西或其他某种我们所看不到的东西，而它通过这个特定的形式使自身变得可见。换句话说，在自然状态下形式的存在源于功能，而形式之后的这种东西正是你所称的无限创造精神的体现，而我将它称作神。而且，忽略掉我们所受的不同教育、培训和生活环境，这样我们才能试着以同样的方式观察同一事物，你想让我理解与明白的是，正如每种形式包含有它的功能，并且因此而存在，同样每 功能都找到或者正在寻觅它的形式。并且，此外，就像在自然界中与我们所谓的人类生活——自然界的镜像中，我们每天所见之物都是真实的一样，以上所说的也是真实的，因为它是宇宙法则，所有心智所能设想的事物都从属于它。

—你快要"掌握"了，正如我们所说。

—那么，我假设当然会有这种理论在建筑上的一些实践？

—更进一步来说，它在其他万事万物上应用，为何不在建筑上呢？

—但是如果说必须要有一个这种理论的明确实践。又是什么样的实践呢？

—你无法想出吗？

—我认为如果我们称每一座的房子（building）是一种形式——

—你这么说使我神经紧张，但是继续。

—我认为如果我们把一座房子叫作一种形式，那么对每座房子应该有一个功能，一个目的，一个理由，一个在形式与每座房子的发展之间明确的可解释的联系，以及将其塑造成那种特定形状的原因；而那座房子作为好的建筑（architecture），首先必须清楚地符合它的功能，必须是功能的图像，就如你会说的。

—不要说好建筑，仅仅说，建筑；我就会明白你的意思。

—而且，如果一座房子设计得恰到好处，人们只需稍加留意就可以通过这座房子读懂建造它的原因。

—继续。

—那么以上对于建筑的逻辑部分的说法是正确的；但是艺术的一面如何融入进来呢？

—别管艺术的一面。继续你的叙述。

—但是——

—别管"但是"。

—那么，我推想如果这规律对房子的整体而言是适用的，它必定对部分而言也适用。

—这是对的。

—因此，每个局部必须如此清晰地表达它的功能，以至于功能可以通过局部得以解读。

—非常好。但你可能应加上一句，如果作品是有机的（organic），那局部的功能一定与整体的功能具有同样的品质（quality）；而且，局部的组成部分以及局部本身一定具有组团的品质；局部一定分担整体的特征。

—你所说的有机的是什么意思？

—我将在后面告诉你。

—那如果我的思路是对的，我将试着沿着这个思路往下说。自己独立思考更加有趣，不是吗？

—是这样的；而且更有益于健康和快乐。继续，这会促进血液进入你的大脑。如果血流不是过于突然，你将会成为一名有用的公民。

—我忽略你的讥讽，因为我对于我自己正在说的更感兴趣。不过，在我经过时我就应发现，你也不是那种体谅别人的人。但是，我们继续：如果关于局部所说的在更大程度上成立，那么在细部上也一定同样成立，而且应是相同程度，不是吗？

—是相似程度。

—为什么你说相似？

—因为我的意思就是相似。细部与局部和整体不相同；它们不可能相同。但它可能也应该与局部和整体相似。

—那不就是鸡蛋里挑骨头么？

—如果有更多这样的吹毛求疵对于我的建筑未尝不是好的。

—为什么？我不明白。

—因为它的重要性会让我们回到我对你提到过的有机品质（organic quality）。对于有机思维（organic thinking）来说，细分是没有限制的。

—那逻辑思维（logical thinking）与有机思维之间的区别是什么？

—非常之不同。但我们还未讨论到这步呢。

—那么，我推断，我能够继续将细部自身视为一个整体，要是我会，并且继续将形式（form）的功能（function）进行有序的、系统地划分，就如之前。不知道是否我能猜出你的意思，我将一直感受到一种相似性，一种有机的品质——大到整体小到微小的细部。这很有意思，不是吗？划分得到的部分与细部来自整体，像儿子、孙子和曾孙子，而且，他们，所有的，会属于同一个家庭。

——在你所说的话中，我第一次听到了生动的词汇。

——你知道，我在理解。我开始朦胧地理解你所说"声音，叫喊，在遥远的森林里"的含义了。也许，有些种子正在发芽，还需要不断地浇水。

——是的，是的。到目前你做得很好。不过我想警告你，有人或许会延续你已经奠基的计划路线，贯彻到最微小的细部，但得到一个非常干瘪的、非常幼稚的、非常平凡的结果。他或许制造出一个绝对逻辑的结果，所谓的，一个完全被排斥的——一个拒绝活的建筑的空洞的、冰冷的——真正的悲观主义产物。

——怎么会这样？

——简单说，因为逻辑、学识，或品味，或它们所有的结合，不能建造有机建筑。它们能建造有逻辑的、学院派的（scholarly）或"有品味"的房子，但仅此而已。这样的建造物要么干瘪、冰冷，要么毫无用处。

——好，那么，现在就提前告诉我，什么塑造了一位真正的建筑师？

——第一，要具有诗意的想象力；第二，广泛的同情心，人道的性格，常识和十分条理化的思维；第三，完美的技术；最后，丰富的并且优雅的表达天赋。

——那你不看重逻辑。

——它有它极佳的用处。

——但是不能把一切简化成演绎推理（syllogism）吗？

——这样似乎是教科书主张的；但我可不希望看到一支玫瑰简化成演绎推理；我害怕结果会过于演绎以至于诗意将会"和玫瑰一起消逝"。形式逻辑无法成功地用于创造性过程中，因为创造功能是至关重要的，正如它的名字暗示的那样，这里演绎推理一种抽象，作为一种迷人的形式，它从属于一种功能，即所谓的纯粹理智；但，当它服从于灵感，它才具有一个正当而高贵的价值。我的意思是有一种逻辑高于书本上的逻辑，那就是被称为想象力的潜意识能量。即便如此，形式逻辑有它的意图和地位。

——那么你确实重视逻辑？

——当然。它是智慧的力量，但它有它的局限性。它不能扮演独裁者的角色。

——顺便说一句，你会解释一下"有机"这个词吧。

——你的记忆力很好——说明你没有走神，而且你还能预测我的讨论。我确实忽略了这个词汇。不过，我们将它留在下次，那时我们可以从容地讨论。

——这真太有趣了。

——我也这么认为。

14. 成长与衰退

——现在为了给"有机"（organic）这个词的意义寻找一个比较可靠的解释，我们应该在开始时就确定这些相关词汇的含义，有机体（organism）、结构、功能、成长、发展、形式。所有这些词汇意味着一个生命力开始时的压力，以及继而产生的结构或机制，如何使如此不可见的力量明了并开始运作。这个压力，我们称作功能；结果，称作形式。由此，功能和形式的规则在整个自然界清晰可辨。

我已经警告过你词汇（words）本身的难以琢磨，它们的意义趋于变化，而它们的外在形式保持不变。这是由于词汇的形式自身，不是真正的有机；形式是既定的，而且本质上很难改变来适应意义上的变化——特别是对于微妙的变化。除了那些呆板的变化，文法学家称作词尾变化、连接词、复合词、词缀和后缀等等，词汇，在写的时候，只能通过与其他词汇结合，在意义上被改变或发展，或大约如此——当它们押韵，有组织地运动。在讲演中，词汇变得更具可塑性：这正是讲演术的价值所在。静态的词汇基本没有意义，你可以通过参考任何字典证明给自己看；但，一旦它们被动态地和形象化地处理了，它们传达思想的力量就急剧增加；尽管如此，应该理解，这力量不在于词汇里，更在于词汇使用者的头脑和心中。存在于词汇中的思想、感受、美远小于读者、听者的头脑心灵所联想到的或被引起的联想的全部；这种联想的力量，这种激发想象力的力量，就是艺术家，诗人的力量：他们在词汇中挖掘出更多的内涵。

一段时间之前，你问过词汇与建筑之间的联系可能是什么。这个直接且重要的联系就是——建筑，在过去的几个世纪中，已经遭受不断增加词汇的困扰；至今它是如此畸形发展并受词汇的抑制，以至于现实已难被观察到。词汇和短语已侵占了功能与形式的位置。最终，短语创作会变成建筑创作一个可以接受的替代品。

现在，当我们两个在一起寻找事物的意义时，当我们在搜寻现实时，让我们现在宣布，只此一次，我们寻找的建筑是存在于功能与形式中的现实，而且这种现实会随着我们观点趋于清晰不断展现。

我们今天所见的建筑表明了它失去的有机品质。就如一个人曾经强壮但现在却衰老了，功能不再正常。如此它的形式就会变得反常。它不再如往日那样用雄辩清晰的音色说话——它现在对留心的听众哭喊着，以令人震惊、口齿不清的哭声，时而压抑，时而刺骨，但永远是没有组织的悲叹，这是瓦解的征兆。它有着苍白的恶意的目光，龇牙咧嘴。它的眼睛毫无光泽，耳朵迟钝，重要器官都衰退了。这样，它依靠着学识的拐杖疲倦地移动着——通过词汇的眼镜摸索着。

我们寻找的建筑会如一个人一般活泼、机灵、敏捷、强壮、健全。一个能够延续后代的人。一个五种感觉都敏锐的人；眼睛看清一切，耳朵调和于各种声音；一个生活在现在的人，知道并能感觉到每一运动的震动，用心去领会它，并用思维去表达出来：那个不间断的、影响深远的新生，那个丰厚的时刻，我们称之为"今天"！作为一个人他了解他的时代，热爱他的时代，了解并热爱生活的运转，正确地认识力量与友好的价值，他脚踏实地，他的头脑与同类永不断歇的歌声相调和：他用友善的目光审视昨天，他以激情的视野看待未来：作为一个乐于创造的人：同样我们的艺术也应如此。为了生活，全身心地生活，是存在的完整实现。

注：这章在修订中有部分删节。

15. 思想

　　—你说我们的研究应更多关注现实而非仅仅词汇，对此我印象深刻。这听起来不仅坦率、敏锐而且很具启发性。这似乎可以指引我们的心智一直向前，使它们关注于某些明确的东西，某些我感觉一定存在且真实的东西。尽管如此，对于所有这些，我们必须使用词汇，不是吗？

　　—不是必需的。只有在你需要与别人交流的时候你才需要词汇，用那种特殊的被称为书面或口头语言的方法。音乐、绘画、雕塑、建筑都是显而易见的无声的交流形式；肢体语言同样是，面部表情同样也是。词汇，不过，有时在解释这样或那样的事情时是有用的；事实上，解释如果不是词汇最重要的用处之一，也是最首要的用处。通过词汇我们试图向别人解释清我们的感受——简单地说，就是我们在某时对某事在精神上或感情上的态度，而对于这些目的词汇都能很好用，特别是考虑到纯粹的人与人关系的时候。但还有一个广阔的词汇未及的区域；而且，为了表达我们对它的感动，我们对它的见解——我们与它的联系超出人类的范畴——这时美术（fine arts）介入了并以一种语言的形式，一种表达的形式，一种交流的形式，一种解释的形式，超越了词汇。当下实践中的建筑只是一种粗糙的自称为艺术的虚张声势。但是，请相信我，一旦建筑的能力被理解，一旦其本质被了解，一旦其可塑性，雄辩力、生动性、抒情能力、流畅的表达性被头脑与心灵领会，它确实是一门艺术。在一个感受力强的人手里，没有哪种表现形式可以在力量、美、精巧、微妙和普适性上超过建筑。请记住我对它的评价，年轻的朋友，随后我会试着向你解释。随着你自身内心体验和你精神境界的成长，你会慢慢明白，真正的思考与感受的意义是什么——所有的感受状态都可以在真实的、塑性的、诗意的建筑艺术中找到它真实的影像，这种艺术我被迫要称作新建筑。

　　但我要顺便提及真正的思考不用词汇比用好，而创造性思考一定不需要词汇。当头脑非常活跃、紧张地工作着，为了它自身的创造性用途，它没有时间建造词汇：词汇太过笨拙了：你没有时间去选择和组织它们。这样你必须以图像、图画、感受、韵律的方式思考。一个受过良好训练的，高效组织的，纪律严明的头脑会以极快的速度和很高的强度进行工作；它会赋予生成物以体量，如此复杂，如此深远，以至于你耗费数年也不能将其记录。写作却很慢，像蜗牛一样用词汇爬行，艰难地翻越一座仅仅是类似于思想的小建造物：而思维已经继续向前，这里或那里，向后向前或再向后。思想是宇宙中最快速的工具。它可以飞行到天狼星并立即返回。对它，没有什么过小而无法抓住，也没有什么过于庞大。它可以进入或走出它自己——有时客观地，有时主观地。在一个事件上，一个想法上或一个理想上它可以将自己紧紧地捆住；或将自己在轻盈的空气中升华消散。它可以像水一样流动；也可以如石头一样坚固。你必须使自己熟悉，我的孩子，这个我们称为思想的非凡工具的各种可能性。学习它的用途并学会如何使用它。你的尝试总会变成——结果；因为真正的思考带来真实的结果。思考是一门艺术，一门关于各种可能性的科学。它像一支旗帜整齐的军队，马声夹杂着喇叭声。不久，你本能地就能学会分辨某个人是在思考还是发呆。这是一门伟大的艺术，伙计们，记住这点，一门令人鼓舞的艺术。我指的是真正地、流畅地、活跃地思考，而不是迟钝地结结巴巴或喃喃而语的思维；我说的是头脑完全清醒。

——词汇，毕竟，只是思想瞬间的表达。它们也许，在那一特定表达上，如我们听到的鸟儿的歌声一样美丽，但它们不是那只鸟：因为那只鸟已经飞过，早在这首歌成为我们的回忆之前，而且已在森林的别处唱着另一首歌。森林中演唱过的所有歌曲，有几首是我们听到过的？而森林唱着它自己歌：我们中又有几人听到？歌声是关于森林的，而不是森林。所以，让你的思想有时如我们没有听到的歌声一样，歌手独处时的歌声。因此，我要让你的头脑远离词汇，并且专心于思考。

——思考是一种哲学。很多人相信当他们阅读一本书的时候他们在进行必要的思考；当他们听别人演讲的时候他们在思考；但并不一定需要理解。阅读和倾听所能产生的最好结果就是激发你自己思考，但是，十有八九，你在思考别人的想法，而不是你自己的。这就像一个回声，一个映像；而不是真实的事物。阅读是非常有用的，它可以告诉你其他人在想什么，使你接触到你的同事们现在的想法，或者那些过去人的想法。但你必须小心地并警惕地区别假的与真的思考。假的思考一直都是在模仿，而真正的思考一直都是创造性的。它不会是其他方式。离开思考你无法创造，而除却在思考中创造你不能算是真正思考。用这个标准评价我们现在的建筑，你会惊讶于它思想之贫乏，表达之虚假，欠缺成熟。此外，真正的思考永远是现在时的。你不可能在过去思考，只能思考过去。你不可能在未来思考，只能思考未来。借助强大的想象力你能思考过去与未来，基本基于现在的状况：前者是历史学家的用处，后者是先知的。但现实是关于、属于、基于并为了现在的，只有现在。请牢牢地记住这点，这是非常重要的，必须把它作为你未来受教育的基础，因为在物质上或精神上你只与现在接触，并且我已经告诉过你，真正的、至关重要的思考，产生于身体感受。只有在现在，你真实地生存着，因此只有在现在，你可以真正地思考。并且在这个意义上你有机地思考。虚假的思考不是有机的。前者是鲜活的，后者是死亡的。现在正是一个有机的时刻，鲜活的时刻。过去与未来都不存在：前者已经死亡，后者还未出生。现在就是眨眼的一瞬，随着时间的流逝，它将死亡与生存分开：但思想比眨眼更加快速。

将所有这些牢牢记在心里，我的伙伴。一刻也不要怀疑它是鸡蛋里面挑骨头。我想你去理解事情的本质，这是最重要的，它是重大的、意义深远，因为它就是探寻生活——从人作为一种能思考的事物存在开始，它的整个头脑世界就以不知疲倦的强度，聚焦在这种探寻之上。第一件你必须专心的事情，就是学习严肃地、正确地、系统地、持久地、彻底地、大胆地思考。从不怀疑你头脑的能力，因为它们就在那里，等待着你去发现，去了解，去使用它们。你不会在印刷书籍中学习到如何这样思考，但你会在一本关于你自己生活的伟大的打开着的书中找到答案。它们都在那里，等待着你去发现，去了解，去使用它们。不要害怕，不要怀疑。我告诉你这个事实。只有传统的建筑学教师会告诉你，你出生时是个笨蛋，而且被设定为痴呆。我要告诉你，你生来就很好并且你具有你所不知的力量：每个人都有，而且能够发展它们，只要他的家长不要每五分钟就问他"学到"了多少，或者他能否在下周得到"提高"。唯利是图可以击败任何形式的教育。

所以，首先，学会思考，然后，学会实践。学会像一个建筑师一样思考，然后学会像一个诚实的建筑师一样实践。当你有机地思考时，你将会有机地实践。只有当你的思想开始具有有机性时，你的房子也会具有有机性的，而且在此之后它们会一起成长与发展。但它们不会自己这样，除非你已开始——不，在此之前永远不会开始。但不要羞于从小处开始。所有一切都是从小处着手的。请确信，只有如此，才是正确的道路。试着学习你自己内心的东西——你的智慧、你的力量、你的极限。努力去增长这些能力，突破极限。你不可能希望知道你自己的能力直到你测试自己，以意志的力量，以及个性的支持来克服阻碍。谈论头脑的极限简直是愚蠢的：把它留给游手好闲的人吧。我告诉你，你头脑的极限会远远超过你想象的。如果我不是深深地相信这一点，我不会在你身上浪费时间的。所谓的平庸的头脑显然有着更伟大的力量，比一般设想的情况有着更伟大的、无法度量的发展可能性。但我们需要教师——需要恰当类型的教师。在这方面的流行观点却是极为荒诞的错误，以及非常可悲的缺乏完整性。重要的是要在足够年轻时挖掘你的头脑，正确地开始，并正确地训练它。个体头脑的力量是伟大的。当然绝对无聊地思考是另外一回事。那些怀疑这点的人，是因为他们还没有也不愿意不辞辛苦地去了解身旁年幼的孩子。去做吧，这个话题令我愤怒，因为我的眼睛可以看见。思考片刻，想想一个人会有如何的力量与荣耀啊，如果他的头脑被恰当地训练过，而不是这样悲伤地荒废和不务正业。这是不是颠覆了一些政治经济学家们珍爱的观念？但这就足够了。

我将正确地，并小心地启发你。之后就是你的事情来保持自己正确。我

图 5　芝加哥国家银行，芝加
哥，1900 年。建筑师：杰尼 &
摩恩德

图 6　底特律 200 周年纪念碑设计，设计者及日期均不详

图 7 哥伦比亚大学图书馆，纽约，1893 年。建筑师：麦金、米德以及怀特

图 8 科尼利厄斯范德比尔特住宅楼，纽约（第 57 街第五大道），1882 年（后又加建，现已拆除）。建筑师：乔治·B·珀斯特

将向你展示我曾独自探索过的那个国度的地标和记号：但它是希望的土地——我回归而来将它告诉你，并为你指引道路。

所以现在不要过于在意词汇。当你的思想自然地寻找词语的表达时，词汇就会变得有用起来。可不要错误地理解我的意思。我一刻也不想轻视语言学习，相反，我非常珍视它；我的意思是目前你只有将所有能力转向现实，不要想词汇。以你自己的本性，以你自己的环境，以你自己的艺术，思考你的想法。向着这样的结果探索：建筑，它的有机形式、无生命的材料，可能回应你的意愿，你的论证，而变成具有可塑性的媒介，你将通过它表达的不是词汇性的思考而是建筑性的思考，那么功能将有序地流入形式最微小的细节中，这就像树液会流向最细的藤蔓的尖端——流向一棵大树每一片树叶的叶梢。

然而你不能在一天、一周或一年完成这件事。它必须是你一生的工作，一个长期、艰巨、不间断地收缩和伸展——就如树木年复一年地生长和蔓延。就像我给你提到过的，"时间不会让那些忽视它的事物变得神圣。"——法国谚语如是说。要体会一丁点这个谚语所说的意思，"大自然从不急促也不迟到，"想想闪电，想想思考的速度，另一方面想想大陆逐渐上升，想想太阳在地球周围日出日落（sic）。

——你给我设定了一项糟糕的任务。尝试完成它让我感到气馁。

——完全不是这样的。你思考得越多，你越能从思考中得到快乐；你沉思得越多，你越能从沉思中得到快乐；你实践得越多，你越能从行动中得到快乐。一点一点，我将向你建议如何思考以及如何表达你的想法。同时记住你不是仅仅有时思考，像某种仪式一样，而是天天、每时、所有时间——它必须成为你头脑固定而自然的习惯。这样你的思考就会在力度上、清晰度上、灵活性上和优雅程度上稳步发展；而最终你将体会到独立的精神，以及自控力的真正含义。

16. 想象力

　　—在我们最后的谈话中你提到了想象的力量。你相信想象力会是什么？我曾含糊不清地考虑过它，可我似乎什么也没得到。它是个相当普遍使用的词汇，但似乎没有两个人同样地使用它，或理解它。对我而言，它似乎是某种事物——一种现实，你可能会这么称呼它——当你得到时它就消失了；我所能得到的唯一满足感是使用这个词汇本身，我假装相信自己理解了，而其实我确定我没有。当我离开这个停泊点，我就此漂泊。它到底是什么？

　　—真的，你让我发笑。我对想象力的了解并不比对电的了解多。想象力是灵魂本身，难以触及。同时非常接近我们，并且直接、简单。我们不了解它是什么，但确实地知道它的活动。想象力是生活的一个阶段，如果你能告诉我什么是生活，我将告诉你什么是想象力。你甚至可能还会问我生与死是不是同样的事，如果不是，哪个又是真实的呢。我可能认为生活是全部，而死亡并不存在，那是我们给一种改变起的一个名字而已，它是一个词汇，一个符号。而如果我有不同的情绪，我也许会争论说生活仅仅是一个词汇，一种幻想，一种幻影，一种幻象；而深层的现实是死亡——不可估量的静止。或者，如果我仍在同一种情绪中，我可能会说生与死都是幻象，都是不真实的；而那里只有一种无法理解的现实。

　　所以，关于想象力，你可以说任何符合你自己想象力的东西来解释它；同样我可以说任何符合我想象力的东西；因为只有个人的想象能够捕捉到想象力，就如只有精神能够捕捉精神，只有物质能够捕捉物质——只有心灵能感动心灵。如果你缺乏想象力你就无法了解它；如果你欠缺感知力你就无法认知物质；如果没有心灵你就永远不能认知心灵的世界。这样，正如喜欢导致喜欢，也只有喜爱能明白喜爱。理解和词汇经常相差很远，它们有但很少的共同点。理解是关于心灵的，词汇则是人类的发明；理解是主观的，而可见的词汇是客观的——另外为什么口头演讲应该比书面文章更深切地影响我们，另外为什么说出的词汇总能更快地流入心田，而书面词汇则会在头脑的小径中徘徊，经常流失在路途中？

　　现在，我最多只能告诉你口头词汇所能传达的东西，可如果你的想象力无法理解或接受我的意思，那我就失败了。我无法用词汇向你传达果实上的花朵——你必须看到它才能明白。我也不能向你用词汇描述鸟儿歌声的美妙——你必须听到它才能明白。我可能已经看到花开或听过鸟儿的歌声，但我无法将它们真实地传达给你。我只能建议。想要了解它们你必须亲自去听去看。你必须通过自己的力量去理解它们。

关于想象力我们所知的就是，借助我们自己的想象能力，我们也许能从它的表现中进行推断。这些表现形式，肯定是非常多变和复杂的。事实上，想象力和地球表面的男人、女人和孩子数量一样多。不用我们说也知道这些独立的想象力在类别和程度上都会变化，而且也具有显著的类同之处。但正是它的变化更具有教育和启发意义，因为你将发现每个人的想象力是那么富有个性：这是他个性特征的钥匙，这决定了哪些事物那个人会接受或者拒绝。顺便说一下，你不可能把一只脚置于另一只前，除非你的想象力已经准备好了——更不可能作一首诗。

所以，再一次，当你问我什么是想象力，我也许以美国人的方式反问你，什么是作物？你说作物是一种蔬菜？那好，什么是蔬菜呢？进而你描述得越来越详细，而我问得越来越仔细。最终，你困惑地问作物是否可以或不可以是一种动物呢？即使我们清楚地知道作物有成千上万，每个都有它独特的结构、形式和功能；不仅有千万种类，而且有成千上万属于特定种类的个体；而且这之中的每个个体都有它的特殊性，它特定生活，它的身份。因为这就是自然的无限可分割性；而且它在分析力量可以埋解的范围之内，相应地跟随功能的精细划分进入特定的形式。所以这里有成千上万的想象力，每个都重要且特殊；你的是其中之一，我的也是，但它们并不完全一样，它们不可能一样，因为个性从自然到最细微的观察范围都很普遍。如果你愿意，你可以排列或分类这些想象力；但分类在很大程度上是一个专断的过程，目的是为了方便，为了轻松地查阅和使用。

而且通过所有这些我在试图将你带出学校的惯例，那里所有的事情都被分类和罗列，并且为你贴上标签，我要将你带入一个广大的、流畅的连续自然的概念，在内部、外部以及围绕你的一切都是不稳定的——你的精神和物质世界的一切。如果你理解了这点，以及你感官与这点的关系：你的头脑、心灵、精神都没有定界，没有边界，没有障碍，你将得到想象力全方位的指示，它的流畅性、它的质量、它的范围、它的可视性。

如此你看，年轻的朋友，通过简单的问题你已经开启了一个世界。而且当我提示你个人头脑可能的力量，以及一个人头脑受到这种训练的人所具有的力量与荣耀，我并不是在谈什么所谓的梦幻之旅，而是带有一种贴近的、实际的现实感。

所以，当我们认为想象力在它的某些方面，似乎是超越人性的，而在其他方面它却非常人性。如果它意味着接受的力量，同样也意味着给予的力量。如果说它像一滴露水一样简单，同样它也像露水一样复杂。无论它如何隐秘和羞涩，它在习性上仍旧是驯服的。它坚定地服从于其他感官的控制。如果它是个漫游者，那它某天一定会回归。它知道家在哪里：它需要你正如你也需要它。它听从你的派遣，并一无所有轻松而归。它是你的另一个自我——当你们了解时它会成为你最好的朋友。它会随时出现在任何地方；但要注意以免它诱骗你，因为它在你看不见时是一个狡猾、淘气的东西。你必须小心地训练它工作就像训练一只猎犬，因为，无论想象力可能是什么，它是一只出色的猎犬。他们说想象力是一位伟大的画师，一位著名的图像创造师，一位技艺超群且有才华的工匠。如果是这样，那就让它好吃好住，慷慨地给它礼物。他们也说，他是一位伟大的建造者和改造者。如果那是真的，那么，我也告诉你它也是个伟大的破坏者。他们说孩子富于想象力。这是最真实和最美好的了。让我们不断变老却保持童心：因为我认为如果你杀死一个人的童心你也就杀死了这个人。没有什么格言比这更真实：童心是人类的父亲。所以让你的心灵回到不远的童年，它正用渴望的眼神望着你呢。

17．一根多立克柱

——我完全沉浸于你上次谈话中所说的了。我感觉到它的广度与深度。但你能给我一个关于想象力的明确实例吗？

——也许我给你一个缺乏想象力的实例会更好。

——从前，底特律人似乎有过一份计划，建立一座高贵并得体的纪念碑，以此来庆祝发现这个有趣的城镇所在的地点200周年。

立刻，他们按惯例设立了委员会。立刻，委员会坐下来开始思考——或者开始商讨，就如他们可能会说的——其实与思考相差甚远。他们想到一位建筑师，一颗远在东方的晨星。他们召唤他。他来了——他考虑着；接着委员会也考虑着；然后他们一起沉思——在会议上，至少说是如此。他们，这个委员会，要求他，这位建筑师，设计出一座纪念碑，它是必须富于表现力的、相称的、恰当的和"独特的"：不同寻常的。这位晨星想到一根多立克柱——"世界上最大的"。这位建筑师在公开报告中宣称，这根多立克柱是为了纪念"底特律城两百年的发现与建立"。请注意！一座"城市"如何可以在"被发现"的同时"被建立"。凭你或我的常识就会知道200年前被发现时，那里可能都是荒芜而后底特律才被建立。报告进一步告诉我们，从柱头处会喷射出"巨大的天然气火焰，西部所独有的特征，在其他地方完全不可能"——就好像没有自然的辅助，这个多立克柱子本身并没有足够的"天然气"，而东部则仿佛根本没有"天然气"。然后这位建筑师谨慎地结束了他的报告，声称他的多立克柱将"与各个时代的伟大纪念物齐名"。如果他在括号中加上一段，说它会在所有时代的令人不快的纪念碑中非常出名的话，那我会愉快地同意他的话。如此宏大的报告应该有这样庞大的柱子相伴随，正如这个"想法"所引发的，似乎应该很正常。

之后委员会开始考虑花费、途径和方法。而当你考虑金钱、途径和方法时，你必须绝对认真地考虑。

也许你已从我的评论中推断出我并不赞成这个方案，而且，确实，我不赞成。为什么？因为对一个人来说这进退两难，因为这个建造者甚至对最基础的想象力都并不熟悉：一个"艺术家"的最令人沮丧的文盲状态。的确，单单想象力本身即是区别性的品质，将建筑师与普通人所称的建造者分开。

如我所说，一开始，是建造者——没有形式、一片空洞，黑暗笼罩着它。而深不可测的创造性精神在黑暗中穿行，它说：要有光——想象力就是那光线。

圣灵觉得这样很好，所以他将光明与黑暗分离。

如此这样，相反地，当一位建筑师失去了创造力的陪伴他马上变成了一位建造者——他以前水平的高低变得一点也不重要了。

所以你可能推断出，当然我强烈建议你这么做，在你的哲学中，诚实的想象力从此以后，应该与建筑师的称呼密不可分。

不，通常来说我不喜欢欺骗，而且我尤其痛恨挥霍，昂贵的欺骗：依靠浪费金钱来隐藏堕落的空虚。因此，我不喜欢这个"多立克"骗局，即使它在世界上确实不是这一类中最大的一个。

所有这些或许看似已经相当明了，但我还要将它弄得更明白一些：

我将冒险推测这位建造者在昏暗阴沉的原始森林中从来没有用树枝给自己做床；绝不可能透过渐淡的火光看见闪烁的乳白色眼睛；绝不可能听到头顶鸣角鸮那凝固的叫声：或者清晰的豺狼嗥叫——时而衰弱，时而喧闹，总是饥饿，永远极为悲哀；时而轻声，忽地又在森林中呻吟，在静谧的夜，无声息的时刻，就像一个巨大的铁杉树重重地沉入土地；也没看见破晓时朦胧的树杈后的暗淡与苍白，松树与落叶松与其同类交错着，成群地笔直向上，并且亲密地无声交流着；也听不见开火的步枪喷出的吼声沿着沉睡的森林湖岸滚动——时而在海角与海湾处减弱下来，时而变得大声或再次减弱，向周围蔓延，或沿着竖直的木墙面不断反射折转，在疯狂吵闹的回声中或打破，或飞向，或向后穿过惊涛，慢慢地混合并融入空气和森林，直到，很久很久以后，静寂重新统治一切，而孤独——吞没并溶解这奇怪的、荒芜的不调和；也不能穿越混乱或爬过枯木，不能用森林中骄傲的泥土支垫他的脚部，不能闻到这微弱的香气，哦，深邃的森林是如此虚弱，如此脆弱，站在越发浓密和越发灰暗的一排排树干中，他们好似神秘地、深深地藏在阴暗之中——当笔直的道路被打开并接近猎人，他有着敏捷的足和敏锐的眼睛，像个鬼魂一般在森林的深处移动；也不能穿越这曲折湍急溪流的黑暗、冰冷的河水，它们携带泡沫流过巨石与暗礁，急流过黄色的泡沫并叮当作响，或在光滑的、静谧的、温柔的瀑布声中闪现，不久又开始急流并旋转，永远冰冷，永远黑暗；也不能看见隐秘的小鹿，受到惊吓，像个精灵一般消失了；不能听见潜鸟的哀号，孤独地，警惕地，机警地，遥远地在湖中心；不能听见暴风雨的来临，正恐怖地横扫森林中颤抖的兽群，蓝色的、炫目的闪电和沉闷的劈裂声，隆隆声与噼啪声，倾盆大雨，冲击声与嗖嗖声和浸透的大雨；不能看见俄勒冈草场上空的晴朗的蓝天；不能穿过宏大的河流；不能翻越坚韧的、贫瘠的山峦，穿过深邃的峡谷，跟随土著人的踪迹；不能沉默却有规律地划向河的上游——越来越向上，越来越深入延伸远方的森林；不能经常来到目所不能及的广阔湖泊，在暴风雨来临时愤怒而暴躁，而在和煦的天气下则平静、愉快，在阳光下波光粼粼，在透明的空气中，在其上清澈的天空下如此之湛蓝、可爱，向远方不断伸展，平静而寂寞——在清冷的月光下，在微弱地闪烁的星空下，如此深邃，如此黑暗，如此平静。

但第一个驻足于底特律的人，这个如今位于狭窄的海峡旁的城市：他们看到了、听见了所有这些，靠此生活，并因此而死，或者还有更多。他们想到的不是希腊柱式，他们想到的是荒野，是饥饿、疾病、死亡，一个又一个敌人，重重磨难，种种不幸，不断地征服。他们勇敢地面对辛劳与危险。挣扎属于他们。英勇属于他们。孤独的大陆属于他们。狂热的信仰也属于他们。英勇、奉献、耐心和坚韧是他们夜晚的明星，他们的晨曦。而我们则以不知廉耻的幼稚去庆祝他们的故事延续到第二个世纪。其实，在无名坟墓中，他们也许会说：我们甚至没有要求一片面包，但你们却给了我们一块石头。

当这些先人所做的在敲门却无法进入时，我们的灵魂是什么样的。这扇门是关闭的，房子的看守人已经逃跑了。200 年的时间在这个地方来了又去，曾经有一片庄严的森林在此站立。

18. 注意力（Attention）

——你知道吗，我对你那个森林的故事如此感兴趣以至于我完全忘记了那个被批评的多立克柱。哦，那很棒。我真希望我能在那森林里。你一定曾住在过森林里，否则你不可能这样地描述它——不是吗？让我告诉你，有个复苏的穴居人在我的体内。而建筑被赶出家门了。你曾在森林里，是不是？别说没有，这会粉碎我心中的传奇。

——现在这些并不重要：让我们继续。

——好的，但我认为潜鸟很难打到——即使用来复枪。你不可能接近它们。它们会闪电般地下潜。你如何才能到达足够近来射击呢？

——不要紧。对我来说你现在就是一只潜鸟。我试着靠得足够近好用一种理念打中你，但我所做的最好的，目前为之，也就是打掉了一些羽毛。但是，你还是无法逃离我——因为我是一个猎人的人。而且据说人比任何潜鸟更可怕。就如野生麋鹿天生的迅速与一只宠物狮子狗进行对比。人可以远远地嗅到一个新的想法，如果风向转向或背向他，他会转换方向，或走入地下，或在最近的灌木丛下，或在树上，从心理上来说人类是最羞涩、最胆小的动物。我很知道他：这意味着，我根本不了解他。他是不可理解的，他将所有动物的一切特征集中于一身，所有的鸟类、所有的爬行类、所有的鱼类、所有的昆虫以及所有的植物。

——是的，是的——但是——

——我知道；我知道。你更愿意搜寻而不是学习，而我不能过多地责怪你。但诀窍就是搜寻的同时学习。如果你学会了这些那你几乎学到了所有秘密。现在，我已经直接或间接地向你谈论了一阵建筑了，至少已对你马虎地嘀咕了或者两段算上回答的方式的话；但在我谈论森林，或野兽时，你非常激动；这显示出你比我更接近自然，接触到自然的魔棒时，原始的人性与力量在你的体内苏醒。如今我真心地感受到，我一直寻找想展示给你的建筑艺术就像潜鸟，像森林，像所有在无干扰的大自然中的东西；但追求它却是靠精神：不是来复枪，或书本。我不知道如何才能令它更为清晰——因为它其实是明了的。我想我可能已经变得世故了，随着年龄的增长，丧失了简单叙述的本领。 61

——哦，别担心这个了。某天我也会陷入同样的深渊的。也许除了开枪还有其他方法来赢得比赛。那么这样，你就不用像这样谨慎的揣测我了。你在设圈套，我知道。我可以在空气中闻出来——我相当确定它正在吹向我这边。但我不害怕，只是有些好奇。

—好吧，让我们看看：我们在谈论什么呢？

—哦，我不知道。不论它是什么，为了我好你要以此进行一段说教了。

—如果我和你谈论潜鸟如何？

—你看，现在你开枪了。

—如果我和你谈论你自己如何？

—哦，我不知道。

—好吧，潜鸟会对它感兴趣的东西特别注意，而你也会同样这么做，因为注意力是我们力量的精髓[1]；它将其他事情吸引到我们这里，它会——如果我们已经承认它——将我们生活的经历传达到手上。如果某件事情对你足够有印象，你就不会忘记它；这样，随着年龄的增长，你积攒的经验变得越来越多，越来越丰富，越来越有用。但最终你必须磨炼你的注意力——看的艺术，听的艺术。你不需为记忆烦恼，它们会照顾好自己；但你必须学习在真实的感受中生活。集中注意力是为了生活，而生活是为了集中注意力；而且，最重要的是要记住，你的精神本质中有一种更高层次的看与听的能力，这是一个更杰出、更高贵的集中注意力的途径。这样你必须学会最完整的生活。

所以很多人是半死的。他们以一种迟钝的梦游般的方式生活着。给他们看一美元，他们就高兴了；说话有理，他们就打呵欠了。如果你宣布什么，他们只是半只耳朵听着；如果他们很多嘴，他们甚至干脆就根本不听，无精打采地等着你结束，然后他们就能讲了——滔滔不绝地说着毫无意义的话，说来说去都是在原地打转。如果他们讲开，这里、那里，像是捡破烂的人，在废物、残留物和废纸中搜索。透过迷雾般他们所谓的生活，他们游荡着，没有定型地、迟钝地游荡。这类人点缀于从上到下的各个阶层——无所不及。这是空虚的一类人——悲观主义者。对于他们，生活没有色彩，全是灰暗的，而他们，喜欢灰暗——

—看在上帝的份上，这些和建筑有什么关系？

—它当然和新建筑关系密切，和旧的有些关系；所以不要唠叨着打断我。

62 对于他们生活没有动力，没有趋势——它不过是充满污垢的缓流。

—但这不是我想要谈论的。我更愿意谈论高兴的事情，谈论光明的和阳光的事情，伴随着朗朗的笑声和天真的快乐。但其实这也不完全是我想讨论的。

—好吧，那什么才是？

—你猜不出来吗？

—那，它是不是关于——

—说吧，为什么你不告诉我如何接近那只潜鸟！

—我本来打算带你去乡村野游，但我现在需要推迟一下直到你冷静下来。

1　在这一段落，以及《启蒙对话录》或者其他著作中关于教育的章节中，都可以看到沙利文在波士顿英格兰高等中学（English High School）时的老师 Moses Woolson 的影响：见《一个思想的自传》（The Autobiography of an Idea）第 9 章。

恐怕，你真是个年轻的野蛮人。

——哦，来吧。让我们去乡下！

——不。纪律是课程的一部分。你必须坚持课程直到它们开始粘上你。

——哦，你所说的我都明白。它正在我脑后某处：我是个很好的倾听者。

——可能如此，不过你必须在我放走你前做得更好才行。

——为什么，长官！我能复述你所说的——几乎每个字。听着——

——我没有时间。我想谈话，自言自语。此外，这也不是我希望说的。对了，说到潜鸟——

——什么？

——这里有另一类人——

——哦，嗨！

——他们害羞、神秘并且孤独。他们有着精神家具，但只希望自己坐在里面——独自一人在某种整洁的、装饰着马鬃文祥的华丽家居中，这些家具有着进行调整的阴影。如果有人接近他们，他们退缩，潜入自己外表之下，他们后退，绝对的，退回深深的孤独的水中。他们不是狂野的动物，而是敏锐的温顺的。世界只有在粗暴地介入时才与他们有关——他们的同伴同样如此：他们只关心自己，孤僻地、胆怯地、谨慎地、疑惑地、吝啬地将他们贮存的琐碎的精神碎片小心地安放在这里或那里的神秘抽屉中。

——好吧，这又如何？我对他们并不感兴趣。

——可我很有兴趣，因为他们所有注意力——都在他们自己身上。

——而你希望我，我推测，集中注意力到其他人身上？

——不。但当你积累，积累得足够丰富，整体地而不是支离破碎地吸收。抓住最主要的部分，而不是非常孤立的方面。把握住现实鲜活的意义，而不仅仅是冰冷的传授。抓住方向、颜色和强度，充满于生活中的，你所称作的运动，并不仅是关于概念的打破，而且追随，追随，追随每一路径，每个通往情感与精神的提升足迹——路径似乎隐藏于忽视和过于肯定之间——而后，当你给予，你有充分的东西去给予：这才是生活。

如果你无法感受到，你也就无法给予。而要想感受生活，你必须对它很敏感。内心封闭如同关闭了通往理解自我之门，拒绝了世界的光芒。正是感受力微笑着用她无形的手，引导我们，召唤、诉说、阐明所有东西。她了解心灵的渴望，她将简单的渴望神化：因为她是那渴望，只有通过理智之门才得以实现，而她寻找着直到找到她的同伴，然后他们一起回归你并进入——而后三位一体。这就是感受力，心灵最活跃的房客。所以我所谓的注意力变成你所说的兴趣；所以你所谓的感受成为我所说的答案。如此，活着变成行动；看与听，生活的功能：一切依靠我们称作感受力的温和的动力：感受接受者，给予者——感受力：我——你——诗人。

63

19. 责任：大众

一如果现在，我的孩子，我们休息片刻，观察一下我们的领域——一个鸟瞰景象、一个俯瞰景象只要你愿意，那将给我们一些确切的关于其长度、宽度与地形的概念——我们人性那些惊人而典型的元素离我们最近，但是也在最远处退缩，这个元素就是几乎所有美国人都习惯于漠视与真实金钱没有直接关系的那些东西、那些想法、那些感受、观点和要求。可以肯定，正如俯瞰森林我们能宣称它是松树林，即便其实可能会发现铁杉、云杉和许多其他树种都混杂其中，所以，在这个实例里，结论是建立在广泛的一般性的观察之上的，为了粗略地勾勒轮廓和填充颜色，而不需要精确的品质。

对于能深切地意识到我们国土广大的人，那些感受力足够宽阔、足够包容，可以理解并接受这一关键的现实的人而言，我们是一群数量1亿多，被同样的幸福与悲哀紧紧地束缚在一起的，在历史上形成了无数联系的人群：关于自我管理的微妙想法、视追求幸福为基本权利的无私的概念——这是自由的灵魂与功能——对于这样一个人群同样明确的是，在宏观上，获得解放的感觉并没有责任感与之相伴：像一支搭配不佳的马队一样，有的向前拉，有的停止不前。这一古怪的景象，在我的比喻扩大，扩大到整个国土长度和宽度（一样大小的空间内）的人们。只能让有思想性的头脑填满深深的遗憾和恐惧，有时用它那沉重的悲观主义云雾和预兆抹去我们希望中的光彩，用灰色与深灰色昏沉的阴影令所有的美好的色彩变得深沉。

自然会被这样的景象所震动，这景象的尺度与大陆一样宽广，那就是一群伟大的人民对自己的伟大毫无意识，也漠不关心，却有着相反的视野与狂热的躁动去追寻那些他们认为是真实的阴影。因为正是由于他们盲目追求的阴影，使他们认为每天给予他们力量和摸索前进途径的，散发自它们的土地与制度的阳光是平凡的、微不足道的。

这阳光，如今这样的黯淡，却是民主的光辉精神。这天体，它华丽的光芒将驱散独裁的深夜，真正地成为太阳下的一个新的太阳；但是天空不再像它本应的那样晴朗！

我们应有的民主是如此伟大，这一事实，尽管是惊人的，但只有在它地理扩张、运用武力和国家物质权利等方面令人印象深刻，而不是它的精神力量，或人、个体灵魂的解放所激发的光芒。

心灵在深深地大声呼唤向往着生活之光能将它的所有光辉洒向逐渐容光

焕发的面颊，洒向能够看见我们国家清澈湛蓝天穹的眼睛，此外给予他们足够的健康空气和希望；这样对隐藏的金钱像猪一般（贪婪）地挖掘、咕哝、寻找也许会在某一阳光照耀的时刻，戛然停止。

有一个极为广泛流传的，普遍到甚至于频繁地在个体中强调的，深深地植根于大众，并且绝对肯定的感受：即社会结构的存在仅仅是为了个人私利的获得和利用；以及，一旦他交纳了或逃避了税收，他投票了或拖着没投，他，作为个人，就已经提供了交换物；他对于他的同伴、他的国家、他自己的责任就结束了——他就可以沿着自己兴趣的轨迹活动了，无损于他的同伴、他自己，或他的国家。

但是这个观点无论是作为理论还是实践都大错特错。我能看出来你，这么年轻，你的血液和头脑已经被它污染，而意识到这一点令我倍感沉重。因为在这个错误的观点中蕴含着衰退起点，它是一种贫血体制的根源，这在其他很多事物，尤其是我们的建筑中呈现了出来——错误、灰暗和悲观，就像没有树叶的森林一样，树液已不能再自由地流淌了。

将这些征兆视为年轻的标记和过失是没有用处的。不是这样的。它们是过早成熟的预兆；这功能紊乱的征兆，微小，但显著。如果说我们的这些建筑仅仅是国家粗暴笨拙的表达，那么我会马上把这些告诉你，并懒得花力气去分析它们的特征。但它们比这些要老得多。它们中的每一根线条都在诉说建筑师对于认可自负的渴望，以及他患病的头脑的空虚。称这样的建筑是"幼稚的"（naïf）将会是可笑而且非常不科学的；因为在它之中毫无直接、简单、寻常反映先天特色的方法。相反，它是歇斯底里的。它代表着病态的大脑，而非未开发的。它是自私的，冰冷而有利可图的，远远偏离了理智。它反映了陈腐与放纵，而不是我们国家生活中最美好的活力。

没有什么比房子的特征更清楚地体现一个人的现状和趋势了。它们是人的外延，让我们看见我们人民的灵魂。它们就像一本打开的书。而这些今天趋势的反映却令人不安。

现在，每个人明显都对它的种种表现负有责任，不管是否愿意。承认对它的某种行为负责，而否认对其他的责任是不符合逻辑的；因为人类是个体的集合，被命运的平衡控制着，精神上对他所做的一切行为负责。

虽然陈腐，但依旧可以说国家生活正是大量个体生活的反映；民主随着他生命阶段而变化，因此同样跟随着它的生长和发展的节奏。个体漠不关心、漠视、疏忽，如此变化，积聚成为国家的忽视、漠视、忽略。如果个体对事物、质量和某种关系不感兴趣，这种无感受的状态由于人数的累积变成了国家特征。如果个体否认或忽视他的责任，那当其他人这么做的时候他又怎敢抗议呢？因此，只有国家特征精确地反映出个体特征的优点；这样我们的国家政策、市镇政策和我们的建筑才能变成我们希望的那样。

65

我们国家的青春期已经一去不复返了。我们正在进入壮年，必须认识并面对这种责任，或者接受责罚。谨慎的人会小心地选择忍耐。所以谨慎的人应该开始，像我们现在一样解放并坚持某种精神力量，开启一个虽然曾经质疑但至今未知的新时代，一个注定会带来独特的突破、探索、灾难和变动后的新生的世纪。

可是，一个人除了认真地对待自己又如何去忍耐呢？而且当我提到个人我所指的是你！是我自己！我指的一个人特定的，具体的感受。

将建筑作为某种艺术进行讨论在某种方式上是非常有趣的。但将建筑作为一个民族有计划的生活则是另一回事了。后者是非常严肃的事情。它使建筑思想脱离一个小的区域——书虫的世界——而放置于它属于的地方，文明史不可分割的一部分。我们的建筑反映了我们，像镜子一样真实，即使我们认为它很遥远。可这并不是我的方式。我不想让你通过书本或照片认识它。我想让你在场地，与密切的环境、功用和相关事物一起观察它。我希望你看见它生长、呼吸、生活，如何病态，肺病如何蔓延，极度地浮肿和内部的腐烂。如果你愿意，我希望你能观察它就像你观察你的人民和你的国家功能，它们养育并塑造你。

建筑长久以来一直被认为是玩物：我厌倦了这闹剧，这无聊的情节剧，令人恶心，直到这场化装舞会结束。

如此，让我们将艺术放到一个可理解的基础上。让我们测试它，看看它是金子还是渣滓，通过健康的人类天性作为试金石。让我们测试它，通过理性的解决方式，通过常识的考验，通过真正具有民主精神的测试。让我们忽视书本、学校，进入具有真实事物的广阔开放的世界。让我们在那里学习生动的有机体，真正的东西，健康的或病态的。让我们以开放的心态进行。

很明显人们——大众作为一个整体，对我们见到的建筑负有责任。忽略，而不是漠不关心，是这一问题的根源——我们将在恰当的时间考虑树干与枝条。但是责任并不止于此处，而是从此开始。这仅是它普通的一面。我们将推进调查，直到我们看到定论——直到这个词——责任，开始起作用；直到这个词——民主，开始起作用；直到我们看到，毫无疑问，我们的建筑成为活的力量。

20. 责任：建筑师；学校

一漠不关心似乎很大程度上，显示出或是个体感觉还未被唤醒和训练，或者缺乏生气。专心的头脑不会自动地变得停滞；它天生活跃；而且，当它适应了在某个方向比其他方向更自由地活动，除非由于某种内部原因它不会丧失一般的感受力。

"头脑，"是普遍的；接受过训练的深邃思想很罕见。接受大量信息的能力更是如此。

看似接受比给予更为简单——假设它没有成本。可不是这样的。接受，尤其是接受更高、更出色、更广阔的生活、自然、人性的感受，则意味着与给予一样出色——如果不是更出色的话。一个人不可能在任何情况下给予直至他有所得。

它引起人们的好奇心，看到一群人或者是一个个体，比如我们，如此全神贯注地关注一种微小的自由——法定自由；在违法事件中被小心保护着——却忽略更大的自由，更大的力量，不要说更大的责任了。

我们拥有的智慧，一般被热情地称为聪明、精明、敏锐、聪颖、狡猾、多谋。它没有背景。它没有基础，除了狂怒的唯物主义。它实用且危险，因为它转向原始状态而显得粗鲁和不合时宜。

时间会用自己的方式解答这些活动与静止。它们只在这一方面与我们有关：即这些有才智的人，代表了一个特定的阶级，他们被称为建筑师，他们有需要和能力去建造，永远不要期望他们有什么启迪性的思索；永远不要询问他们在自己的商业活动中总是要求得到的：一张资产负债表。不知你可曾想过这种试算表看起来会是什么样的？是的,我就曾想过。我现在就在看着它；它覆盖了整个陆地；它展示了某些特定的条目——比如：

聪明的大众是否对它的建筑师们说：我们信任你们的职业智慧：你们如何管理这一信任？我们所有的是一种激动人心的民主政治；你那激动人心的艺术也同样民主吗？聪明的大众是不会这样做的。它什么也不问，除了直接与美元有关的生意。生意越大，信任越大，其他因素无关紧要。现实中，个人也不会问更多。让他确信这个"风格"是路易十四，第一法兰西，这一或那一阶段意大利，希腊，罗马，哥特或别的什么，就会平息他的问询符合他的要求，而他也对这一处理的合理性表示满意。

但你和我不能如此简单地应付。我们要提出一些不受欢迎的疑问；寻找 67

问题；我们坚持要探寻一种合理描述。因为你就是我：我们不是有智慧的大众吗？我们不也聪明、精明、敏锐、聪颖、狡猾、多谋？而且我们不是，长远地说，政治、经济和社会体吗？我们不也是个体、自由人、自由职业吗？如果民主有某些意义，我们想知道究竟意味着什么；以及为什么我们在资产表上上找不到这样的条目。我们是持股人，在那个巨大的我们称作国家的公司中。这就是为什么我们要浏览那本书；不是你们在学校用的书，而文明人珍视它不是因为他们满意这份智慧，而是这本书记载了现代史实、真实的事务、近期的现象。我们会询问性地指向这里或那里，并且问这代表什么；此外我们将循着底账回溯每一条款，杂志，每日报刊等等，而且通过所有的交叉账目直到读完，直到我们找到关于它的一切。因为我们是职业会计师，小心的审计师——他们不能用两套账本愚弄我们。公开的版本已经暗示了一个秘密的版本。我们指的是商务活动；不仅仅是美元的交易，而是真正的、民主的商务，建筑艺术在这一国土上的真正目的。我们需要知道为什么智慧的集体、智慧的个人和智慧的建筑师都如此缺乏智慧。我们只希望知道为何、何地和何时他们需要更多的智慧。我们作为持股者已被告知这本书最有趣的部分是外在；并且就像小股东掌握的（股权）一样掌握接近同样（比例）的内容；但我们会处理所有这些。当我们读完时，可能会得出结论，必须开始一本新书，很多旧的账目会被购销，记录新的。但只要一天所需的记录在其中就足够了——我们必须把它的所有都记在脑子里。

也许不需要惊讶的是建筑师有理由认为他们自己在我以上提到的问题上无须有合理解释，加入他们愿意想想这事的话。你说"他们为什么可以这样"。这个为什么正是我们将要寻找的：为什么的答案。

如果一个人在一开始就受到事情就这样的教育，以及后来的某种技术训练，很自然地我们希望检查一下它们的价值，或查清他如何使用它们。而且，如果他的技艺有缺陷；如果他表现出具有诡异的倾向爱好；让我们不得不接受一些仿制品替代物，并且赞美这些；并且非常聪明地批评我们，那么我希望知道如何以及为什么他更喜欢这种形式的逃避。如果我们给他一块宝石，他还给我们一团面糊，如果，在更广的层面上，在理论上，我们给他国家自由的恩赐、广阔的土地、无限的能量、乐观和对于我们智慧某种幼稚的信念，信任他的技巧并忠实地将他们以我们的目的重塑，作为回报我们得到了世代相传的宝贝；如果，在不适当的情况下我们问他创造了什么，而他则掘出古物，那么我们必须知道为什么。我们说我们是美国人而他回答：那你们会更愚蠢，我们同意他所说的；另一方面，如果我们坚持说我们是什么样就是什么样，他就会诱惑我们——我们必须知道原因。

我们要求风格——他却给了我们流俗。我们要求年轻——他却给了我们年老。我们要求符合常识——他却给了我们空虚。所有这些我们都理所应当地欣然接受了。

如今有智慧的建筑师为什么成了坟墓的挖掘者——是类似文化导致了这些吗？他为什么是盗墓者——这就是学识的含义吗？他为什么是个倒卖流行贩子——这就是品味的含义吗？他为什么是个剽窃者——这就是书本导向的吗？他为什么是个否认者——这就是乐观主义的花朵与果实吗？为什么他不断地引用别人的成果——而不是务实的即兴演讲？

有果必有因——我们都知道这点。我们看到这种结果、这种现象、这种观点。原因可能看似模糊，但其实不是。就是这个小原因，如此小的原因："他，这位建筑师，上过建筑学院"。所以如果所有的建筑学院都沉入海底似乎更好。它们在陆地上除了造成伤害没有显著的功能。

任何不怕麻烦去研究建筑学院的人将很快发现，所谓的学院派学习，如果按照偿还老百姓有益处的东西的标准来衡量它的话，它已经负债累累到破产了。他们不仅对于我们的民主热情没有用处，确切地说是有害的，而且他们的运作理念是一种对支持他们的联邦资金的欺骗。他们的教育是一项长久而连续的低能。他们对其干枯的中世纪精神的核心并不民主，虽然民主精神支付他们的账单和房子，并在一片自由的土地上养育他们。他们就是寄生虫——吸取健康组织的汁液，繁殖更多的寄生虫。

如果一所学院非要接受健康的年轻人，在四年"照料"之后，他们离开时已经在身体和心智上被削弱了，折断了翅膀，心灵薄弱并受到感染，这里将会充斥着大声哭喊。为什么？因为我们能很容易地看到和明白。它本应向心灵和智慧倾诉。本应是所有人的事情；本应创造一种受欢迎的气氛。然而，正好当这样的年轻人被学院接收，所谓的学习，所谓的建筑学院，而且，经过四年，精神变得混乱，视野模糊，心灵萎缩，感觉反常——谁在乎呢？这是为什么？因为这不是很容易看出来。社会的作用并不显而易见。它不是任何人的事情，而是我们的事情。

这些学院以某种精湛的演讲技巧宣称他们将年轻人培训成建筑师；而且他们让人们理所当然地认为，他们所说的建筑师是经过妥当的精神和道德训练，成为一部脑、心、手协调的机器，用来处理美国的社会现实、美国的民主，捕捉并保留它的力量，表达并升华它在建筑中的特征，为此进行创造。如果是这样，那么根据这些建筑师的实践、他们的事迹、衰弱的方式来判断，建筑和意志薄弱在这些学院的词典中肯定是同义词。

——可惜我亲爱的先生，你忘记我也是这样的学院的毕业生中的一个。

——我一刻也没忘记这点。其实，在你美好的外表下我看到了你枯萎的才华，让我和你一起开始看看还能做些什么。从我们谈话一开始我就对你几乎不置一词，除了一些细微的哲学探讨，这些你不可能对我或任何其他人说，你曾在你的学院被适当地并公正地照顾、保护或训练吗？而不是你被建筑废话填满。不管我说得多么有限，它是或者应该是真正建筑艺术理论的基础，而你已在半模糊的心智中接受了。而这种情况的发生，正如我已经在之前告诉过你，不是你的过错，因为任何人都能看出来你原本聪明、敏捷；这是你的不幸。我告诉你，如果要的是真正的建筑，而不是这恶魔般伪装的、这愚蠢的学院派的建筑，那么在建筑学院中我们必须拥有生活，而非死亡，否则就完全抛弃这些学院。我告诉你当下的哭喊，当下的渴望是生活！当下的需求是人！当下缺乏的是真正的教育：将会造就人的教育——有灵魂的人！我厌倦了人们的阴影，并且厌恶现在宣传的这些学院，因为他们在制造有阴影的人们。

如此这般，对建筑所负责任的探讨在某些部分上又前行了一步，——但这并不是故事的结束。

69

21. 教授

　　—我认为你对待学院的方式是不公正的；没有道理，以我的判断，似乎这种做法竟是为了取悦你自己。对学院派如此否定对你或对我有什么用处呢？我觉得毫无道理；我不相信从中能得到什么。如果你希望展示自己有多聪明，这是一件事；但我相信劳动者，所有好心人一辈子的工作，即使可能他们被误导了，也应该被谨慎地看待。这样反复地捶打有什么益处，除了伤害我的感情，或者玷污那些我们爱戴并尊敬的人们的感情？我不喜欢这样。有空谈的天赋是好的，可为什么不将它用在有意义的事情上？我不认为这样做值得尊重或人道。你正在冲击我尊敬的事物的基础。现在为什么这样？我有很多理由认为你在乱说。同时，你所说的既安慰了我同时又激怒了我；它在这一刻激励我，下一刻使我沮丧。我看不到成果。我看到的仅仅是希望和绝望的理念。这些都是为什么？我所能知的已经削弱了我，而你又将我重塑为一个野蛮人，至少我所能看到的是这样。我不喜欢这样；我再次希望找回我的方向，看看我是否还属于我自己。到目前为止你所说的一切都令人难以捉摸，充满确定与不确定，不知从哪开始从哪结束。某一时刻我认为它光彩四射，充满智慧，另一刻只是滔滔不绝和废话连篇，看来你更喜爱讨论其他的。我有些反感，甚至反胃，我的灵魂在反抗；你到底要说什么呢？

　　—毫无疑问你现在相信所有这些了，而你的愤怒是个出色的征兆；显示一种发酵正在进行；你思考的能力正从长久的迟钝中苏醒过来。这让我很高兴，因为当一个人被深深地激怒了，某些重要的事情就会发生；某种发酵，无论它是什么，正在起作用。这就是自然的方法，对你而言可能某些东西会由此而来，谁知道呢！当我还是个青年的时候我曾有这样的感触。然而，我好战的朋友，当你到了某个特定的年龄，进行过一些持续的思考，像我一样心灵深深地领会到建筑艺术某点的荣光，为此而战，就像不是为了你自己而是为了你的"女神"而战一样，抓住它各种片断的可能性，仔细地为你的国家，为你的人民思考，探索人类头脑的表层，搅动了那些靠近头脑表层的区域，在其中我们看到自己转瞬即逝的印象，当你在创造力和神圣艺术的水晶之泉中畅饮，当你感受到现实和风的轻轻吹拂——自然无限的诗意——领会到四季甜美歌声的音符，如果到那时它们还没有从死气沉沉的麻木、和悲惨的疏忽中转变，你将像我一样轻视充满恶臭的学院。可谁知道呢！外壳总有一天会开裂。你真的认为我会一直对你说教到无法控制？去吧；你还年轻并且过于自信，过于礼貌。

——好吧，可是为什么如此无情呢？

——因为现实就很不人道。

——是的，是的；可你一定程度上是在为公众辩解、为建筑师辩解；这里就没有什么该学院说的话吗？我受到了一些来自我的母校的影响。我珍视那些年的回忆，那时相当快乐，那里的协会，那些成功、失败和友情。你所说的也许是真的，这我都知道，但它听起来苦涩并尖锐。就像往我脸上泼硫酸。难道不该为这些说什么？

——有的。我和你有同感，我也曾经经历过，只是我的感受比起你的更为复杂；因为我被抛下一个人挣扎奋斗；尽我最大的努力在迷茫中寻找我的方向，走过太阳、星辰、生满苔藓的树下，穿过浓密的树林，穿越沙漠，翻越陡峭的山峦，穿过缠结的峡谷，渡过肆虐的河流，穿透雨雾和严酷的天气，穿越沼泽和湿地，混乱与灌木——在夜晚孤独地，饥饿地，寂静地，一个流浪者，一个探索者，一个梦想家。而你——你有一个朋友手把手地引导你！我就是那个朋友！我已经走过来了！我了解什么叫艰难，它意味着成就一个人的一切。如果你的内心没有充满爱你如何能爱？如果你的内心没有想牺牲你如何能牺牲？如果你没有将"我能"放在心中你如何能成功？因为心灵是最关键的——一个人的开始与结束。别对我说头脑的事情。我告诉你心灵是一切中的一切。心灵意味着热爱、勇气、奉献、坚韧、顽强、决心；心灵可以有任何牺牲，头脑不会有真正的牺牲；心灵是慷慨的，头脑是自私的。

对你的学院，我通常以沉默对待他们，他们太虚弱了，让他们自生自灭好了。只有当我想起你和他们之间的关系我才变得愤怒。因为在我看来你代表了，我们土地上所有的年轻人。而一个国家的年轻人正是国家的希望。不珍惜年轻人的国家是悲哀的。那个国家是注定要灭亡的。

——但你不是想说——

——不，不。那是另一件事。有的时候，观察夜晚中如何诞生黎明，而你也许能知道我看到你时的感受。然而，对于学院——恼人的学院，如果你要求我说什么，我只能说：学院如此愚蠢，仍然依赖经验，他们还像以前一样是个瞎子？可谁令他们变成瞎子？他们的前辈！教授有他的教授，那个教授的教授，以及他之前的教授，如此这般向前追溯形成唯一一条足迹，直到（成为这个）时代的骗人律师（式的人物），这个人对现实一无所知，也毫不在意。

73 这些老古董痛恨光明，痛恨创造光明的自然，痛恨自由，他们崇尚规律和规则，以他们那苍白的方式热爱教室，怀疑世界。即使如此，公平起见，让我为你的教授辩护一句：挣脱自己的束缚对他来说并不容易，由于学院派已经形成了如此定势的头脑以至于有些上瘾，而最终被认为是一种美德。此外，有观点认为教授被传统和习俗的力量，排除于当今世界之外。这些对他而言不重要。

图 9 巨石阵

图 10 梯林斯城拱门，希腊

图 11 沙利文在欧申斯普林斯，密西西比（日期不详）

换句话说，他也许会将周边世界与他的惯例比较，发现它有所欠缺，就宣布对它毫无兴趣。他是沉浸于公式之中，蔑视那些思想者中的贵族，通过简单的拒绝，对于他民主已不存在了。

然而，其实，这正是旧的价值要被重新认识的时候。当它们必须与民主进行权衡和判断之时，如果发现它们不够资格，它们必须被取代。这正是所有的老方法必须以利他主义的标准尺度重新测量的时候，如果发现它的短处，它必须被否决。这就是时代，这就是时代的趋势，这就是不停息地运转。所以依据这些形成你的思想——无论你认为当下看到了什么，民主将流行起来，这就像你和我现在正在交谈一样的肯定。它在土壤中，在空气中，在我们人民的才智中，它是世界原初的渴望；没什么能阻碍它的前进。一刻也不要忘记这点，即便你看到或以为你看到它的反面，因为所有这些征兆都是人为的，它们无法触及人类的核心。这个修正过的民主，它将坚持民主。相信你的国家，我的伙伴——不用管这些学院。就做他们警告你不要做的，而你将更易于接近你的民众。我不能马上告诉你这场发生在我们土地上，关于进步的民主与残留的旧体制间的斗争如何宏大；时间和能量，乐观和个性会决定一切。当时机成熟，你可以参与进来。继续坚定地前进，它将会实现。你现在认为占优势的力量并非真正地占优，那只是假象，短时的假象，时机一到就会瓦解。因此，为民主设计建筑，而不是为了旧体制。准备好你的心灵！

土壤中将会发酵，其余的也将变化。你的教授不知道如何应对发酵。而我们人民那里有酵母，可你的教授不了解这样的酵母：他自己就本该是酵母，却只在传闻中对此有所耳闻。

所以我真心地宽恕了你的学院，我的孩子，我的不满仅仅是我充满愤怒的容器中流露出的点滴而已。让他们就这样吧：他们有着毁灭前的尊严，衰落前的傲慢精神。

所以继续我们对责任的探索。

22. 郁金香

——我的伤口还未治愈。你以一种方式宽恕了学院,这种方式并不值得庆幸。你保留起来一种想法,一种感觉,保留了起来。我能感觉到。你没有用你通常的风格敲定很多事。你有着隐藏起来的愤怒——那是什么?

——不很多。一点想法,非常少的一点。也许,你已经听说过,当种植郁金香培育新品种(variety)时,花匠们并不以根部繁殖它们,也不从切割处,或从下一级根部,或从发芽处,或从叶子,或从吸管和萌芽去操作,因为所有这些方法都都会让变异固定。所以,为寻找一种新的品种,他按照他的希望将种子自然地或人工地种在肥沃的土地上。它们发芽,被选出并精心培育。当它们足够强壮可以承受外部环境,就被栽种在露天的花泥中。一年又一年,它们开花,一种常见的浅灰色的花——显示出与以前郁金香(The tulip)品种的不同。而随着它们继续生存,一群迟钝而愚蠢的植物,没有外观上的变化,直到突然,开放的时刻,它们中的一个"打破"常规,像他们说的,华丽绚烂,堂皇地开放,看啊!——一个新品种,郁金香中的精华,它是园丁的喜悦和回报,一件来自艰难的环境的美丽新事物来到了贫乏的世界。

当我想到这些不禁打了寒战,尤其是我和你谈论学院的时候,那是令人不快的,我们称为教师的"花床"之中,这里或那里,在他们之中,没有某个人冲破镣铐,为整个种族增添荣耀。我是如何向往能有这样突破的郁金香啊。为什么会在这年复一年有人看管的花床中,总是得到这种不受欢迎的花朵?无论希望看似多么渺茫,难道他们不也是人吗?难道某个人不能挣脱他的镣铐吗?他精神不能一直隐藏着,(应该)冲破向前,并且显示出我们所说刚毅的形式和色彩:这是一支新的花朵,人类的花朵,从花朵前辈们中来到我们面前。然而事实不是那么简单;在五、六、七年没有"突破"之后,种下的郁金香将不会突变了。在我们生命中也有一个时刻,我们或者突破镣铐或者失败。

我们不是都听说过丑小鸭和灰姑娘吗?但那些是童话故事,而且,看起来,只是童话故事。为什么在现实中没有童话故事这样的甜蜜、快乐、美丽和魔法呢?童话故事是某种心灵的绽放。为什么心灵不能每天绽放呢?为什么天上的魔力只在孩子的故事中找到呢?为什么是睡美人,为什么是白马王子?为什么我们称这些幼稚?为什么我们羞耻于自己最好的、最真的、最甜蜜的、最崇高的情感?为什么我们将这些事情转移给孩子们?为什么我们不是郁金香？为什么童年时我们如此惊奇地绽放着，而后，随着年岁的流逝，变得迟钝而可耻？人类不如郁金香么？

　　—好的，那很美好。如果我有机会得到郁金香种子，你一定要帮我种植它们。你应该已经成为人类的园丁了。

　　—也许。可要是我应该是"天空的园丁"，那里除了能照亮年轻人的星星之外没有其他天体能生长。回到我们的绵羊们——我说我们的教授们。我们的社会体系下，传播束缚和封建的污垢，似乎是由于他们的不幸多于他们的过错。反之，如果民主没有解放头脑那它就什么也没有解放。我以此指一个人，他不愿意解放他的头脑；他选择惯例，而不是自治，一个自由人永远的主动性。我知道很少有人在意面对事实；不是因为它是事实，而是因为他们惧怕事实会难以承受。所有这些都是懦弱而丑陋的。我们终究会走向民主：民主是真实而庞大的。我们必须这样。我们在很多方面正是这样。

　　—我很高兴听到你最后说的。它多少激励了我。

　　　注：这一章作了相应的删减。

23. 一座办公楼

　　一喔，"牧师"你说，当我们说起要来纽约的时候，你曾想象过我们能达成像这样丰富的成果吗？谈论着突破，随便地说着责任，这真是疯狂而怪异！总之,本地人怎么叫它？它有一个名字，我猜；所有东西都有名字。从亚当开始。可它到底是什么——这个倾斜的、长长的、瘦削的，这么无耻的东西在街上放肆？你怎么叫它，无论是否是在字典中能找到的词汇？

　　一或许，神圣的圣约翰[1]？

　　一哦，不！我说，不！我的底线是不亵渎圣物。

　　一我没有底线。所有的价值对我来说都是零。

　　一你开始邪恶了？可以肯定那里没什么神圣的；似乎更像是拜金的庙宇。

　　一好吧——圣约翰或者财神；在纽约合二为一；而我不认为他们在别处就分开了。

　　一不，即便不是在这座建筑，我想这个名字后面某个地方还是有一个"圣徒"的。

　　一可能是某个要死的：他给我同样厌倦的感觉。

　　一你怎么能开这么下流的玩笑？是我的错；我给你开了个坏头。

　　一因为我有两位好的先例：这座建筑自身和伟大的科西嘉人。如果他们真的建造了它们，当然我能开这样的玩笑。

　　一那是恶毒的嘲笑，一种对我带你游览的打击和歪曲。你与生俱来的才智正在休假。诚然，我承认建筑的结构看似有些错动和混乱；四层中有五个跳跃或者颤动或者滑行，在很小的地方中也有颤动、跃跳，某种我当然可以这么做的姿态，犹如一种虚弱的笑话。它这种方式太滑稽了，不是吗？

　　比那更糟；非常糟。如果我们用双关语：伟大的科西嘉人会说什么；挠一个鞑靼人然后你能得到恶心的东西？现在如果我们挠一个圣鞑靼人我们能得到一瓶神圣的恶心之物；或者，如果我们挠一个圣人，我们能得到一位建筑师吗？如果我们挠这个建筑师，会得到什么呢？

　　一你可能找到一个建筑式的令人作呕的事物，如果有的话，而我确定有这样的东西，在字典之外，但你绝不会找到任何建筑。由于所有这些，我觉得你的笑话粗鲁而且令人讨厌。

1　第一块石头（stone，这里指后面提到的建筑）系罗马风设计，后来改为哥特式。

—同意。但这建筑同样如此。我的笑话可能是个游吟歌手，但这结构，同样是我们艺术中一个粗俗的"游吟武艺"的劣迹。但它有另一阶段，我希望引起你直接并有效地关注：这丰富的未消化的建筑的呕吐物令我反射性地胃部难受——这完全不是笑话。

—你再次选择了残忍。

—这建筑也一直就是这样。

—但据说，它是一位杰出的建筑师的作品。

—那他们两个都很"杰出地"让人讨厌。

—难道你对同时代的实践者一点都不关心吗？

—不。我只关心我们的艺术。此外，这建筑师，这个"杰出的"建筑师，简单地说，没有表现出任何对你、对我或对任何过路人的关心。那我为什么要关心他？我为什么要关心公开对我如此残忍的人，而他对其他人就像一个巡回政治演说家。这样的事情不会对我们起作用的。也许会对公众"有效"，但我们不是普通公众，我们是大众中的一个尖；用这个尖我们可以刺穿这个包裹，让一些气跑出去。我们必须对这些事坚持到底的时间到了。为什么我要宽恕这个杰出的人？他有损害公众利益许可证吗？杰出意味着必要的不负责吗？杰出是他的免罪符吗？是不是有污物扔到我的脸上我也得说谢谢？一个人下流的暴露不仅被社会也被法令法律所禁止：怎能如此暴露一座建筑！难道没有什么法律来约束这样的变态吗？如果没有，让我们自己立刻针对这种情况制定出一条死刑法律，这是实现公正的简单方式。不论他是否为自己考虑。如果他很大程度上不接受社会责任，那我们为什么认为他会对我们个人负责——私下里他羞辱我。所以我通过了这条法律而我们都将立刻执行，为了智慧：听！越杰出就有越应承担更多责任。这座建筑的轻率明确地表现在它尺度、价格、粗鲁和悲观的比例上：绝对是个丑陋的作品：一种傲慢，这正是纽约独特的一部分。这个杰出的无赖，这个欺凌弱小者，有什么权利建造一座向后代象征着我们文明中不高尚情趣的建筑？他能逃脱责难吗？他能隐藏在名声之后吗？我认为不行！我在书中查找。我想让你知道原因。我想让你了解为什么这座建筑和其他的这类建筑——纽约有很多——使纽约下城成为一座充斥着害虫与病患的房屋。我希望查明为什么纽约有如此的财富，以及，如此大的建造能力，没有最优秀的建筑，正好相反却有着这个国家内最颓废的，最傲慢的建筑。我希望探索原因。其实比这更糟！它与破坏类似。这里没有骑士精神，没有顾忌！

这样野蛮的结构对我们来说是一种类型：意识到这一点，我们就可以忽视它自身的粗俗，而转向它所代表的阶层。这种类型的建筑，无论是个体还是群体出现，都在宣扬对我们所认同的艺术的拒绝。它们似乎以此炫耀并以 77

此为荣。它们代表了一种极度的自我中心主义：力量的衰弱。它们嘲笑人性以及人性尊重自己以及尊重他人的得体举止。肮脏的荒唐事不能继续了；不能继续摒弃那些值得奋斗的理想。他们都会被否定。这些建筑，随着它们数量和喧闹程度的增加，使这个城市道德上和精神上，变得越来越贫乏和空虚；它们将它拖进物质主义的坟墓。这不是美国式的文明，而是俄摩拉城（注释）。这不是民主，而是疯狂。这是暴食者追求金钱的咆哮，在太阳下和土地之上毫无顾忌地叫喊。它的颓废有着最令人信服的形式：这座建筑如此真实地反映了它存在的原因。这建筑强烈地反社会；因此必须和它们好好算账。一位在宏观上完全不了解责任的建筑师，完全不思考后代们的要求，我认为这不是建筑师——而是一个逃犯！所以这些房子也不能算是建筑，是非法的。

——你是不是强调这点过头了？

——还不够强烈。我了解情况。我知道这意味着什么。我明白如何将它译成英文。它意味着强大、极端并且自私的无责任感。意味着妄自尊大——精神错乱。

它意味着非常愚蠢的建筑，非常肯定的。

它意味着腐烂的建筑。它意味着向将来的一代代人注射病毒，想起来都令人震惊。未来的某天纽约人将花重金把这些过早的病态睡眠中的梦魇推倒，摆脱它们；而且他们会发自内心地诅咒建造这些的一代建筑师们，以及那些为金钱疯狂的人们，他们不仅让这些发生并希望它们发生。学生知道这些建筑物代表的比看起来的更多；它们的意义比仅仅停留在表面的建筑无知更为深刻。它们只是外在的方面，相当令人讨厌，但这仅仅是征兆。事实是，他们作为证据体现了那些正在破坏美国生活的力量，如果不做检查，将带来衰退，某天会生出厌恶。你不能忽视基本的责任，以这样无礼的方式忽视基本的权利，播种苦种。时间到了算账的一天，而命运如约到来。他有着最先听到音符的耳朵，远远的低沉的雷声隆隆，地平线上最初的黑暗。暴风雨会在愤怒中膨胀爆发吗？谁能肯定？暴风雨并不总是爆发。最初的隆隆声不能表示什么。有时空气的变化会吸收或分散聚集起来的云团，有时它不能；但预兆就在那里。如果我们现在研究的病的建筑确实代表了某些美国的内容，代表了足够有力的力量，那思索这清算日的结果将会是十分有趣的。在所说的教育中是否有某种相反的但更强大的力量。一个人的气质很大程度上成为这结论或预测的一部分——一个人越广泛地了解他的国家，他就一定越有用处。但如果一个人沦落成悲观主义者，他将看到满目的黑暗和危险。当然，最有希望的预兆，是这样的：对于大多数的美国人来说，跨越宽广的土地版图，教育已经成为一种热忱；一种日益强烈的兴趣，虽然没有得到好的引导。那些通过人们的——所有的人们，而不是部分——个性来研究美国特性的人会变得头

78

脑更健全和安静——心灵更加顽强。一方面，如果社会的推动力、宽泛的进步，会被这些错误建筑发出的刺眼的光照所打断，从更广泛的区域看来，未来将会变得晦暗；另一方面，如果以纯粹的本地视角去看，那纽约毫无疑问是美国建筑重灾区。一旦你不将建筑仅仅视为一门艺术，更好或不那么好，更糟或不那么糟，而是作为一种社会表现，评判的眼睛就变得更有洞察力了，朦胧的和不引人注目的现象变得清晰起来。很遗憾，在我们的学习中，我们肯定会遇到并处理如此多的郁闷事情。我们没有选择；我们（只能）如发现它们时一样接受这样的条件。为了了解，我们必须触摸；如果不知道长度、宽度、深度和高度这方面的事情还不如根本不知道我们的艺术好呢。在这座城市里有一种奇怪的现象，我们本来期待着看到通过金钱力量之功效得到最好的建筑，可却得到最差的；本应是最高标准的，其实是最低的；本应得到最高类别的责任和荣誉，找到的却是最严重的不负责任和玷辱；而那"杰出"的称号，曾经的橄榄桂冠，如今成为一个污点和借口。而且你看——印刷品一样直白：这些构筑物提供了证据，你只需要带上眼睛去看，带上脑子去理解。只要你能读书，你就能读懂这个。

——但我并不喜欢阅读那类印刷品。

——我也是。但如果你愿意阅读一下我国近期的建筑，你必须勇敢地走向它，而不是只挑出你喜欢的一个片断。我打算将你浸泡其中直到你厌恶，而你的才能将在反抗中显现。此刻我将成为一名艰难任务管理者，但我努力做到优秀。当任务完成时，你将从根本上了解建筑。你将了解它纯洁的真实性，也将知道什么是虚假、诡计和欺骗。为了你，我将毫无保留，毫无隐瞒。我将搅拌这污水池的池底，以及它们虚假（平静）的水面。我也将展示给你这优雅、灵巧的并世故的建筑；这类我们"有文化的"先生们相信的建筑，他们不相信他们自己。不，我的孩子，我们很严肃地参与这项调查，除非揭示了每个角落我们是不会停止的。浅薄是经常的特征，但它不是我们道路的特征。当我们敲打的时候，我们必须用力并深入地敲打，并彻底地找到邪恶的所在；然后我们才能转向比较愉快的事情；才能找到美好的事物。因为在我们人民身上有很多美好的品质：我坚信这一点。

——我希望你能向我展示一些；因为我是如此忧郁不安。它对所有这些污秽又能做些什么呢？我的笑话引出你这么多痛苦的文字。把我弄得混乱不确定对你又有什么好处呢——在每次转变的时候改变你的出发点？使我疲倦并担忧，令我充满对建筑的厌恶，而不是热爱它。你引起的只有腐朽和猥琐、堕落。哦，为了必不可少的空气！我渴望在如此昏暗的悲观中能接触到哪怕一点的阳光；能瞥见值得热爱的艺术，令人宽心的景色，令人愉快的声音。 79
我的灵魂病了。在如此冗长、沉闷，没有植物的小巷里无法回头吗？没有别的出路了吗？没有阴凉？没有任何令眼前一亮或启迪心灵的东西？没有纯洁的感觉？如果它的结果只向着或永远指向否定，我为什么要开始呢！要是我们前进，美好却在后退！如果随着我们前进诗意却离开了大地，而人类在我们眼里变成干的或湿的腐烂物！我不在意所有这些哲学探讨，这些对病态事物的无情分析，这些对腐烂物和痛处隐秘连续的观察。给我讲些生动美好的事物，高尚的事物，即使是棵树或花；或让我远眺海岸线上的浪花，置身温柔湛蓝的天空——在那里我能体会到宁静的思考，从这梦魇中被解救出来。

—我也是这么想的，我的同伴。你希望去哪里？

—任何地方。

24. 夏天：暴风雨 [1]

—我认为夏天是为我制造的。我应该去当个农民，或者牛仔，或者领航员，或者猎人。我需要室外活动。但是，最好的，还是在一个夏日懒洋洋地躺着，在一棵巨大而有阴凉的的树下。如何，阁下，这是个美丽的方，不是吗？看那迷人的山谷，那牛羊和田野；以及周围的群山。现在自然向我恢复了它的美丽。她是位善良的老妇人，亲爱的自然，不是吗？今天是如此美好，可以生活并游荡——我真高兴自己活着，我为自己的出生而欣喜。不再想建筑，不再想乏味的城市。这能行：是的，这能做得很好。现在我要好好地打个瞌睡，你可以赶赶苍蝇：因此我，现在，以我最高的荣誉，庄严地委任你驱蚊拍首席管理者。这太棒了。我喜欢这样。它像地狱一样炎热；我也喜欢这一点。所以让我睡觉吧。如果你再对我说一点关于建筑的话，或向我说教，我会在睡梦中重重地打你；而我不要听，无论是现在，或以后。

—好吧；我能为你做一首小诗吗？

—千万不要作诗——不要诗！你在我的心里放置了一个杀手！现在我就像齐格弗里德的龙："我就在自己的领地里：让我睡觉吧。"

—好的，但你知道那只龙后来怎么样了？

—我知道，而且也知道，齐格弗里德怎么样了。

—但我并没有转身。

—是的，如果你能好心地转过身去，你可以背诵你的诗歌：这样我就能立刻结束了。

—听着——这是柔板：

在夏天的中心坐落着一座山谷。

黄牛在阴凉中乘凉

庄稼沐浴在耀眼的阳光中

空气空幻而静谧：

鸟儿都安静下来；

树叶也不再飘。

睡吧，在她的睡梦中一旁的池水映衬出

一片微笑着的云朵。

80

1　这一章和后一章，是附录 A 中沙利文的通信。

—啊呀，但这里异常的炎热！我是如此昏昏欲睡。空气虚幻，鸟儿安静下来，甚至连树叶也静止了。为什么你不也安静下来像他们一样静止？我太困了，我能永远地睡下去直到在天堂中苏醒，那里恶劣的建筑师们停止烦恼，疲劳的房子们也静止了。睡眠中我能够做梦，而梦境中，我能看到一池可爱的东西——没有悲哀和枯萎。

—接着听——我的歌：

　　我正在茂密的树枝之下。

　　野生的花朵和爬藤

　　正环绕着我叹息。

　　在这甜蜜的地点，

　　梦想生活的梦境再次萌生，

　　在蕨类丛生的堤岸和这友好的树干旁

　　睡去。

—有只蚊子正在咬你的脚踝；而你正在用你那诗意的喙扎我的耳朵。那给了我一个朦胧的想法：依据最新的发现，如果你把一位语无伦次的诗人，和几只蚊子锁在一个房间，然后再将一个不善表达的人放在屋里轮流被咬，这样会使病毒传播吗？如此再试试有钱人和穷人，等等？同样，这是半梦半醒之间。我的眼睛合上了，头脑也是一样。你的话变得非常抚慰人并且催眠。再给我一段诗句吧。空气变得沉着而静止——宝贵的睡眠！

　　空气随着生长物的呼吸变得如此沉重。

　　它们麻木而口渴，

　　过于紧张，而憔悴：

　　在悲痛中它们几欲崩溃和逃亡：

　　借着纤细的丝，生活将它们组织在这里。

　　在这特别的美妙时刻空气是多么宁静；

　　精巧地像一声呼吸

　　死亡在他的路途上叹息；

　　在他的附近回应，

　　一缕和风渴望，

　　心碎，

　　并终止了；

　　低语，

　　树林在摇动——

　　在欢喜中他们呼吸。

—是我听到的雷声还是我梦到的？一声隆隆声，那是，在静寂中。听到鸟儿的叫声。感受到微微的和风。

81

悲伤的梦境在树丛中悸动——
沉闷地在隐蔽的鸟窝上鸣叫。
从山后传来隆隆声
深沉的声音
轻轻地叫醒睡眠中的森林回声：
然而它们转身，继续睡眠。
无论如何，空气在颤抖；
加速，在震惊的微风中，
焦虑地它轻轻拂过——向着迅速的结尾——
不久即刺穿了疲劳的空虚。
如今以双倍的重量倒下
静谧的乌云。
现在让我们忘记它的敲打。

　——但那是雷声！又是一声！暴风雨就要来了，我一定看到了瞌睡中的幻觉；而且都是为了你。当然，观看一场风暴可能会是有趣的。在田野里时我不关心发生了什么。没什么能困扰我——诗歌之后——诗歌之后？

　——你看见那更远处云朵的边缘了吗！让我亲手试试：

低沉地，乌云在山冈上形成。
阴沉地升起
嘀咕着，聚集着并准备着。
它以黑暗的队列席卷而过，
形成密集的方阵。

　——现在你继续。看这闪电、雨马上就会来临。将会是疯狂的一次。那里有一处遮蔽物，那里。让我们躲在低下，否则我们会湿透的。现在当她到来时你继续——用诗歌不间断地谈话。

形成密集的方阵，
在阳光下列队，
它闪亮的武器将干燥的静谧粉碎
因为新芽已被破坏。
在他蓝色的王座上太阳已被掀翻
被丢弃一边。

　这样，我必须说他曾经是这样的。风来了。多么迅速！——听那琵琶声！那将带来一声神经的刺痛。看这来临的雨！扑面而来。说出你的话，我会用回答将它粉碎：

风中大滴的雨点吼叫着不断落下。
黑暗紧紧地握住大地。

纤细的草弯下腰。

树木来回摇晃。

一道闪电将天空劈成两半，

接着撕成碎片。

坠落于混乱，散播劲风，

从一朵云残忍地摇晃到另一云

狂暴的雷声冲到前方。

82 酝酿已久的雨迸发出来。

倾盆大雨奋力地哀诉着，

发出渴望的哀号。

狂野的大地，饥渴地狂怒着，将它喝干：

在洪水和喧闹中翻转，

以及狂躁的晦暗。

在混乱中浸湿并冒烟，

泛滥成灾，

充沛得不计后果，并

过剩得疯狂——

在这负担过重的暴雨中，随着狂喜的叫喊声摇摆着到达了它力量的顶点，而后下沉，在迷人的死亡中，在他华丽的王座之上。

——啊呀，但这真恐怖！他们说每场风暴都有两条命。看看它！难道它不是已经到达了狂怒的顶点！吰！雨的薄雾突然到来，让它吹吧。你曾这样吗？如此的怒吼啊！我们来结束吧——

狂风在大声地呻吟，

担负起他的责任

在宏大的弯曲体系中。

云朵都在下降并熔化。

白色的闪电在薄雾的喧嚣中落下落下。

空气中充满了水气和噪音：

充满喃喃声和抗议声，

哀鸣，

怒吼，

入迷，

以及闪电的装饰。

现在他们在盘旋，

摇摆，

进入充满浅灰色的单调。

现在奇怪的音乐发出隆隆声，
在深深的树叶捆扎的庙宇中
我的灵魂在祈祷。
在风暴般的静谧中，
它的和谐在悦耳的哀乐声中展开，
压倒性地胜利，在欢乐与喜悦中。
慢慢地相合，
庄严地排列，
膨胀，
建立起，
在收尾的过程中膨胀

开始，
以我插翅的精神，
在荣耀阴暗的壮丽中
忍受着死亡，
伟大的，
强大的暴风雨，
在连续与隐约的雷声中
以及稀薄的光线下的一丝温柔，
庄严地，骄傲地，
越过山峦和谷地，
穿越森林和平原，
向着云景的家园，
那里矗立着古老的陵墓
是他的父辈们。

—太棒了！你的结尾充满勇气！现在你为什么不在你的建筑中也这么做呢？
—哦，烦人的建筑！这上面说的东西也非常有趣。
—但这是一样的事情。
—我不在乎。让我们继续我们的图画。看那彩虹如此骄傲地在天空形成！
它让我想起老诺亚和那盟约："我会将我的弧线置于云朵中。"这次让我开始：

这沉思中寡居的雨水，
干燥令她变暖，暗淡的眼泪，
暗暗地，以胆怯的步伐，

83

跟随着。

粗糙而斑驳的云朵向着日落旋转。

雨水形成的水珠敲打出声响，这里或那里，从颤抖的树上。
沮丧的太阳画出新世界延续而圆润的阴影。
树冠像金冠一样闪亮。
借着华丽的拱，
天堂的弧线横跨天际：
一个微笑的许诺越过大地，
温文谦和的，
迷人的，并且是对心灵有益的，
温柔的天空中温柔的拱，
幸福却短暂的标志，
向你致敬！
向你致敬，美丽的弧线！
你可爱的弧线！
你亲切的微笑！
纯净的象征！
和平的标志！

看阳光是如何消退的，在落日之后，越来越淡；而平静的夜晚正在来临；
山谷看起来多么潮湿，清新和甜蜜！我又要试试身手了：（作首新诗）

振作精神并满足地，
山谷的微笑是多么地平和。
那清晰而甜蜜的面容。
柔软的翼
她组成了她自己
满足睡眠温柔的问候。
轻轻地掠过夜晚的吞噬。
84　嗡嗡地，夜晚快乐的昆虫鸣叫
开始了。
当黄昏牵着这可爱的一对，这温柔的面纱，静静地，湿漉的手指——
月光在守夜
高高在上。

现在我梦中的梦境出现了！

在空中的翅膀，

在银色的光泽中，闪烁的伙伴，

掠过这里，和那里，在美妙的温柔的集群之中，有翼类吸引着我的思考

用他们的甜蜜，

嗡嗡声，

逐渐增多的枝叶茂密的笑声

月光的欢乐！

如今快乐窃取，

如此温柔地，

致心灵：

恢复每个疲倦的希望，

将所有的悲伤重塑成欢乐——

那是我想梦见的，

并再次梦见

在这宝贵的休憩中

直到

拂晓

甘美的长笛

牧羊人的家总是迷漫着

空气中关于夜的迷恋。

　　而我，我的孩子，我要继续你美丽而年轻的演说吗，你那甜美、沉思的心绪，你那空灵的幻想，将会变得如此：

从这些梦境中开始

并具有勇敢的外貌，

你

最快的

主人，

穿过一片比这里更干涸的土地！

高于它用尽的灵魂，你倾尽全力，

主人，

充足地，你的长生之水：

为了确保

并且为了创造快乐

人们疲倦的心灵！

重要而伟大的午后。

你漫步着，

在你聚集起的心绪中！

慢慢地你将准备。

预示性地你将跃过那些阻断的大山峦，

85　源自你的人民，

源自他们真实的地平线！

你的力量——

出现于你的土地上，

将再次回归它！

它的叫声传向你：

你将缓和下来！

你的灵魂，孕育了许多灵魂，

你的生命，使每个生灵高尚，

你的，总体和部分，

形体和精神，

最后的词，在一个很长、很长的故事中，

你的，

诗歌！

你的，救世主！

来吧！

　　—这很好又伟大，而且高尚——但我的脚却全浸湿了，而且水滴都掉到我的脖子里了，这里很黑而我很饥饿，有些苦恼和寂寞。我知道山谷的不远处有家客栈。让我们去那里把身上弄干，好好吃顿晚饭。我觉得一份牛排再好不过了，除了空气我们什么都没吃过。来吧，让我们走到村庄。今晚我想睡个好觉；然后，我将在这乡下待上几天。我想一个人。有些事情我希望自己搞懂。那么，由于你明天在镇上还有事情要做，好好地安排它。或许下次再见到你的时候我能告诉你一或两件事情，但我没法保证。

　　我们到了！这不是件很迷人的事情吗，蔓生植物下歇凉，置身迷人的花园；阳光在窗户上闪烁——一切都在温柔而纯粹的蓝色月光下瞌睡。我想我能在这里一个人寂寞地度过一段快乐的时光，度过几天。

25. 一封信

—亲爱的叔叔：

　　无疑乡下是适合我的。事实上，我要与我新的爱人在一起——我的真爱，希望这封信能成为使者达成我们之间的一致。风暴[1]过后，我在第二天早上醒来，鸟儿在歌唱，您已离开：我真感谢这两件事的发生：感谢鸟儿，感谢它们清晨亲切而欢乐的歌唱；我也很高兴我摆脱掉了您，因为您压抑着我，让我感到疲倦，您对我的要求太过严格。现在我打算去牧场漫步，自由地幻想，自在地驰骋。

　　我不怀疑，稍后当我完全陷入自己纠结的套索中而需要放松时，我会非常高兴看到您；但不是现在，不是现在。我刚刚还在忍受着精神的营养过度，或者说不能吸收：我最需要的那些却没有再供给我，而是让我怀疑的思考机器休息了一下。我发现这里很符合我：没有匆忙，没有烦恼，没有人来制止或打扰。风暴过后，我们温暖的小山谷清新得如一缕清晨的阳光；充满了色彩、活力与欢乐。我进行了长途的散步，在大路上，在小路上，穿过乡间，我坐在树林中，坐在山顶上，一切尽收眼底。

　　说我完全沉浸在幸福中，虽然已经非常接近事实但不完全正确。让我烦恼的是，自从我们那次充满风暴的见面后，关于事物，特别是对我自己，我的感觉不完全一样了。我还是想明白：我介入您所谓的诗，您曾机智地让我对此发生兴趣。我不怀疑，您有您的安排或其他所求；但是我想象不出那是什么。但是没有关系，在那个时候，您只是众多这样的人中的一个而已，我确信不会找到我任何过错；只是，还未令我自己满意；因为我想告诉您，确切地说，那天晚上我没有睡好，而是为各种令人不满的事情做了各种疯狂的诗，直到接近黎明，最后当我睡下，在梦中还在做着由夸张的词汇构成的空想诗句。我猜想，正如威廉说的，诗人与疯子之间没有太大的差别；只是，其中一个比另一个更"有条理"一些。这还不是最坏的：自从那时起，我一直在不断地尝试。前几天，我以野草为题做了一首小诗。我喜欢野草：它们有适合它们的"风格"；当我发现它们在能自由生长的地方，它们才看起来是最有趣，最有启发性的。我认为我自己也有几分像野草：从前如果我能够确信这一点，现在我也不至于倍受批评。有这么多的野草，它们在形状、色彩和排列上千

86

1　指作者与其叔叔间的争执。

差万别；您会说，形式如此美妙地服从了功能。由于在城市长大，我不知道它们其中任何一种的名字。当我还是少年时，他们想让我学习植物，但我没有，现在后悔了。我希望知道这些小淘气的名字；这样，我就可以更好地谈论它们——但是很明显——我不是刻意想让您知道我的秘密；而是一不留心说了出来，那么就这样吧。我又为一只绚烂的蝴蝶做了一首诗，她如仙女般立在一朵同样绚烂开放的花上。当她拍着翅膀飞过来时，我正坐在近旁的地上。诗是这样开始的——因为我感到渺小：

你是这样的绚烂，漫步于艺术画廊！

你为何前来？

让我觉得自己如此不值一名；

你的翅膀如此浩瀚？

你的色彩如此鲜艳。

没有任何事物可以形容！

这个生灵如此美丽，足以让我抵触；但是我很快就克服掉我的情绪。我又去想六句诗句——翅膀扇动起来，蝴蝶飞走了，飞过了围栏，飞到邻居的花园里去了。最后一句很美，最初是像这样的：

87

他们都叫你普绪客[1]，迷人的精灵；

我叫你甜心，花蜜的探寻者。

色调华丽，如晴天的欢乐，

我不会以哪怕最微弱的动作来惊吓你那小小的胸膛。

他们说，甜美的鲜花应归于甜美的女子，所以这里有一杯；

哦，来喝尽我的歌声，碰杯祝福！

但是我不是很喜欢这首诗，因此将它改成这样：

他们都叫你普绪客，迷人的低语；

我叫你美丽的寻觅者，我快乐的精灵。

如此轻盈，如此惬意地落下，摇摆着，

如此优美地将纯净的欢乐注满我的心房，令我如此快乐：

令我的思想变得更加温和而轻柔，

也令我更加明智——如我的叔叔。

我想与您发生一定的关联，但是似乎很难提及；此外，这些诗句并不是我心中想表达的东西。因此我又沉思了一会，再次尝试——是这样的：

哦，来喝尽我的歌声，你这个普绪客，扇动着翅膀！

杯中不是花朵——只有我。

但这是我的真心，哦，一饮而尽吧，这是我能给出的所有：

---

1 Psyche，普绪客：希腊神话中一个爱上爱神厄洛斯或为他所爱的年轻女子，在阿芙洛蒂特的嫉妒心消除之后，他们俩结为夫妇。她后来成了灵魂的化身。——中译者注

普绪客，因此，我对你说，我也活着。

你不会拒绝，我知道，你不能否认我的诗句：

因为在我的灵魂深处，昨天的风暴还在低语。

这个接近我真正要说的了，但是还不完全是。这首诗还没有真正成功。如果我有您的指导，给我定音高和音调，还有对位旋律，如他们在音乐中所说的，谱好配器，打好节奏，做一些其他的事情，结果会更好。但是我自己发现了这一点：只有感觉是不能成功的，尽管这些诗句非常炽烈。您一定要对您感觉到的东西有明确的想法，并对于您要对这些感觉做些什么有更加明确的想法：这就是我失败的原因，也是我想念你的地方，权权。感觉是一件事，着手创作又完全是另外一件事。然而，如果没有感觉也无法创作。我可能看过一些诗集，但是我很明白在任何书中也找不到任何事物来说明我对那只蝴蝶产生的感觉；也许说明某人对某事的感觉，但是这与我无关。我想要知道我要怎样充分而睿智地表达我的感觉。我记得您所说的关于词语，还有关于想象，关于功能和形式，我想您是这样说的：首先抓住功能；如果你之前没能办到，那么现在该这么做了。因此您看，我的处境很尴尬。我不知道在建筑创作中是否会遇到如同我为蝴蝶写诗的过程中遇到的麻烦？因为我开始怀疑，您所说的，建造一座真正的建筑，与创作一首真正的诗是否是一件相同的事。当您让我振作精神的时候，一切都非常好，可以说，您令我对演讲十分着迷。也就是说，您几乎对每样事物都给出了建议；但是当我自己尝试时，无论如何，事情并没有那么顺利。然而有些事告诉我，我在正确的轨道上；我所需要的是坚持，不是泄气，也不是更多注意您说的话。因为我开始怀疑您有一套相当完整的体系。我准备好了许多反驳您的观点；但是当我尝试时，我想您还是会像以往一样说服我。当然，我寄给您的并非仅仅是诗句，而是它们的含义……尽管如此，总而言之，我在这里享受着非常美妙的时光，每天都在学习一些东西。我现在可以说出牛和马的区别，松树和橡树的区别。但是有一天一个农场主告诉我，附近有 10 种不同的橡树，4 种不同的松树，30 或 40 种不同种的其他树，这让我震惊，我害怕万一您忽然出现，说每一棵蓬勃生长的树都有一种功能，每一棵的形式完全忠实的服从它的功能，您会期望我观察它们，严格的注意这些区别——现在对我来说它们看起来都一样；更糟的是，您可能告诉我这里有三千或四千种不同的植物，几百种昆虫，许多种鸟，每一种都在功能和形式上有其完备的联系。最可怕的是，您会告诉我认识这些联系的能力将构成建筑学知识的基础。我想，让我相信所有这些足够令我厌倦的了。好吧，我已经以很快的速度喋喋不休地说了这么多。他们已经两次叫我去吃饭，我仍在潦草地写着，不是很清楚我写了些什么。妮侬·德·恩克劳斯 [1] 不是说过么，"一个人写一封真心的情书，开始的时候一定

---

1 Ninon de Leclos，18 世纪法国著名交际花。——中译者注

不知道他要说什么,并且在结束时也不知道他说了什么。"这不是一封情书——我不会让您有这样的想法。不需要您探查我的事情,查究我怎样知道妮侬说这句话的。这是我的事情。因此,再见,直到我们相遇。那时我会有很多问题问您,令您吃惊的——如果我其间没有对其他事物感兴趣的话。不久我会再写信给您。

您的忠心的(侄子)

附笔,我希望您在这里。

26.觉醒

　　一好，我在这里——像一个反复出现的讨厌的人一样回来了——而且像一个相当讨厌的人 [1]，您不这样认为么？在那边，我认识了一些有趣的家伙，他们都是农场的孩子，我们一起做有趣的游戏。他们带给我很多新事物——我注意看着、听着一切，有很多全新的感受。

　　一你回来后活像一个话匣子；至少，看起来是这样。

　　一是呀，为什么不是呢？这对我有好处，对您也没有害处。另外，我有这么多事情要告诉您，我都不知道该从哪儿开始了。我的思想变得如此活跃，可以说是精力充沛。但是我想，乡下的空气、乡下的景物和声音、良好的健康状态和很好的伙伴都与此大有关系。 89

　　一我应该说——没有其他东西比这更有益于人的精神健康了。才能总是在大自然的沐浴中得到净化和提升。我很高兴你自己发现了这一点，因为有一个人自己发现并对自己有益的事情总是印象深刻并持久。常言道："经验使人进步。"但是这个谚语似乎被人们想成不愉快的经验才能教育人。然而，你会发现，当你进行某种实践时，愉快的经验、有益的和有启发的经验远比其他的经验更加丰富了人生。我们的本性是快乐的：聪明的人明白这一点，最大限度受益于此，但是这种经验的智慧也像很多其他方面的智慧一样，往往来得太迟了。

　　您喜欢运动，不是么？我也是，我做了很多的运动，大部分是散步。我与鸟儿一起醒来，与小鸡一起入睡，除了那些有非常迷人的月光的夜晚，我做过各种愚蠢的事。"有健康的身体才有健康的心灵"是个非常好的格言。我很欣赏这句话。与此同时我想要告诉您，当我不在这里时，我曾经会经常难受。自然中有些东西会深入您的心灵，激励着您，把各种陌生的情感带回来。至少对我的影响是这样的，因此我想其他人一定也如此。

1　原文 "Well, here I am—come back like a bad penny—and a pretty brown penny at that, don't you think?" 其中 "brown penny" 语出 William Butler Yeats 的诗 Brown Penny："I whispered, 'I am too young,' And then, 'I am old enough';Wherefore I threw a penny To find out if I might love. 'Go and love, go and love, young man, If the lady be young and fair.' Ah, penny, brown penny, brown penny, I am looped in the loops of her hair. O love is the crooked thing, There is nobody wise enough To find out all that is in it, For he would be thinking of love Till the stars had run away And the shadows eaten the moon. Ah, penny, brown penny, brown penny, One cannot begin it too soon." ——中译者注。

您也许并不赞同我这样的假设。我不能否认可能的情况：但是我知道有很多人在乡下很是无聊。因为他们丧失了天生的感觉，丧失去享受简单的愉悦的能力，当美丽的事物展现在眼前却不能辨别。对很多人来说，自然不会唤起任何东西，不意味着任何东西，什么也不是。太阳升起对他们来说意味着会射出光芒。树与田野在夏日青翠而充盈没有任何意义——一只蚊子可以超过所有这些的意义；秋天树叶落光，没有任何意义；在冬日大地被大雪覆盖直到远方，没有任何意义；带着所有欢乐、色彩与青春的幻想，春天觉醒了，对他们来说也没有任何意义——除了寒冷与潮湿的足迹。他们更喜欢在冬天的画廊中看春日景象，那里画框中，可以看到粉红色的羊、粉红色的天、粉红色的草和粉红色的牧羊女。你付钱并带走你的选择；我得到了户外的景象。这是一个比喻，无限的表达，然后这个"户外的景象"是一种比拟，是一种表达无限的体现。

我知道。你在令你满意的事物中看不到任何东西，或者，当你深入到纯粹的表面现象之下时，你看到了很多，让你非常惊讶；然后，当你看得更远一点，你会感到沮丧；再远一点，感到迷惑；再远一点，感到害怕；再远一点，你对此十分着迷；再远 一点，你对此十分依恋；在此之后，我不知道会发生什么——这就是我达到的状态。我对自然的兴趣让我现在感觉非常好，但是我开始对您所说的事实有了一个鲜明的想法；这个想法到了我心里就像在和我说知心话一样。最令我害怕、让我感到似乎是不现实的是，当我向其中看了一会，自然似乎比我更加真实。当我跟随自然，自然似乎躲避着我；相应的，当自然躲避着我时，自然变得越来越真实。我伸出手想抓住它——它却消失了！我打开心灵，它进到其中；我温和时，它也温和；我哭，它便溶于朦胧之中；我笑，它也笑。哦！但愿我是一个孩子！但是我已经太老了，如果我还年轻该有多好！您把病毒放进了我的血液，我因此变得不开心。我知道的！我坠入爱河，敬畏地爱着自然精神的美，爱着万物令人惊异的真实，爱着活着的感觉；但是这是毫无希望的，毫无希望的迷恋；迷恋与痴迷得不到任何回报！想想我竟然不能为一只蝴蝶作一首诗！这个简单而美丽的小东西完全从我这里逃走了！在一个美丽的夏日，生活与色彩的绚烂真是就这样优美地飘走了，如精灵一般落在一朵华丽的花朵上——想想它不会接受我粗糙的手的触摸，还有我同样粗糙的心灵的触摸！想想在那宁静的一刻，在那芳香的氛围中，花朵与蝴蝶彼此了解，似乎也互相爱慕，但是它们不了解我，我也不了解它们！哦，多么遗憾啊！哦，对我来说多么可怜；毫无希望！但是我被吸引住了，我会尝试，我想，尝试，再次尝试——总是失败！然而我把手放在我的胸膛上，这里有些东西告诉我，我没有完全失败。我的思想说我完全失败了，我的心灵说我没有完全失败。我该信哪一个呢，我的思想还是我的心灵？如果我永远继续下去，永无所得，您为什么让我发现这些事物？如果得不到水，如果它们达不到海洋，或者甚至形成不了湖泊或树荫围绕的池塘，而是在沙子中干涸，在贫瘠的人类荒野中消失，为什么您让这个水源流走？您为什么这样做？然而，我不会这样不了了之。不，全世界不都如此，因为这是一个世界，一个新的世界，一个新大陆，我是其中孤独的居民，我是它的亚当。我是我自己的亚当——第一个人：但是上帝没有在花园中与我交谈。我没有在树林中听到他的声音说"我在这里"。因此在自我反省的那一刻，在我孤独的时候，一种在拥挤的宇宙中的孤独，一种在自然中芸芸众生间的孤独，我的思想转向自己，养育自己，自我枯竭，毒死自己，我是这个公寓大楼中的陌生人，一个我的世界的难民，一个没有被邀请赴宴的客人：在花园中不受欢迎，不受一朵花朵的欢迎，不受一只蝴蝶的欢迎！我与它们在一起，却不是它们的一员！没有友爱而孤独着！然后我觉醒了，我一点都没有改变——不，不完全一样，只是在那些时刻我故作勇敢，或者虚张声势，无论如何，怎样才是故作勇敢呢？我被改变了。我不再是原来的那个样子了，您伤害了我——无论如何，您为什么让我卷入这个风暴事件？您为什么杀死另外那只龙，带上盔帽[1]，利用龙的血而懂得了鸟的语言？齐格弗里德[2]的神话是个比喻还是真的发生过？这是一个寓言还是儿童故事？为什么您引起了我内心的升腾与破裂，我是盛夏的山谷么？我的心中有一个干涸的山谷么？我在干旱中凋萎了么？那场风暴意味着什么？它也是一个比喻、一个寓言，或者它像我的蝴蝶、我的普绪客是一个精神的事实么？

　　—但是我并没有造成那场风暴。

　　—自然，您没有，然而您捕捉到这场风暴，把它变成您的，那时看上去似乎简单，但是我不能以我找到的最简洁的方式来应付过去。

　　—你没有耐心，我亲爱的孩子，而且有点紧张，过度紧张了，容易激动。可以说，有点歇斯底里。你不愿意散散步转移一下你的精神注意力么？

　　—如果我不用看任何房子的话，我不介意散步。

　　—那么你今天不想看房子？

　　—我确实不愿意。我想稍稍理顺一下这一团糟。我想要知道我在哪儿。

　　—好吧，我的小伙子，放松一点。事情会自己慢慢理顺的，因为这是生

1　Tarnhelm，出自瓦格纳（Richard Wagner）的著名歌剧《尼伯龙根的指环》（Der Ring des Nibelungen）。而该歌剧又取材于北欧神话及中世纪史诗《伯尼龙根之歌》（Das Nibelungenlied）。大意是住在地下死人国度尼伯龙根的侏儒亚伯力（Alberich）偷盗了神放在莱茵河（Rhine）中的魔金，用它铸造了一枚威力无比的戒指。他利用这戒指号令伯尼龙根人为他在地下挖掘更多的财宝。而此时众神之王沃顿（Wotan）[即奥丁（Odin）的另一个名字]因为欠巨人们为他建城堡的酬劳，就与洛格（Loge）（北欧神话中的狡诈之神）下凡去寻找财宝。他们来到尼伯龙根，听到了亚伯力的事，还得知那个侏儒偷了他兄弟铸造的一顶宝盔 Tarnhelm。据说那盔不仅能使人隐形，还能令人变化为各种形状。于是洛格就欺骗亚伯力，说不相信这盔的神妙，要他先变为巨龙，再变为青蛙。当那侏儒变为青蛙时，洛格就网住了他，将他拖回到地上，并逼他交出所有的财宝。——中译者注
2　Siegfried 齐格弗里德：《尼贝龙根之歌》及其他中世纪日耳曼民族史诗中的英雄武士。——中译者注

活的套索。别让你自己负担过重。大自然是慈善的，她会帮助你的。她的方式是治疗的方式。另外，在你前面还有四十或五十年呢。不要尝试在一天里把所有的都做了。让时间完成她的那一份工作；她是一个熟练的工人。一个好农民不会拔起他的谷粒来看看它们是否正在生长，他会等待它们发芽。时间和太阳为葡萄带来繁盛，由青色到成熟，结成坚实的果实。学会等待。当你在等待时，让你内心以自然地方式继续发展。

　　—但是这些事情，这些感觉对我来说是陌生的！

　　—对你来说不是陌生的！你生来就如此。只不过这些精神和心灵的活动一直在沉睡而已。这就是我称为"被压抑的功能"。现在它们又在生活中觉醒了，它们带来了一定的疼痛和狂热。你的病状不过是一只候鸟的影子罢了。快乐起来吧。

27．一个大学图书馆建筑

—我的孩子，如果你想与一个既是蝴蝶也还不是蝴蝶的建筑发生关联，这里有一个这样的机会。这里有博学，从过去的时代吮吸蜜糖，颤动着灿烂的光辉。[图7]

当你停留在绿色的田野与微风拂过的树林中，你有怎样的感受？您应该珍爱这个建筑。这是一个展示性的建筑。它是宝贵的。它是时髦的。它我们这门艺术中不断变得更为出名的作品。它产生于引领潮流的女帽商摩拳擦掌的双手。

—我不知道我是否在乎。

—但是你应该在乎。你还太年轻，不会厌倦。把这种想法留给比你年龄大些的人吧，他们享受了学习的奇妙甜蜜，最后发现了它们苦涩。

—我不知道我是否在意它们是甜的还是苦的。

—但是你应该在意。这是你父辈的翻版——你的原型。这是一个建筑，带有地域性，虽然出于不同的原因，但反映了你的精神状态。观察它，就如同观察一面歪曲的镜子，那里反映了你那被扭曲痛苦的智慧，被重新划分过的。其他的则确实如你所想的那样悲观，但是悲观只是相对的真实，至少它是真正精疲力竭的结束。而你们的状态只不过是候鸟。

—您是怎么知道的？

—你真的认为因为你偶然的在乡下度过了几天，现在世界就以相反的方向旋转么？你不知道巨大的地球，我的温柔的卫星。它现在很安定，就如同你从来没有出生那样；毫无疑问它会继续如此。

—但是我会让它向另一个方向旋转。

—好啊！这才是英雄的样子。迅速而坚定地改正你的幻想。准备好你的心灵，你便准备好了。脆弱的心从来不会赢得美丽的女子。脆弱的心从来不会赢得任何东西。因此准备好你的心，因为要为比赛做好准备；因为要为你的命运做好准备。你的心灵宽广而又勇敢，谁会否定你呢。不要害怕。世界是你的。准备好你胸中珍贵的动力——你的导师，你信赖的向导。把全部疯狂的怀疑都抛到狂风中。以坚定的步伐踏上航程，在光辉而又充满泡沫的大海上航行。让狂风吹转，让猛烈的风暴到来吧，狂暴的乌云迫近又飘走。注意，我坚毅的水手；暴风雨是暴风雨，晴天是晴天：海浪是海浪，飞沫是飞沫。让船冲破海浪，因为大海是大海，水手是水手。为变换的天气准备好你的心灵。

你愿意驾驶你那瓷器的小船行驶在充满浪的瓷海里么？小船和同样易碎的海浪出现在有些脆弱的大海中吗？准备好你的心灵，因为生活会遭遇各种天气，各种水深。

——我准备不好我的心灵，因为它病了，很脆弱。

——什么！这么快！

——我是说——

——啊，一直等到你厌倦了厌倦的滋味！一直等到虫子，那致命的蛀虫达到你的根部；然后你那真正健康的叶子失去光泽，飘落下来——就像这个人那样。看看这个海市蜃楼！看这个爱奥尼柱子、柱上楣构、穹顶等等。尤其注意"等等"，因为它提及了并没有陈述的东西——谨慎的沉默。有人说这是富有感染力；你也可以回应说这确实富有感染力。这种感染力是演讲中哑口无言，或者它的国家被迫流亡他地一样的感染力。当我们驻足凝视的时候——我们便进入了放逐的土地。这个似乎是研究如何故步自封的一幢学院的图书馆建筑：自行遗忘，自我否定。不仅研究如何忘记自己和否定自己，还忘记和否定自己的国家。研究如何忘记，研究如何慎重的否定生活，这似乎有点流行；这些特征表面是一个时髦的建筑。这样流行中性的地方必定缺乏男人。当然，我们是在流亡之地。当然，这是建筑的无政府主义。当然，这也是一个空的躯壳：人类才能的反面。幽默所保留的优雅不在这里。虫子爬到了玫瑰树的根部。

注：这一章的剩余部分被删掉了。

28. 剧变

—我已经有了我小小的情感的、才智的、道德的、精神的、民主的、封建的轮齿，我忠实的朋友[1]——我的朋友、哲学家、魔术师和向导。我被你而完全改变，通过你的努力我的世界才恢复到自己的。我，并不擅长哲学，却完全哲学化了，因你的心理学，或者也许我应该说的，是你的假神秘主义，而承担重担、变得黯淡无光、感到厌恶并变得反叛起来。因为，我不知道这有什么用途。当然，我已经处于你的空话造成的狂风暴雨的海面之上，我已经因此而生病；但是现在我又重新回到陆地上，仍旧回到正常的状态，回到最初的学识与教导——回到古典；回到我在学校时他们告诉我的，回到我的心灵所相信的，不管你在言语和我的情感、我的思想之间的游戏，不管你情感和思想的话语；不管你把我关在外门外的事实。现在我回来了，我回来了！你不能否定古典。古典立足稳固，扎根深远，那些已先于我们故去的最杰出的人用他们的人生与其思想深深的尊崇古典。这样不会有什么作用！我不能容忍！我告诉你，我生来就是古典主义者，不论在不在乡下，不论有没有蝴蝶，不论是你还是不是你，我的心都会在该改变的地方改变。你不能与我评理——就此打住。我不会屈服于你。我不会成为你的玩物。我可能会成为传统的奴隶，因为传统的力量植根神圣而深远，一代人接一代人，一个世纪接一个世纪，一个时期接一个时期，不断传播，不断回顾。但是我不能忍耐你的嫁接方式：我已经太老而不能接受了——年龄对老年来说太年轻了，对"我的时代"来说太老了。我走得太远了；我的早期渗入得太深了。我不能放弃：我不能！我不能！！不要让我走得更远。让我们停止这个无用的研究，它仅仅是把我引向更远更远的荒野、沙漠、我们自己全新而未勘查过的撒哈拉。我的心灵正在干涸。这全部的旅程与全部的艰辛有何益处？我不想要更多的了。我退出！你明白我的意思么？我退出！！让我回到避难所中吧。我是一只迷途的羊。我轻率的让你将我带入迷途。我说我退出，我的意思是退出，永远的退出无头无尾、无边无际的哲学。帮帮我，帮帮我！回到我这里，我的母校！把你的坚定的力量作为土地再次铺陈于我的脚下！在我看到的这个人、这个鬼、这个幻想，你的虚张声势与众人的虚张声势有何不同！离开我，所有的这些幻想，这些超感觉！离开我，头脑中盛满了的所有这些鬼怪、怪物、仙

---

1 Achates，原为古罗马维吉尔（Virgil）所著史诗《埃涅伊德》（Aeneid）中主人公翁伊尼雅斯（Aeneas）的忠实朋友。——中译者注

女、精灵、幽灵和妖精！再次将我关进地牢的房间，我拥有太多的自由！自由于我有何用处呢？自由于任何人有何用处呢？自由对像我这样的人来说只是诅咒——不是恩惠！自由是诅咒，不是祝福！民主是欺骗，疯狂而混乱的梦境，狂热的梦境，打乱、歪曲并迷惑了我这样的人的所有现实：这是一个噩梦，在梦中对我来说加法变成了减法，对别人来说减法变成了加法。好一个所谓的民主！它是普通人、凡人和平民品味的避难所。你的意思是告诉我一个人可以在民主中成为一个真正的人么？一个拜金的人，是的！一个低劣的再造人，低劣中的低劣。看看他们：都是低劣的，越昂贵越低劣。看看这些脸：看他们战栗——所有人都是肮脏的，所有人的眼睛都是又小又深，所有的人在他们的民主暴行中都是以自我为中心的；所有人都住在洞穴中，他们是穴居者，现代社会中石器时代的人，他们脑瓜里都是污垢，狡猾而残酷，自私、有害——有毒的乌合之众！你谈论人！我在寻找人！！但是我在这民主的烟雾与黑暗中找不到人。我想要人，真正的人——有声誉的人，品质出众的人，有情调的人，可以提高精神与灵魂的人，有慈爱之心与有能力才干的人——你这里找不出这样的人。你已经以你的方式很好地表达了你的意思；但是当你继续空谈现实，你，你自己显然忽略现实。现实对你来说是一个唾手可得的词语，一个精彩的口头描述，一个你的自我投射到外部世界的幻影。

但是我告诉你，我看得到现实。我是新的一代。我有我自己的视野，我告诉你，现今只有一样东西任何双眼都能完全确定的看到，这就是美元！想要否定这个现实，拒绝这种崇拜意味着毁灭。

—真是滔滔不绝

—我不会停止。你正在与你的时代和世人以及我的思想背道而驰。你试图加强你的理想：想要代替你的视觉——想为你所漠视的世界制造一个灾变。为此听取我的忠告吧，我是对的，你是错的。你是老一代，我是新一代。看到你顽固的偏颇让我很悲痛。现在我的青春已经代替了你的。你曾告诉我很多，这些话曾经让我觉醒，让我充满力量；但是这仅仅使我足够强壮来反对你。我要成为我自己！我要思考我的选择，并完成我的选择！我会准备好我的心灵，但是我准备的是紧贴时代脉搏的心灵。这会是一颗反叛的心灵。我为什么应该与我的时代与同代人不同？做一个预言家和先知，没有人付给我任何钱。现在不需要预言家和先知；如果需要，百货公司会出售他们。去看看，我年迈的朋友！我不想自身有很高的天赋。如果亲爱的大众们想要天才，可以这么说，那么提出必要的资金。我不打算预期任何需要。我不打算把任何公众不想要并不打算付钱的东西投放到市场上。我寻找的是我个人的安逸，你亲爱的民主似乎不会太多顾忌"天才"的问题。总之，他们到底关心什么？民主与天才毫无关系，仅仅与普通的事、普通人有关，而且还可能是最低级的普通人。我不想为了成为一个真正的建筑师而受到惩罚，我不想为了成为一个真正的思考者而受到惩罚，我不想为了成为任何一个"真实"的事物而受到惩罚。民主是一件艰难而混乱的事情，我了解这一点。民众不知道任何事，不想要知道任何事物，你认为我会足够愚蠢来尝试告诉他们任何他们不想知道的事物么？我没这么愚蠢！你与我一样，都知道耶稣说过："不要在粗野的人面前抛洒珍珠，以防他们转向你，把你撕碎。"[1] 现在任何对民主不熟悉的人都将它当作演讲中一个无关紧要的词而忽略，因为没有人想在猪面前抛洒珍珠；但是我告诉这个事的本质是，这些可恶的生物会撕碎你——不仅仅当他们想要烈酒的时候不会想要你的珍珠，而且，因为你没有给他们所期待的污秽食物，他们也会撕碎你；这就是你的可爱而朴素的民主！尝试一次。尝试抛洒一些珍珠——小心毁灭的力量！因此如果我的同代人是虚幻的，我打算也成为虚幻的；因为民主中所有的领导人明白并迎合愚蠢的大众。我已经听够了你的话，你让我了解了我的愚蠢的群众会成为承载文明的人，我会欺骗他们以迎合贵族的品味——他们中不会人想到我的品味！相反，我得接受他们最优雅的尖叫声。事实是，这样，有点像优雅摆放着的精致的摆件；但是不要试图以事实说服虚假的一代人！你听到我说的了！我不是一个哲学家，但是我认为我有一条或两条美国人普遍的常识。在这个世界上你怎样得到关于民主这样高深的概念？民主只是一大群人尽可能和平地生活在一起，但是每个人都一再伤害他的邻居，难道你不知道么，你没有这样的常识么。我告诉你民主是一群牲畜，一群没有驾驭者的牲畜，没有组织者的牲畜。他们在自己的粪便中相互拥挤着，挤压着，践踏着。他们是目光迟钝而有病的人群；没有领导者，无助而迟缓。呸，去你的民主！民主仅仅意味着众人的解放，无助的个体迷惘着，拥挤着。它意味着无序、污秽、粗暴的联合、粗俗的品味——沉闷的一群人！一扇大门！你的民主！给我一个独裁者！给我一个人，一个真实的人！一个足够大、足够强壮、足够固执的人来领导来统治。民众想要被统治；他们需要一只有力而专横的手。他们不想要思考：他们没有视觉。给我那只强壮的手、钢铁意志、敏锐的才智，对人性更高的感知，这样可以照顾民众，保护民众避免这个胆怯地拥挤在一起的群体患传染病，反对他们自己的无产者的坚持。谈谈你的民主！呸，去你的民主！统治、引导与预见需要智慧！你正在谈论以及以前谈论的真正的病症正是民主自身；因为民主自身就是一种疾病。人不是生来平等的！有的人生来就是统治别人的，有的人生来就是服务别人的。事实必须是这样，因为只有统治者的心灵才能做好准备。他们不重视生命。只有民众才惧怕死亡。因此，能够严格准备好自己心灵的人会成为统治者；因为软弱的人不能准备好他的心灵——他缺少意志和约束！情感是心灵的缺点，温柔也是缺点——我就是这么说的；我收回这句话：情感是心灵的力量，软弱的人不了解真实的情感；温柔是一种心

1　这里与其他地方一样，沙利文非常随便的引用。

灵的力量——哦，非常伟大的力量！你不应该把我一个人留在乡下，因为它击败了你的目标，转移了你的目的，给我几分恶魔的智慧，而不是平和的温顺。因为我自己已经看到，对于我的好处和安逸，大自然怎样工作——她怎样轻视弱者而提升强者；以及她怎样——

—你说的是什么啊？

—我说大自然喜爱强者。

—你是一个白痴，一个笨蛋。大自然喜爱聪明人，不是强者或弱者。

—我不是白痴，我告诉你——

—不要告诉我任何事物！你已经发泄了你的愤怒，现在去睡觉吧！

—但是——

—今天没有任何但是。

—难道大体上我不是正确的么？

—是的，勉强算是。

—那么每件事都如我所说的？

—我已经告诉你了：你是一个笨蛋。

29. 民主

—反复出现的讨厌的人又来了！

—比原来还更糟么？

—不，我已有进展了。我已经通过了暴躁，安全经过抱怨，走到的懊悔阶段上了。

—这次又是关于什么？

—都是关于你那恶魔般的民主。出于我心灵好的一面，我告诉过你，我对它的看法，你因为我的烦恼，把我称作笨蛋。

—好吧，有什么问题呢？

—我来这里想找到它的正确之处——无缘无故，我就已经释放了怨气：因此我感到懊悔。

—不要为这样的小事担忧。你正在换毛而已：当新的羽毛长出来，你的状态会再次好起来。

—我宁愿你再叫我笨蛋也不愿你说我正在换毛：这真是往伤口上撒盐。

—不，这是在第一条真理之上加上第二条真理。你要认识到我说你是一只鸟时，我正在创造你的羽翼。一条真理显然值得再加上另外一条，你会接受的。

—我现在会接受你说的任何事。我告诉你我正在悔过。听了我的话，难道你不接受我么？

—我宁愿因为你说的词，而不是一堆胡话。因为你的词是"退出！"——"我说我退出！"——你不知道么？

—哦，别逗我了，"长官"！

—我不是你的长官，我是你的安全阀；我让你释放怨气而不是爆发出来——因此你应该恰当地表示感谢。

—那么"让我不要因为无知而爆发"，我会向上天感谢你，我会向我热爱的月亮感谢你，向我在诗中追求的光辉的太阳的光芒感谢你，你就是这个天体的光辉，天空中的光芒驱走了我深夜的黑暗，同情的光芒为像我这样走在黑暗中的人照亮了整个世界。让我不沉入我的深海中，而是向前抓住你的手，的确，我会走在水面上，带着深深懊悔的心灵，天使牵着我的手，我可以走在悔改的水面上，走在看来正在涌动的潮水上，超越我深重的错误。

伸出你的手和你的刀——因为有什么东西在我的心中啃噬着！我的邪恶的灵魂啃噬着我心灵的根基，很快我的叶子便会枯萎掉落。

我如乌贼一般在水中摸黑前行。

我如蟾蜍一般把头钻进泥土。

我如野蛮人一般暴怒并幻想着一件无益的事物。

我如火焰一样熄灭成为灰烬。你是"重新点燃那道光亮的普罗米修斯之火"。哦，不要让火花熄灭！帮帮我，爸爸，我遇到了问题。我屈服，我鞠躬，我敬礼，我祭献；我亲吻你的衣摆。我——

——你真是荒诞得可笑。

——我知道，我喜欢。我宁愿是一只小狗而不是小鸟。

——你部分地扮演了这个角色：仅仅是你的舌头在摇摆着。

除了没有狗头和狗尾巴，你简直是一条成功的狮子狗。不过，你的用意何在，用四条腿踩着华丽的脚步朝 44 个方向走？

97

——哦，这就是我进入你的未知领域的方式。也是自己的过程。我相信可以成为新的、有趣的、有用的——正如我认识到这种方式是有效的。

——哦，是的：当然有效。但是你想要什么呢？

——我想要光亮，更多的光亮。我想要你把我从我自己的光亮中拉出来，进入你关于民主这件事的光耀。

——好吧，那么，来到我的光亮中：因为尽管这个光亮很小，对于两个人来说足够了：虽然这个光亮很大，但是对一个人来说又似乎太小了。因为，毕竟，关于民主的众多特征我们知道什么呢！我们活着——我们学到的却很少；我们有眼睛，看到的却很少；有耳朵，却几乎听不到。为什么我们不能了解？为什么最敏锐的眼睛却看不清？为什么最活跃的头脑却像是懒汉？为什么我们知道却又不知道？我们探求，寻找，调查，测试，分析，猜测，希望又惧怕，充满了毫无价值的渴望，毫无价值的悔恨；在所有这些考验之后，我们的人民，我们身边的人民，我们这些人在生活，活动存在时他们对我们来说却如同地球另一端的居民一样陌生，我们对我们生命似乎像向正相反的人一样陌生——像遥远的森林与小岛上的居民一般。但是让我们收集起我们的心灵，一点一滴地回来，回到我们自己的土地上。因为在友爱中播种，必将在爱情中收获；我们也必将如此一点一点地接近我们的人民。如果我们犯了错误，让我们期望所犯的是最微小尺度的错误吧。如果证明我们是正确的，我们就会获得大丰收。因此民主会随着个人的表达逐渐发展它自己。这个意义上，正如个人错了一样，民主错了，在这个范围内正如个人正确地成长与发展，民主因此发展、繁荣。民主根本上来说就是基本个人化的！并且这不仅仅是一个政治结构，一个政府的形式：这仅仅是它的一个方面——一个并非不是主要的方面。民主是道德原则，精神法规，人的精神领域中永恒主观的现实。它是积极的力量，它的根基深入原动力力量，促使人从土地的元素中站起来，这种原初的力量慢慢地经历了各个时代，来构成人自身的公正与优雅。民主是一个广阔而缓慢催动的动力，一点一点，越来越广阔地提升着人的精神，告知人其真实形象的定义——人的真实的力量。正如经年累月学习双脚站立；正如持续地不断探寻这种表达的力量是一种理想。因此有一个动力不断在推动着，不断地感染着人让他在精神上有力量来双脚站立，我们将这种力量称为民主。这是一种自然的趋势，不断地使一种类型完善，这种类型中的每一个个体直至趋向于完美。民主不是像你从表面的观察推断的那样，仅仅是一个依赖人民、服务人民的政府现代概念；它是动力，像大地一样古老的潜在的力量，不断地积累，一个个疏通阻塞，逐渐建成道路。它是最有力的自然的根本力量。我们称这种力量为民主，处于人的精神中难以言说的深度，现在仍然在寻求表达。当人的精神第一次认识到那无限的整体的精神，经过长期的摸索，道路畅通了，通向人对精神的发现。这些灵魂的探索是由一个沉思冥想的民族创造的，如今已成为我们的遗产。耶稣——在这个意义上第一个民主主义者——来到专制压迫的世界上，向众生强有力地宣讲；他告诉人们个人拥有自己的灵魂。他略述了自治的需要，仁慈的价值；他宣讲人与牧师的联合，精神的永恒。由于这些和其他的格言与现有的秩序相反，他被钉死在十字架上。但是他的善意而启发性的教义存留下来，因为这是由自然意愿的表达，通过这个博爱的空想家，这种意愿通过灵魂找到了期盼已久的出口。

　　因此民主的基本真理进入人的世界中。静静地，几个世纪过去了，无声地见证了人类的建立。你可以追溯它的多种变化、黑暗化、歪曲、堕落以及复苏，随力量变迁，有些促进它成长，其他的探求着它的毁灭。但是不能否认！它成长着，不断积累着力量，在我们自己的土地上和其他土地上，它正在寻找，必将在人的新哲学中找到它广大的有组织的成功。基本的民主是一个单一的概念，它在人性上神圣的美使人印象深刻，它又细分为三个单独的概念——政体、宗教和道德。这可以通过政治、宗教和道德之间的利益冲突得到充分证明，在这冲突中民主表达或被压抑。然而，清楚的是，在我们土地上，今天，在我国我们可以感到不同的力量正在融化这些彼此分隔的思想，而形成一个混合物，这一混合物将有组织的民主定义为人的高级阶段，人将遵循唯一的准则，如同由精神胶粘剂衔接起来的，宗教、道德和政府的伟大力量。这就是我持有的民主主义的概念。

　　的确，依赖这道光亮，我们的命运就是这片土地的命运！在这里经过多个时代，自然准备了一片沉睡的大陆，原始的荒野，作为自由人的家——他们的身体是自由的，他们的灵魂是自由的；无声地运转着的力量，荒野的力量、土壤、水和空气的力量可以渗入他们的身体、智力、道德和精神，提升他们成为伟大的民族，他们受到一个伟大的目标、伟大的力量、伟大的美的鼓舞——这些是民主的美、民主的力量和民主的荣光。

　　如果行动仅仅指向模糊的准则，为何只顾及小问题，提及不重要的事实，异化的无用的"徽章"带来的特权。我们宁可寻找我们命运中广泛的真理、可靠的真理、基本的真理，以此，来判断我们的思想、我们的行为和我们的艺术。

——你说的话说服了我的心灵，我从没这么急切地渴望看到完成你的关于民主的理论。我真理解了你的想法，至少这个研究计划是为我制订的，但是这个计划对我来说太大了。我不能独立完成。你以你自己的方式引导了我，通过精髓的艺术塑造一个关于人力量的概念；现在你会用它的光芒来改造我们学科么？

我会努力的。

30. 教育

　　—考虑到我所说的关于功能和形式的问题，你一定很清楚，民主的精神，是一种寻求通过有机的社会结构来表达自己的功能。我还说了，每种功能都是从属于一种能量的一小部分或一个阶段，我们将这种能量称之为无限的创造性精神，现在我们称之为所有功能的功能。仅从这个含义来说，我们哲学的形而上学的基础渐渐创建了它的定义，阐述了它的内在结构和外在形式。

　　我们倾向于把形而上学看作是思考的特殊领域，与实体事物无关。现在来说这是可怕的。因为用于哲学探索的知识，如果要有实用价值，就必须适用于日常需求。事实上，一旦我们鼓起勇气用它们作为手段和工作工具，就会知道在我们思想、感觉与想象力中，形而上学与哲学是极有价值和实用的部分。

　　每件事物都有一个简单的基础：正如橡树有它的种子。因此，我们自愿承担的任务是寻找这个简单的基础：我们在民主的旗帜下生活着，希望着，为那些影响民主健康和成长的问题找到广泛的解释、令人满意的解决方法、可靠的答案。因此，仅仅从这点来说，我们应该运用我们的形而上学和哲学。它们会成为我们的工具；我们会运用它们。因为从本质上来说，这些方法意味着运用头脑聚集的力量，视觉的扩展，不可见的东西对我们来说变成切实的东西，不平常的东西变成了显然的，罕有的东西变成了熟悉的，主观的东西变成了客观的。没有什么秘密：这些全部是人的观察和沉思的力量的一个方面而已。运用这种方法，不仅主观的东西变成客观的，而且相应的，客观的也变成主观的。例如：如果我说这样一个事物是无限创造性精神的成功，这听上去似乎是神秘而不能达到的。但是如果我说：今天天气不错；你说："是呀，今天天气不错，"——你将它作为一种常识。事实上，我说的这个无限创造性精神就如同你接受今天天气不错一样是一种习惯——一旦你的头脑处于善于接受的状态，不受敬畏的抑制和做作崇拜的影响。我们所说的"功能"也如此。它听上去很抽象、很深奥；事实上它的意思仅仅是一种需求，不管是怎样的需求，这种需求正在追求或寻找实现的可能。如果你在土中放入一颗种子，那颗种子包含了橡树的功能，它会寻找橡树的形式，经过一段时间，它会成为一棵橡树。因此，如果我说某种功能，比如有抱负的民主，正在寻找某种表达形式，比如民主的建筑，它必定会找到，我正在做的陈述与我所说的种子从本质上来说没有什么区别。这是很简单的，很自然的，如同事实。

现在我对那些教师没有耐心，他们更关心让学生铭记学术财富而没有向学生展示简单的建筑现象，没有将基本原则解释清楚且使之具有可操作性。我不能容忍那种贵族精神，这种精神误导了美国青年寻求知识——会试图强加上那些不同时代遗留给我们的学习模式和学习态度，这种教育是针对"绅士"

100 的——针对少数，一个阶级：那种"教育"通过异化的无用的"徽章"带来的特权把人从他的人民中分离出去。我们建筑学院正在致力于此。他们通过所谓的对建筑艺术的解释将媚俗反复灌输给学生，他们用迂腐的坚持来忽视自然的、显然的事物。当然，你可以说他们教授他们之所学。在有限的尺度中来说，这是真的。然而这个借口不能赦免他们的行为；直白的行为意味着以彻底放纵的方式教学。如果他们坚持教授缺乏智慧的东西，他们不能期望逃脱最终的清算。他们在学校简介中所陈述的大多是强词夺理的诡辩。如果这些诡辩是由于头脑的懒惰，由于这些学校不会寻找真理，不想知道真理，不愿意别人向他们指出真理，那么他们双倍地可憎。现在这些文献运用诡辩的辞藻，华而不实的论证，似是而非的解释。但是所有这些诡辩联合起来也不能为不称职进行开脱。我们的建筑学院需要头脑！我们需要有广阔心灵、启发性头脑、丰富感情的人；这些人可以抓住青年的重要性、民主和创造性艺术的社会价值。

然而，还有更大的测试可以检验这些学院：这是普遍的事实，如大地般广阔而清晰，在很多其他教育部门，教师已经有了积极的进步。热情、虔诚和爱鼓舞着他们的工作；他们高尚而重要的努力日复一日地结出了成果。这些教师将教育看作一种艺术，他们愿意为此付出生命。**他们运用智力和热爱从事着对儿童和青年的教育，给很多儿童心灵以启迪**：这些都是教育哲学进步的结果。但是没有，哎！没有建筑的幼儿园教育——那心灵的花园，在其中简单而显而易见的，任何儿童都会认同的真理，将会对年轻人带来活力，并被年轻人接受，因为这些真理是真实的。

建筑学院不仅没有与教育哲学和教授艺术的普遍进步保持一致，而是如同原来，轻视这样的进步。他们不熟悉作为教授艺术基础的形而上学和心理学的极大的教育价值，建筑历史和创造性方面缺乏建筑的自然哲学来构成基本规划；因此完全不能清晰的显现建筑艺术的过去、现在和未来。

—你对四年的课程期望太多了吧？

— 一点也不。现在是在浪费时间。应该利用时间。缺乏效率；那里没有推动力；那里没有专门知识。

—该做些什么呢？

—如同我教你的一样。

31. 人的力量

—如果封建主义被定义为"自我"的利己活动，而民主被定义为"自我"的利他活动，如果"自我"这个词现在代表人的全部力量中的决定性力量，为了澄清我们对民主、民主艺术和民主教育的修正概念，让我们来检验一下这些力量。

让我们假设基础教育方法已有大的发展，是值得称颂的。

让我们还假设高等教育仍受封建主义思想和抽象学术的污染。

让我们假设教育的功能有两种概念共存———一种是功利主义和投机主义的，另一种是自由的，本质上是哲学性的。

让我们假设人既是肉体上的，也是精神上的。

让我们假设人是合乎道德的存在。

让我们假设人是不孤单的。

最后，让我们假设上述所有假设是不证自明而正确的。

现在，我们将假定，人的全部力量是主观的，因为，这些力量来自自我，无论是暂时静止或运动着的。

为了使我们可以开始形成一个人的本性的概念，让我们将这些活动合为一体。

人的力量简单地是指人可以做什么。

因此，现在让我们来看看人可以做什么——他有什么力量：

他的物质方面，人有运动的力量和肌肉控制的力量；有力量来选择和操纵其他事物，其他物体；有力量克服障碍。因此他生来就是一个流浪者、一个劳动者、一个工人、一个匠人、一个艺术家：因为这些事物意味着有力量来做——来创造。

至于他的精神本性，人有强烈的好奇求知欲。因此他又是一个流浪者、一个探险家、一个探索者、一个调查员、一个科学家。他希望知道"如何做"。因此他的执行的力量随着他关于怎样来做的知识的增长而增长。他的艺术被他的科学的力量加强和扩展。此外，人的求知欲希望辨别出"为什么"。他依然是一个流浪者、一个探索者、一个工人、一个思考者，他用探索的力量扩展新的路途；他成为哲学家。因此他的关于"为什么"的知识增强了关于"如何做"的力量，执行的力量：综合的增长变成实力的增长：他的哲学、他的科学和他的艺术相辅相成。因此这个工人、调查员、思考者对力量的运用更为整体：他成为伟大的工作者。但是迄今他的成果可能仅仅是物质的，严格来说是功利主义的，总而言之是通常意义上的客观性的。迄今他的力量在行动上的展示可能仅仅是知识的和物质的：仅仅是一个方面。

但是人有感觉和情感的力量：他内心存在着伟大力量：因此人有诗意。

人有展望未来的力量：因此他是梦想家、先知者、预言家！他的情感和梦想，图景和预见激发了他的思考、思索和工作。它们使他的创造主宰起生命的流向：因此人在熟练的力量中增长了。他不断地调整，加强各方面。

人是精神性的：因此他的感情、他的智力和他的身体需要与精神结合。因此他不断地增长着集中与分散的力量。（因此他是形而上学者。）

人是道德的存在：一种巨大的动力：这是选择的力量！（自我的主要力量。）

他的成长、他的发展、他的自我中心就是如此，那个作为工作者的人成为创造者。

我们通过持续地分解人主要力量的过程，能不断定义人的主要力量，展示人的定义：令人惊讶的创造力：所有的看上去都很好。所有的看上去又都没有那么好。因为疑问很快呈现出来：人怎样利用这些力量？

这是我们探讨民主的核心。这是目前所有人类疑问中最急迫的。我们把它的过程和结果叫作社会学；这的确是群居人群的艺术与科学，是孤独的梦想家、空想家和预言者的梦想；是寻梦人的自古以来的模糊梦想，这是科学、诗和社会学"戏剧"的统一体，是民主的先导，它的探险家和布道者。

我们把封建主义定义为自我的利己活动，出于自私的目的，所有人的神奇力量，可能为有害的目的被个别或整体的利用，这不是显而易见的，当我们逐渐理解这个命题，这种封建主义使用力量的方式是否直接变成非社会的呢？我们面前出现了选择的力量，这是人面对正确和邪恶事物的力量——事实上，人的道德力量是最具建设性的力量。

封建主义的反面——也就是说，民主——被定义为自我的利他活动，显然假设道德力量作为其基础，选择的本质作为其繁荣的保障。它简化并澄清了道德力量的概念，揭示了选择的力量应为了所有人的利益而得到执行。简而言之，它的目标是一个建立于本性基础上的新的文明社会。

当然，民主社会学的任务是简化和澄清所有的事物，展示和解释它能增强人的选择力量以及其结果，其结果就是未来和当下的文明。民主哲学的主要任务和直接任务是简化、澄清和了解自己。然后，积极的民主会认知自己的创造力量——来定义它的目标。

继续深入讨论的益处有限；因为定理的假设应该更明确的。

我们进步所需的是人的本性与活动的视野的继续扩展；他行为结果所反应的行为和反应——他为自己做的记录，他自己创造自己的积累。

但是在这一点上应该清楚的是，作为民主的教育系统，必须在年轻人身

上发展这种自然的力量，将选择的能力清晰地留下印记并定义清楚。而我们
称之为艺术、科学、哲学、诗和伦理的遥远事物会因为特别的吸引力而接近
我们，现在它们由于互相排斥而远离我们。社会学的科学将会成为所有学科
的重心；哲学或民主的真理会成为世界的动力。我们的艺术不再是流浪者——　103
它进入了自己的领域。

　　—你从哪里得到这些思想？

　　—任何有两只眼睛的人都能找到这些思想。

　　—为什么不是所有人都找到这些思想？

　　—因为他不知道或没有利用他的力量。他太聪明了，以至发现不了这些
思想——他太忙了。可能他相信人的力量是礼物。

　　—那么，这不是礼物么？

　　—谁给的礼物？

　　—那么，那就是捐赠。

　　—谁或什么东西的捐赠呢？

　　—那么就是才能？

　　—才能就是力量；让我们不要谈论任务：因为，如果人有力量来做好，
那么他也有力量来做得不好。这取决于他的选择。让我们更进一步看看他怎
样展示他的选择：他接受什么，他拒绝什么。让我们再来测试他，用我们现
有的一针见血的测试。或者，如果你愿意改变他：我们已经包围了他——让
我们找到他。

　　注：这一章（原为"教育 2"）和下一章是在1918年完全改写的。"自我"这个词是
在修改时引入的；为了防止读者猜测沙利文阅读了相关的文章，应该指出的是，弗洛伊德
的《我和他》（Das Ich und da Es）直到1923年才出版；然而，沙利文的藏书室有很多关
于心理学的书。

32．杰出人士

一现在，我们继续对社会价值进行探讨，让我们更接近建筑师：不必是那个家伙；那个将"建筑"的内部与外部，将其作为生意、可以便利地转化成金钱的人；不是接近那些明显无知，肮脏的人；而是接近那些显而易见的领袖，位高权重的人，命运眷顾了这些人，环境照顾了这些人。

我们现在将这些人作为一类来考察，从人力力量成长的角度来考察。我们将详细审查这些人的力量价值，对其再评价。我们希望知道他们的全部价值的社会属性是封建性的，还是觉醒的民主式的。

如果，杰出人士的社会价值不意味着道德的高度，那么它意味着什么呢？站在制高点上，充满丰富的变化，可以看到富饶而伸向远方的广大区域——可以看到有深度的图景：精神高度的住所，自我平和、力量与优雅的住所：一个场所，灵魂在其中远离我们日常生活的潮流与逆流，然而却意识到它们的全部？

没有想象、没有预言、没有明确的成就——没有令人信服的成果，杰出有何意义？

杰出是否像我们通常认为的那样，并不是赝品？是否高于托词、高于阴谋、高于低级，是高级的而恰到好处的低劣把戏、低级聪明的诡计？是否远远高于讥讽、令人愉快的笼统化与令那些将他们的艺术视作大宗商品的人物质化的媚俗？基本上，我们已经了解了，还要再了解。

我尽力向你讲述思想；我说了一些关于想象、功能与形式、客观与主观的话；我谈到过价值；谈到过成长与衰落；我揭起了面纱的一角，这面纱至今还遮盖着民主的面貌；我带你进入夏日的室外，你可以在那里与自然的一大奇迹一起生活——你可以尽力的对其进行表达。

我讲述了现实。我讲述了幻想；我谈到了其他很多事物，思想、希望以及渴望。最后，提到了人的力量。

但如果我们不能在生活中每处，尤其是在我们自己的艺术中，有把握地再衡量与再评估杰出人士，并注意各种不同类型的回应，这些话会有何益处。

民主，正如你现在可能推断的那样，是一个观念。它是富足精神的一种功能，它非常单一，非常集中，非常有传播性，充满了力量，它看上去似乎就是人渴望中升起的最新而最有力的自然精神力量——虽然事实上它是原始而永恒的。

它宣告了从无限进入到有限的使命与欢乐，事实如此；为人的力量的解放带来了帮助，借此精神得到自由：不正是那样的真理让我们获得自由吗？

为什么之后意外发生了，使我们的杰出人士成为奴隶而不是自由人？为什么在他们的奴役下他们对我们讲述奴役的幻想？为什么对于我们寻求自由，他们一笑置之？为什么他们不知道杰出人士的价值，除了巨大的眼前价值他们对真正的价值无动于衷。为什么他们缺乏想象力而且麻木无知？为什么他们不知道包含一切、适用于一切关于功能与形式的法则？为什么他们不知道客观事物的主观方面——不知道主观动力的客观可能？为什么他们否认或忽视对于天真的眼睛来说完全是自然、健康、不证自明的事物，主张那些有限的、单调的、杂乱的和乏味的东西？简而言之，为什么他们头脑空虚？

自然，如果你问他们，我们公认的是杰出人士的人会说不，不是这样！但是看看那些建筑！那些建筑说是，是这样。

为什么当建筑在这里时才争论？如果建筑不在这里，我们只是为可能争论；但是建筑确实在这里，它们是引起质疑的法庭。我们正是去到它们那里——而不是去到建筑师那里。因为一个建筑记录了建筑师赋予它的无法掩盖的供词。它不含糊其辞、不辩解、不解释、不委婉陈述、不避免正面答复、不讨价还价、不转移话题、不隐瞒事实。它只是讲述，非常诚实地讲述。我们惊愕地颤抖，立刻惊讶于这样的愚蠢。那个人可能说谎，但是建筑不会；它讲述了说谎者的实情。因为建筑是我们的密友，他们真的非常健谈——也许太爱说话了。通过建筑的证词，我们的杰出人士不再重要。通过我们对高度的测量，他们在身材上成为小人国的尺度了。

105

我们还有其他证词么？假设一个人接受了他在学校里可能获得的最完备的教育（这被叫作自由的、文化的和技术的教育），假设他增加了日常知识、洞察力和经验这样的教育：弱点在哪儿？从封建化的评估看起来，这似乎没有弱点。

他可以健谈、博学、甚至是雄辩地谈话。他是最令人信服的人。我们肯定他是正确的：他必须是正确的。他给我们全部的事实。他有魅力，也许极富实干精神。他甚至可能声音洪亮，或者非常谦虚。但是对我们来说他是贫瘠的。我们知道这一点，因为建筑是这样告诉我们的。我们有听建筑说话这样不合时宜的习惯：仔细审查它的特征的习惯；看透它的灵魂的习惯；杰出人士说"是"！建筑说"不"！

对我们的眼睛来说，杰出人士从民主的意义上来说毫无建设性。更有甚者：因为他在民主的角度看来是混杂的，而在封建的角度看来却是极有效用的，所以他是保守的。他精神力量的产出在每一个场合给自由通畅的思想设置了障碍、阻碍物，给前进设置了威胁，拖延了自由人的进化。他的努力使我们的思想静止，稳定他的贵族地位（婆罗门等级）。这种表达方式也是（建筑也是一种陈述方式，不是么？所有的活动都是陈述方式；所有可见的东西都是陈述方式，不是么？）会在不经意的人的头脑之前，甚至是有教养的观测者之前放置一个权力的象征——一个虚假的幻影，大众无法把这个魂魄驱赶掉，如果他这样，因为他缺乏关于人的力量的运用、滥用和忽视。他对民主主义的认知是这样缺少，以至于他以感情化的方式谈论善与恶，不知道两者都存在于人选择的力量中。

现在，我们说这些杰出人士是应该受到谴责的——我们的想法已被详细、逐字地证明，因为他们允许他们的文科与技术教育以文化为名僵化他们，而不是通过加强力量促进他的成长，形成健全和健康、有远见的民主活动和真正的话语。

我向你展示的这些建筑使得那些肤浅地看待建筑的头脑固化，使它们默认接受这些。通过他们的存在，这些建筑非常积极地，使我们关于人的力量与成就的美好理念逐渐消解。

我们看到了这些建筑是什么样，以及他们的目的，因为真理是赤裸的。正是面纱、装饰物和外衣经常向轻信的人与粗心的人隐瞒了形式与特征。我们义不容辞的任务是把杰出人士身上这些表面的圈套，这些文化的诱惑与谄媚移去，这样，当去除这些圈套时，向大众展示建筑与这些杰出人士之间的惊人相似。

"你认为这个方式有内在的破坏性，其效果和企图颇具颠覆性"你问，"谁来取代我们的杰出人士？"

不，除了从上述建设意义上来说，这不是破坏性的。至于毁坏偶像——我不需要金玉其中，败絮其外的偶像。你关于那些预备取代我们的杰出人士的质询确实是中肯的——这涉及了我们论题的核心。这是我跟你花了这么多时间，我还打算花费更多时间的唯一原因。我们不仅必须看、听和解释事物和思想的面貌，我们应该描述有勇气、有创造性和有益的东西。

106

如果我们找到了由虚弱和有力表面上混合不可分割的实体；如果我们发现这是恶与善的令人困惑的混合物——我们必须这样揭露人的力量本性、他利用力量的方式、滥用它们的方式、未能认识到力量全部本质，个人职责和义务将会作为启示和启发清晰而鲜明地展现在我们眼前。

的确，民主哲学家的任务正是拓宽考察的范围，正如我们的考察范围，直到所有的杰出人士、所有的活动都囊括于它的范围中。他将功能与形式这个通用的法则应用到全部的社会表现形式中，他将辨别出社会活动的形式，将这样的形式追溯到它们明确的人类思想原型。别人不能向我这样的人隐瞒他们心底的思想，因为思想铭刻于行为之中。他必须也寻找思想、底层的梦想，注意制度、文明社会如何依赖它作为基础——不管上层建筑怎样地引人注目。简而言之，他必须寻找人。他必须找到人的秘密思想的隐秘避难所、他的根本力量，向人自己揭示出自己及其性质。这个还从来没成功过。这是伟大而紧迫的任务。当前关于民主思想是这样的含糊不清，当前关于人的力量的观念是这样松散，以至于将要澄清与定义，解释、创造与声明民主自身美好形象的人将会成为时代人物。世界正在期盼这样一个人，正如期盼弥赛亚——后代的世界：不稳固的、飘动的、梦想的、无言的；一个半盲的世界，一个心神不定的、隐隐作痛的世界，经受着灵魂缺乏一个单一的、辉煌的思想的痛苦。他们视为一个新的灿烂的明星，在长久的封建主义的夜晚之后，安静的地平线上升起，他们的心灵将会转向这一思想。

这样的人必须既有想法又有同情心；在他的灵魂中必须居住着工人、调查员、思考者、梦想家与预言家的力量；居住着艺术家、哲学家、形而上学者的力量——所有这些浓缩起来，组织并推进即将出现的伟大诗人的话语。

这样的才是真正的杰出人士。

这样的才是激情的巨大的力量！

现在我们在这里，到达了岔路口。因为我们现在知道并看到我们自己的道路。并且我们必须坚持我们曾经的理论，这仍将是我们的选择：那条路指向一个中途的目标；即使民主令人迷醉的奇景就近在眼前。

我们的道路将是崎岖的，令人生畏。但是我们将坚持到底。

33. 我们的城市

　　—我的预言者和哲学家，你不认为，在这个卓著的杰出人士的城市里，在这个建筑群中，去除了曾经属于荷兰人的曼哈顿岛的影像，我们拥有了这个国家的建筑的范本？

　　—我们没有这类东西；我们有纽约的范本；纽约不是这个国家。从物质角度来说，确实可以代表国家，但是从精神上说，纽约是在郊区。只是自成一格的一个边疆城镇。

　　当前的我们称为生活的潮流的（建筑）装饰，这是多么古怪啊。他们生活在哪都很奇怪，但在这里叫作混乱的漩涡：破坏和淹没的漩涡；只收入其中而不放出来；一股潮流，不断越来越疯狂，朝向那个淹没掉身体与灵魂的漩涡——金色的自私的龙卷风。在这里，金钱就是上帝，上帝就是金钱；一个金币的神，标准的优质的神；一个形状为圆形、尺度小小的神；一个圆板，任何人都可以将它作为护身符，只要他的心清除掉其他所有的东西——仅效忠于此。

　　在过去的日子里，偶尔有一两个时期我们称为金色的时代。但是这里是一个现代的例子，无法超越——一个金子的时代！一个极度注意力集中的时代，这个时代再一次大喊着：洪水在我们身后！一个时代，一个地方，再一次大喊：我是国家！不会奇怪它的建筑也会回应这种虚浮的自夸。

　　这真的是一个值得研究的建筑；因为地球上的任何地方不存在与它相似的建筑。这是时代的产物，地区的产物，人的产物；时代、地区、人与建筑都是相似的。在这个岛的一端，或另一端，或中间，都是相同的东西。"万变不离其宗"。野蛮的种类，特立独行的类型，无知，庸俗，学术，文化，锱铢必较的建筑，盲人的建筑，聋子的建筑，瘸子的建筑，每一个都发出它自己特有的咆哮的声音，一起膨胀、摇摆、盘旋进入巨大的单调的荒芜、无情之中，进入难以置信的沉闷平庸中，在模糊不清的无能与压抑的低语之上咆哮。因为，这里，艺术被折磨、被扭曲、被窒息、被撕裂、被鞭打、被削弱、被猛击：可怜的艺术！因为艺术在这里很快被饿死，渴死。金币在这里的人心中，以疯狂的涌动填充着动脉、毛细管、静脉。

　　这里真的有一个需要研究的建筑！因为街道的呐喊没有沿街建筑的呐喊声大——一群吵闹的人，一英里接一英里地排列下去，紧紧地挤压着，并肩接踵，斜视着过路人，向他们嚷叫，或者向他们假笑、眨眼、笑——世界最大的怪物展中最离奇的一群，一个特别的集合体。这些乱七八糟的一群怎能不令人心里难受，在这样的名声中它怎能不彻底地羞愧难当，哦，多么悲哀啊！令人乏味的悲观！

想想下一代，他们将会认识到这种不良影响的全部本质，他们的上一代将这种影响施加给他们，上代人说：洪水在我们之后！这无疑是眼泪与苦楚的洪水，这将是对上一代曼哈顿人的鄙视。他们将一起咒骂杰出人士和奸诈之徒，因为他们找不到合理的托词来区别他们的作品。哦，多么可怜！多么可怜！多么可怜！当高尚的艺术这样唾手可及！哦，多可怜；所有这一切多可怜！所有这一切无比的可怜！可怕的荒芜中的这一切！

——但是你没有详细说明，亲爱的大师！

——我为什么应该详细说明？你的眼睛被蒙上了么？你的耳朵被堵住了么？你忘记你在乡下可爱的一周了么，你没有留意自然的那种慷慨、多产、纯洁与力量与真实的、活的事物做伴？美、灵活与平静？你忘记了那场风暴么？你不再镇静了么？你抛弃了你心灵的向往了么？我将表达倾泻于空虚之上了么？我失败地将你引向荒野了么？我给你看了一眼乐土成为徒劳么：我真诚相信的乐土？你竟让我详细说明！把我的话当作雨水坑，而不是我认为的河流；或者你把我的话当作沙子，而不是我认为的富饶的花园！年轻人，你的想象力哪儿去了，你的眼睛哪儿去了，你的思想哪儿去了！

必须详细说明么？我向你指出这个法国城堡，坐落于这条街的角落的布洛瓦城堡（Château de Blois），在这里，在纽约，你竟然还不笑！你必须等到你看到一个现代人来到门外，在你面前笑么？你没有幽默感与悲悯感么？那么我必须向你解释：从物质上说住在这个房子里的人，他不能在道义上、智力上或精神上住在里面，这样的话他和他的房子就会是自相矛盾的么？这样当他相信他的城堡是真实的，那么他自己就是一个幻觉。我们必须再次从头开始么？这"城堡"是一支谐趣曲——而他是另一支谐趣曲，这对除了那个人和他那一类人以外所有的人来说，不是不言而喻的么？仅仅在法国，城堡和这类才能相互匹配？

我必须向你展示另一个与这个时期或那个时期相似的古董，以及那个时期，这样和那样的"风格"么！呸！这个词令我恶心！那个人没有能力么？你不是个聪明的年轻人么？你不能解释么？你不能归纳么？为了让你满意，我必须带你看另一个所谓的"办公楼"，看一个语无伦次、自艾自怨的小丑么？它偶然地把一个不合语法的表达摞在另一个之上，直到大量的不协调在高度上达到愚蠢的极限，在希腊神庙（风格）中达到了顶点？这甚至是比城堡更严重的语法错误吧？

我必须向你展示另一个图书馆，或一个法院大楼，或一个银行：带着它微不足道的古典主义，它糟糕的华美，它的精巧，它永久的误解，它象征毫

108

无价值的装饰，它简单粗暴的无知？

我们真必须从头开始么？我必须说到理性思考的力量么——你在这里找到这样的思想了么？我必须再次谈到想象力、创造奇迹的人么——你在这里找到想象力了么？我没有让现实给你留下印象，而在这座城市里除了心理暗示的现实感，你能找到其他的真实么？我没有向你讲述价值么，在这些财富中你找到价值或找到贫困了么？我没有涉及成长与衰败么——这里在实体成长中你不能辨别出精神的衰弱么？我没有告诉你每一座建筑是一个屏幕，在屏幕之后是一个人，在那个人之后是另外一些人，在他们之后是其他人？

我没有让你亲眼看到关于一些自然有机的秩序的事情么？我们在这里找到的什么，或喧闹的混乱？我没有谈到霉素和酵母么——这里有霉素或

109 酵母么？

这就是这个人口稠密的岛，带着它的巨大的、炫耀也蔓延着的物质财富，对一个重视心智平衡的人来说，这是一个贫困的东西或破烂货。它代表了对民主的彻底否定；取消了最好、最高尚的、与心灵中、思想中、精神上持久的东西；宣告了无价值的、生命价值短暂的东西。这个岛就是这样。不要让它的恶劣影响传播开去！

——无论如何，这个蓬勃发展的城市对自己非常满意，非常得意；它不是在换毛——这一点是确定无疑的。

——是的，它不是！它的羽毛到处都是；它们是明亮的、干净的、华而不实的。但是声音却是金刚鹦鹉的声音！

——告诉我：你为什么带我到这里？我以前听过这些。

——为了以更全面的方式向你展示我所说的歪曲力量的含义。为了向你展示作为一个景象、一出戏剧，积累起来的选择的力量：误入歧途的巨大能量。为了向你展示一座城市的人如何整体地表现自己。

注：图 8 被选为一个恰当的图例，而不是特定的图例。

34. 另一个城市

—我的博士，我们要对这个扁平的污痕说些什么呢，没完没了的街道和棚屋，大的与小的，模糊如烟雾的海洋？它离纽约有一千英里。这是美国文明社会的典型、我们艺术的代表么？这是一个真实的民主的代表者么？你向我讲述思想——这里有思想么？你对我谈到想象力——想象力在这里么？空气中的尘污和脚下的污泥，或鼻孔中的灰尘、是启迪的代表么；或者这么说，芝加哥是独特的？纽约令你厌恶，但是这个芝加哥却令我极端厌恶。如果没有道德上的清洁，至少有物质上的清洁，如果没有内在的欢乐，至少是外在的欢乐。但是这个风景明媚的大草原上的污点，这个大自然美丽面貌上的污斑！为什么你又带我来到这里？我做了什么得到这样的惩罚？我原以为任何可以离开这里的人都不会待在这里，这是很容易理解的；这不是适宜文明的人类居住的地方。我们在这里做什么？

—我们来这里因为我想要向你展示与纽约相反的极致；因为我想要向你展示极端，这样，同样的，可以在你心中留下不可磨灭的印象。因为这些极端的研究会让我们牢记某些明确的心理界限。

芝加哥真的很独特。70年前，它是一个小镇——今天它充斥着居民。

它是冷淡之城。没有人关心。它名义上的口号，是"我将会"——它的实质，是"我将不"；它带有这样的签名："不求物美，只求价廉"！心灵与头脑的贫困在这里联合起来。他们似乎为这种联合自鸣得意。

这是差别悬殊的城市。将你的眼睛转向华美的、灿烂的、广阔的水平展开的密歇根湖，然后转向它岸边的这个丑陋的恐怖的东西。星期天，如果风从湖上吹来，就会看到一幅大自然带给人们的清澈、美丽的景象。星期一早上，看，人怎样用他的精神表现与道德黑暗污染空气。

我带你到这里，再次向你展示，以特有的令人信服的方式向你展示，一个城市仅是它的居民特性的物质反映。一个城市，相应的，只是一个屏幕；在这个屏幕之后是男人、女人与孩子，他们决定了城市，忍受城市，他们的思想就是这个城市。城市是他们的映像，他们的物质化。"在每个建筑的屏幕后面是一个人"，这是对"这"一原则重要的放大。这种模式在主观与客观上都是基本的——永远是真实的。

倘若这个城市在孤单的黑暗中沉落，这是有理由的；这些原因清晰而合乎逻辑，与我们关于民主的核心概念相联系，如我坚持告诫你的，这意味着个体的迫切的职责；不是对强迫的回应，而是对内在激励的回应，正直与骄傲导致了自尊与自我控制。

如果，当你沮丧地彷徨，探究这巨大的污染，你会发现城市的清洁、骄傲与自尊，以及创造性自我管理的能力都不存在，你会明确的发现这是因为清洁、自尊与骄傲，对创造性的自我管理的渴望都不存在于个人的心中——所谓普通人的心中。如果你在每个地方都能充分地找到冷漠的物质表现，这就表明了普遍的精神冷漠。我曾多次警告你每个物质上的现象都会有一个物质上的原因，你来看看原因也是可见的。你能想象这里的人是按照上帝的形象创造的么，他污染了上帝赋予他的东西——他甚至污染了他自己？这不是民主，年轻人，这是现代美国的人道主义。这不是文明社会，这是凯列班！[1]

这里当然有图书馆和大学，学院和艺术画廊；但是所谓的书本都只不过是蠢物，所谓的教育只不过是彻头彻尾的虚伪，所谓的艺术只不过是诅咒——它们不是触摸心灵而是驱使它去行动。

这里的领导者在做什么？杰出人士在做什么，有教养、有学者风度的人在做什么？他们在想些什么？他们的标准是什么——如果他们有标准的话？他们在做的仅是乌合之众的所作所为，也就是说一事无成：没有看到物质上切实的、有说服力的伟大埋想。然而，大湖和大草原，象征着骄傲、丰饶、力量与高尚，环绕包围了这个城市，正如失望的母亲抱着弱智的孩子。这个空虚的城市，沉闷的物质主义，在光辉中沉思而忧郁，展现了与其历史不相称的景象：人精神极度贫乏。这就是大城市的梦想。

这里有一个酵母，那就是"我会！"（这里有其他很多酵素），但是这是，111 啊，现在是这样小的酵母——它仍然可能使大量的事物发酵——谁知道，谁知道呢？有一个小小的想法，非常小的思想；一个小小的，非常小的想象——一点点的无私，只有一点点。这些种子可能发芽：谁知道呢？这些物质主义的腐殖质可能已经创造了肥沃的土壤：谁知道呢？玫瑰从腐烂的事物中生长，偶尔它会在热情的美的喷发中绽放。但是你会说玫瑰只在纯净的空气中绽放，在阳光中绽放——是这样的；烟尘与黑暗可能会使这些秧苗窒息，或者它们可能被不经意地践踏于足下——也会这样；这都是真的！"我将"的声音是微弱的。

对能够衡量价值的人来说，比起普遍意义上的建筑艺术，"芝加哥"案例不是没有希望的；它不是一点点地更加贫困，不管是在精神上，还是在不成熟的物质上来说；不再无精打采，不再阴沉，不再可怜；如果我们能够对建筑抱有希望，如我们做的这样，为什么我们不能也对芝加哥抱有希望呢？因为至少芝加哥还有年轻人，哪里有年轻人哪里就总会有希望——哪里有希望，我们就在哪里坚持住。它的罪恶与年轻人的弊病是严重的与令人厌恶的，几

1　Caliban，凯列班，莎士比亚剧《暴风雨》中半人半兽形怪物，比喻丑恶而残忍的人。——中译者注

乎是致命的；但是在它短暂生命的灰烬中仍有火星。命运或许可能再次为它供养使它们变成民主火焰的光芒。这是一个机会——仅仅是一个机会——但是年轻人在这里；巨大的潜在力量在这里。临界的转变近在咫尺——我们将看到我们应看到的——我们将很快就会看到。

　　"芝加哥"案例不是"纽约"案例，不依据纽约来评判芝加哥；没有普遍的比较标准——纽约是陈旧的——它的罪恶是固定的，毁灭已来到。芝加哥是年轻的，笨拙的，愚蠢的，它的建筑罪恶是不稳固的，如果它愿意：它可以将自己推到，在一代的时间里重建自己，它会这样做的；他已经完成了并且能够在情绪好的时候做更伟大的事情。没有新的纽约，但是可能有新的芝加哥。当你面临沉闷的黑暗，这看上去似乎是一个捕风捉影的梦；也许它是这样的——谁知道呢？如果有梦想，则必然有做梦的人来梦见它们——没有做梦的人来梦想就不会有伟大！这仍然可能是一个愚蠢的梦；也可能是一个无与伦比的湖，强壮、宁静、可爱的大草原的梦——谁知道呢？即使要短暂地去做这样的梦，一个人也必须乐观向上。然而，湖在那里，等待着，在它全部的光辉中；天空在那上面，等待着，在它永恒的美中；大草原，永远富饶的大草原在等待着。它们，这三者的全部，作为三位一体，在梦想着——某个先知的梦：我明白：正如大城市梦想它的肮脏的反省的梦。一个注视这一切的人，有着美丽的心灵，年轻的精神，可能会偶然梦想一下他们自己的梦——谁知道呢？这里也许有未知的做梦人！

　　由此，我们在推进这吸引人的民主研究。由此，慢慢转向我们主题的重要轴向，我们越来越完全地进入到我们的太阳的光辉中：我们艺术的辉煌灿烂、给予生命的太阳——有抱负的民主的艺术！那么让我们上路吧；因为我们的太阳升到更高了。让我们抓紧时间；以免它在我们了解到它的光线的辉煌与重要之前便落山了，我们会再次沉入到模糊与阴暗中，我们就是从那里来的。对纽约就说这么多。对芝加哥就说这么多了。

35．一个调查

　　一然而，我的孩子，即使芝加哥与纽约站在我们文明社会相对的两极位置——或者，如果严格地说，他们不是两极，而也许是两个节点，或者至少是点——对其中之一或两者都进行沉思也无法告诉我们，我们正在寻找的美国的现实是什么，或者美国文明社会到底要漂流到哪里。在研究中，我们最多只能边界有一定的程度的理解，对我们文明古怪特性最极端的边界的一点了解。如果我们希望定位真正的重心，我们必须探寻其他。因为伟大的城市是伟大的战场，它们不是伟大的农场。伟大的思想可能走向伟大的城市，但是一般来说，它们不是在伟大的城市中出生并成长。在一个伟大的思想、纯朴的思想、高明的思想的形成过程中，孤单是先决条件；因为这样的思想需要沉思的哺育与强化。在宁静中，在沉寂中，它与自然独处，自然与它进行无声的影响与渴望地交互，思想便成长了：它成长因为它没有受到干扰——正如土壤中的麦粒成长因为它没有受到干扰。没有比这更深刻的精神法则了；将要塑造一个文明的思想进入孤单的状态，在其中得到营养而孕育成长。所有伟大的思想，伟大的计划，伟大的推动力都是在露天中诞生的，接近自然，全部默默地在自然的怀抱中得到呵护。在其全部的成长期间中，伟大是不知名的，未知的，也许是被轻视的，世界的命运正在它们之中。某时它们形成显现了出来，进入生活的斗争中；出于本能，它们在寻找激烈的战场。因此，伟大的城市即伟大的战场，在那，强大的心灵聚集在一起，在雄心勃勃地激烈碰撞着。这样，高明的思想保存下来，引发了巨大力量的风暴，这场风暴将席卷我们：或者，如同幽静的深山湖泊，它可能反映了无限的精神深沉平静，一个路旁经过的人可能看到平和的灵魂拥有怎样宁静的力量——他会把这个信息带给他的人民。

　　大城市培育了困惑、噪声、喧闹、骚动、混乱与烦恼、拥挤、磨损、撕破、精神与物质活动程度最剧烈的。

　　广阔而开放的乡间与美妙的户外培育了它的思想、心灵，因为它给城市带来了小麦、树、雨、河流与湖泊、山脉与平原及森林、它的四季的光辉、夜晚与白昼的诗篇、天空的宽阔、大地的宁静。

　　因此我们需要知道我们的价值；因为伟大的默然将至的文明社会、伟大的默然将近的艺术悬于我们视野的公正与平静的平衡之上。我们对它们的综合正在进行之中；我们开始建造。并且，为了很好地建造，我们必须知道我们的基础、我们的边界与我们的局限性；我们必须知道什么在我们的边界外，正如我们必须知道边界内是什么以及将会包括什么。我们的基础必须非常深厚，安全地砌筑起来，这样那些我们的后人可以在那之上毫不顾虑地，最重要的是，不加责备地进行建造，正如他们在白昼明朗的光线中竖立起我们梦想大厦的上层建筑，一直建造到清澈的美的高度。

—那么你的意思是说，非常伟大的思想不可能起源于城市？

113

—我没有这么武断地说，因为这将推翻我自己的论点；此外，武断是愚蠢的、不切实际的；但是我认为这样的可能性非常小。然而，伟大的思想会在任何地方发现它的孤单，城市或乡村，正如它会在任何地方，即使是在沙漠之中，发现它的大量同类一样。然而我牢记骆驼与针眼的寓言。

—但是，那么，为什么你把特别的重点放在开阔的乡间呢？我喜爱乡间，我可能会更进一步，说我热爱乡间——但是我并不非常了解它，事实上，我几乎完全不了解它，除了我以我无助地方式所告诉你的。当然，我已经看到了，但是我没有从你的双眼那样的视角来看待它。然而我含糊地、渴望地感觉到了，你的意思！你的意思是城市是比起乡村来说是一个小事物。可以说，城市是室内的，乡村是强大的户外。我们为了活动与竞争而走向城市，为了力量与活力走向乡村——我想你的意思是说大自然。乡村，也就是户外，是力量的主要源泉；城市，也就是竞技场，力量在其中为了好的或不好的事物而消耗掉了；或者更宽泛地说，自然是心灵与精神全部力量的真正的源泉，同样的，也是伟大城市的力量的源泉。

—你说得非常好。

—我也注意到，我们的人民，普遍地有几分对户外的感情，否则，为什么人们对高尔夫和乡间俱乐部怀有热爱，每年人们涌向公园、湖泊与树林，涌向海滨与山脉呢？

—这是本能的，这表明我们不总是由消化不良的城市与令人疲倦的忧郁所构成的国家。这部分出于我们对于人自我保护的半自觉的需要；部分出于梦境的微弱骚动，在梦中，我们梦见吞噬掉粗心与不幸的事物。看上去我们需要大自然的震动来唤醒我们对她的慷慨和重生力量的重视；但并非如此，这块大陆真正安详、平静、祥和、难得的美，是在奔波中的人们伴随或将会伴随而生的一个尚未被世界认识的一个象征，一个征兆，一种力量。这可能是一个早产的预言，但是我现在对你说这一点：这里，在我们所在的土地上，将要发生历史上最伟大的有创造力的艺术家的竞争；在各种职业中创造性思维的竞争；我以土地、水、空气与民主精神为它证明，民主精神已经与它们紧密配合，并将完全与它们紧密配合。民主，以及平静的大陆的开放，将会带来一个卓越的种族；这一种族中的杰出人士、思想家、诗人与艺术家，将要轮流展现他们的作品，这些作品是民主的渴望与这块大陆的迫切需求与这些重要人士以及大陆的人民交流的结果。而且我期待，我非常渴望来建造。

　　研究美国面貌与趋向的人把他的视野局限在少数城市的狭窄领域，这样的人处于得到更加绝望的悲观主义结论的危险之中。他将建立起关于美国的潜力、本能、趋向与渴望的艺术哲学，这个人因此必须双倍地确定部分与局部的事实不能动摇他，但他的视野将如大地一般广阔而全面——比他的人民的层次要深入。如果我们的视野没有比现在的角度更加高远，或者如果这样的角度将作为最后的结论，这项研究将不能与时代相称，因为它将以否定或无效告终。但是这不是我的观点，从来不是我的观点。我心中对伟大的自主美国人民怀有深深的尊敬，对美国思维无穷无尽的活动与想象力的适应性怀有深深的尊敬，对美国人心灵中的情感财富，对美国大陆的无穷无尽的能力怀有深深的尊敬，在大自然微妙的进程中，这种能量慢慢地渗透到了美国人的心灵、思想与精神中。以不那么广阔的视角、不那么具有活力的眼光观察我们的土地与人民，这意味着我正在向你详细说明的艺术哲学将停留于没有土地与人民的广阔重要的基础之上。我正向你揭示比世界迄今所知的还要简单深刻的艺术哲学，因为，通过我对我的土地、人民、民主与上帝的热爱，我已经获得了这样做所需的洞察力和力量。我的结论不在城市的喧闹之中，或爱絮絮叨叨的哲学研究之中，或图书馆，或学校中，而是在宽广的户外，在大自然无限的平静中，在孤单中，沉思的灵魂平静如黎明般安静，反映了无限的自我沉思。与书本相比，我与树木的联系更加密切，我与广阔的天空、广阔的大海、与覆盖雪的山脉辽阔的平原和大草原、与河流和湖泊和小水池、与初升时、当空时、庄严落时下的太阳、与一切无限甜美而悲哀的月亮互致问候，我已如深情的情人一般通过它们美丽的节奏追随季节的变化，我已经了解星光璀璨夜晚的孤独和明亮白昼的灿烂。我已与神秘、我们称之为人的创造物在一起，体会他全部的复杂心灵、思维与灵魂。从这些沉思中慢慢形成我们时代与我们土地的启示、为人民且由人民创造的艺术概念，这就是我告诉你我现在正在从事的事情。它的基础对于教授或"文明"的人来说，过分简单，过分自然，过分真挚，过分坦率，以致变得不能被人理解、领会，或认同。为了它的传播，我需要有像你这样的思维与本性，这样的思维与本性还没有完全世故、造作与迟钝。

　　这样的思维在美国人民中大量存在；尤其是在正在成长的一代人中。一旦为他们毁掉巨大的封建主义，战场被清理干净，为他们树立起个人精神自由的理想，并与个人职责和义务相联系，他们就会成长、长成、变得快乐，正如上帝的旨意一般，他们的土地与他们的人民会成为更好更快乐的，因为它们会得到平静与和平。

　　因此，让我们的哲学轨迹根据我们的土地与人民吸引人的、深刻持久的力量来塑造它自己吧——不要在意小小的偏差。因为命运正在这里形成巨大

114

的力量，智慧正在记录、留意着这一点。

在大自然无限的朴素中，在她未来中，在她宁静而无穷无尽的力量中，在她敏锐的变化中，在她的平静深处，在她不可思议的神力中，在她杰出作品——人，自然曾向人展示其宁静的深度中，人可能表示出对无边的孤单的向往——充满了无言的、生活的孤单——在这些中再生情感的小种子慢慢发芽，将自己向上推，进入我们称为思想的氛围中。我的哲学就是这样从沉默的地方发芽、推进与成长的，变成完整的演说——因此我会让它经过你思想中成长的季节，成为思想的优美而健壮的大树，将它的叶子伸向正午的太阳，平静地忍耐你生命跨度中的严冬与黑夜，从那时以后，一代接一代地与人们在一起。

因此在我们论题详尽的细节中，当我们在整合取得进步中，芝加哥与纽约在我们的视野中变成带来纷乱的影响的不和谐音，通过有机的调节，使之达到基本和谐，包括人民与土地的赞美诗。因为我们的基调是这样深刻，是普遍推动了土地、人民与世界力量的渴望——民主。

为了做到这一点，为了使我们的论题以这样的方式详述，我们将与朴素、自然与人类相联系；一边不断地接近人，一边不断接近精神；我非常热爱的户外以及我更加热爱的户外精神相平行；在心中牢记人的尊严，这种尊严可与自我职责相匹配，自我管理是成年的标志：这就是我们的任务。为了完成任务，我们将不再埋头故纸堆，而要更加关注路边最普通的野草，或近旁孩子的微笑，或永远闪耀在宁静夜空深处的星星。

因此，纽约和芝加哥代表民主的早产，每一方都以自己方式而独具特色，我称它们为相对的两极或节点，体现出堕落的特定阶段，折磨着我们的土地与人民，我们只能重新夺得视野的平衡，转向普遍的乡村与普遍的人民。顺便，我想说，我不想忽视或贬低那些城市中的健全道德、精神与情感力量，这些力量推动了正义。非但不是这样，我高兴地承认它们并希望有一天它们可以获胜。但是我的确说，现在它们不是那些城市的特征，目前力量的平衡与它们正相反。

这样的再生力量确实存在于这些城市中，因此我将对土地与人民中正在发展起来的力量进行分类，它们与那些土地与人民有更为紧密的联系。

这不会有助于我们研究其他大的和小的城市——因为，非常奇怪的是，它们缺少对特征的定义，未能在我的研究范畴中成为典型，因此对我们来说没有用。最初精力充沛的波士顿的清教徒主义、巴尔的摩的天主教、费城的贵格会、新奥尔良及其他南方城市保留奴隶的寡头政治、辛辛那提及其他"河流"城镇的"河流"时代，旧金山的矿业狂热——现在这些从前的力量都在衰落，在这些事例中任何一个都没有明确复原的上升能量通向新的显著特征。转变阶段被异乎寻常地拖延了。我们能够明确的目标是研究当代而不是历史

115

上的美国建筑与文明社会，除非是以消极或中立的观点来看，否则它们仅能为我们提供很少的建议。

如果要挑出两个盛气凌人的现代城市，不论怎样荒芜与不协调，那无疑是芝加哥与纽约。其他的城市或多或少与这两个城市相似，或更接近一些或更多差异，但是绝没有足够的差异成为我们的第三个例子。在我们看来，普遍的乡间与人民接受这些使两座城市具有迥异特征的力量，尽管使两座城市平衡的力量更加强大、更加嘈杂，我们必要花费时间并予以关注——将与很多类似的主题相互交织，并重新展现我们已经研究的主题。但是我现在可以对你说，当这样综合的进步通过苦心经营的多个阶段，它将以我的深刻持久的、对美国人民的信任为基础。

因此，我年轻的朋友，如果提供给我几个更多的太阳，我们将离开禁锢心灵的隔间，这些昏暗隔间被肮脏长久了太久，我们将再次走向户外，进入到精神的户外，来到明亮的蓝天下。

36．秋天的辉煌

—站起来，忠实的朋友！

不要再睡觉了！

太阳已如黎明花园中的美丽的红玫瑰般绽放！

醒来！我说！因为我是雄鸡，为新的一天而报晓！

像浮士德一般，我大喊："新的一天——是新的一天！"但是我的是用大调唱的——我的歌。

醒来！唤醒这令人惊奇的一天的肉体的光辉！因为清晨正在歌唱一首活泼、清爽而愉快的歌，充满，充满了甜蜜的秋天的美与欢乐！哦，听这首歌；听我的歌，迟钝的睡觉的人！

做完了睡眠的梦，来，梦想，与我一起梦想金秋清晨的觉醒的梦！

醒来，我说！醒来！！回应我的歌，我的欢快的小小的清晨回旋歌！来，来；从窗户探出头来，好好的清醒的看看精力充沛的青春与精神爽快的一天！

陈旧而缺油的车轮缺什么——这样沉闷的吱吱作响？

这是我的歌，亲爱的父亲。我唱得不像一只精力充沛的小鸟么？

—你唱得像一只阉鸡，如果这真的是一只鸟的话。

—哦，呸！以这样纠结的情绪对待这样美的清晨！不要让你自己变得酸腐，亲爱的朋友，拓宽，拓宽你的视野，尝试，尝试尽可能赞美我，你这孩子，在这个令人鼓舞与欢乐的日子里。

来，赶紧下来！让我们打破我们快节奏的生活。让我们"把它像陶器一般摔成碎片"！森林醒来了；山脉醒来了；你还沉溺于睡眠中么？与这个秋天辉煌的轻盈、明亮、可爱相比，空虚而断续的梦算得了什么——我的心，隐藏在这个秋天的清晨中！来！来！

—你正在制造最可怕的吵闹声。

—当然！当我最渴望的时候我是最吵闹的！如果你让我等的时间再长一点，我就会爬到那边那棵高高的山毛榉树上去，打倒立，让我自己掉到空中——那么你会感到抱歉——哦，但是当我走了你会感到抱歉。

—你是个糟糕的小毛孩！

—老爹，你说过户外很好；真的很好。我表达不出在这个秋日开启的辉煌中我的心灵是如何的开阔与欢乐。步入充足的空气中，打开灵魂之门，啊，大约就是这样的！当你第一次告诉我不是从书中寻求并发现真正的建筑艺术，而是在户外，我真的认为疯了。这似乎是我听到过的最荒谬的陈述；但是出于对你的尊敬——也就是说，出于谨慎考虑到你尖锐的语调——我没有说什么；对我来说，似乎我还可以等待。但是现在，现在完全不同了。你说的是多么正确啊，理解力在于想象与心灵；没有想象，没有心灵，我们不能领会任何事物，我们不能理解；比起给予，接受是更好的礼物、更好的功能。当我听到你说心灵比头脑更伟大，我再次认为你有点愚蠢，有点错乱，有点过于幻想；我也没说什么，宁愿等待；但是现在，这个秋日到来了揭示了你说的含义，我发现你的学说恰好是我心灵的核心。今天这里的大自然的美是多么宁静，充满了金色、红色、褐色、黄色，充满了无穷的颜色与变化，还有常绿树安闲的语调。去年夏天，大自然以她生命的活力与深邃令我恐惧；它所有的奇迹令我心烦意乱；因为我是孤独的；但是这里，宁静消减了她的韵律，当她庄严而快乐的准备着她长长的冬眠，一切对我来说似乎更容易理解，或者，我也许更加轻易地受到了她的甜美与健康的影响，对它们留下了更温和的印象。因为远离了你曾经向我进行的长期而精细、对我来说太过丰富的演讲，某些伟大而联系紧密的真理现在对我来说正变得显而易见而实际。慢慢地，它们在我心中形成——正如我进入夜晚的景象，对它所知甚少；但是轻轻地触碰，理解开始照亮这些模糊的形式，正如伟大的太阳在今晨升起，给我们周边的这个广阔的景象带来了形式与色彩的光与定义。我的心灵也如此，我相信，为迄今对思想来说模糊而昏暗的真理投注温暖与光亮。夏日结束的韵律是多么不可思议；因为我仅仅把秋天作为夏天的结束，正如春天是她的开始；冬天是她的睡眠。正如你所说的，在我看来是多么真实，主观成为客观，客观及主观的面貌呈现给我。因为它们是龙凤双胞胎，美丽的一对，一样的真实与美丽，都是对创造物理解的必需之物。一切在头脑中这么清晰而透彻，我们像漫步于寒冷而清爽的空气中，带着夏天迷人的离别笑容的最后温暖，带着刚刚开始在脚下聚集了一点的褐色而斑驳的树叶，我们像走过这个繁茂的小树林，树干褶皱，枝叶高高，看上去严肃而温和，一个人几乎说，我们为什么来到这里。到处都是，从起始处便是如此，灿烂湛蓝而无云的天空，偶尔露出下面的山谷与河流的景象，还有对峙着的戴着华美雪冠的山脉，这里是灿烂的，连绵起伏，直到远处，山脉没入轻盈的薄雾中一点点地加深成为紫色。一切都那么安宁，那么寂静，在柔和的阳光下，这样惊人的平静，庄严，安闲。它延伸扩展，征服了我。当我认为这仅是它全部的一小部分，它再次掌控了我，大自然的气氛与旋律是壮观、美丽而宁静的，它越来越靠近我，我的思想如同长了翅膀般地放飞起来，离大地很远，很远，很远。因为这不是冬天的灿烂的预示么？这不是遥远的北方的呼吸么，这不是夏季浪潮力量沉积吗，它不可言喻的衰退，它进入静止的生命，精细平衡地调整着？

118

这不是大自然特别的逻辑语法：那么逻辑可能意味着什么？如果这些不是因果令人激动的说明，那么因果便是两个空洞的词汇。如果这不是旋律，为什么还用这个词？如果这不是和谐，什么是和谐？如果这不是比例，为什么反复而无益地说着比例？如果这不是完全有机的过程，有机这个词有什么含义——它能有什么含义？如果这个极好的景象，这个大自然伟大的四季戏剧的第三幕，没有激发思想，没有唤醒想象，没有柔化鼓舞心灵，那么什么可以创造这些奇迹——书本么？书本能够像它一样深刻么？我间接得到能如我直接接受的那般深刻么——我充分而大量地接受，在脚下，在头顶，围绕四周，伸手可及？一切清晰的靠近我——你所说的精神的开放自由的含义。从此以后，伟大的大自然的开放自由会成为我的神殿，比起罗马或希腊的神殿更美丽而神圣；现在及以后，我将在那里礼拜；在世界上的海洋与陆地的伟大开放自由中，在我自己的土地，我自己的人民中，我的精神会自由的移动，如拂过森林与天空的微风，被阳光与星光照耀着，越过大地与海洋，越过河流与平原。为什么我学校里的傻瓜没有告诉我此类的事情，不停地教导我直到我懂得它的重要性，而是在漫长而令人厌倦的四年中将我填满迂腐的思想！我开始生他们的气，生我自己的气，生这些笨人的气！你看得很清楚在四年结束后我懂得了什么——除了专横的纨绔子弟的习性与人为的矫饰之外什么也没有，这隐藏了对一切根本的无力的忽视。好吧，作无益的后悔没有用处；危害已经构成；我们必须矫正它，如果还没有太迟的话。那时他们令我厌倦够了，他们过分讲究、滑稽的建筑语法概念，主要是试图将不相关的事物放在一起，强迫或欺骗它们不要争吵得太厉害；但是好好地充满爱地看看这里的一棵大树，这将所有的废话打破——那里有语法，还有丰富的句法、逻辑、形式与功能、组织、旋律、比例，最重要的，活力！生命！非凡的有创造力能量的和谐的表达！那里没有争吵！你可以用你全部的钱来打赌，这里这棵　　119
巨大的橡树从没有停止询问，在它的橡树灵魂中，一棵松树如何成长，或者山毛榉，或者山胡桃树。没有，先生！对它的橡树果来说从它萌芽于它跌落的叶子中之时开始；这就是真的，现在它正在衰落变得暗淡，因为松树的叶子仍旧保持着绿色——所以相信松树是更高级的树——正如我知道的一些人会在类似情况下做的那样。如果我错了，纠正我，老师。告诉我你的观点。

　　—不，继续。我愿意聆听！

　　—那么，如果我抓住了你的论题的本质，这表示，我们，从我们的艺术的角度来看，将跟随着大自然的进程、大自然的旋律，因为这些进程、这些旋律是至关重要的、有机的、连贯的、合乎逻辑的，高于所有的书本的逻辑，在因果之间不断的流动。这表明，我们比树要伟大——至少我们认为我们是如此——拥有心灵、想象力、思想以及思想的感应，最重要的，赋有精神的洞察力，我们应该应用那些才能来给予我们的艺术以力量、活力和创造性的美，我们将创造出自然的和谐而不是不和谐。

—说得很好。

—如果一个人，因为天生的原因，或者某种巧合的潜力，被赋予高于他人想象力、思想和技能，他应该在他独特的领域，应用那些天赋，为了美好的事物，而不是不利于他的人民。

—他们不会在大学或建筑学院给你教授之职，如果你谈论这样的异端邪说的话。

—哦，他们会被绞死——

—什么，你的母校也如此么？

—是—的—，——看那里！微风正在轻拂！哦，森林的乐曲！这些大树多么轻柔地摇摆着，晃动着它们的枝叶，金色的树叶落下，两片，三片，每次一打，向下飘动散落，更多的也随之飘落，更多更多的——空中飘满了树叶！不可思议地飘散！像一大群色彩艳丽的鸟，它们在渐强的风中飞走了，落在草地与野草上。现在它们变少了；风便笑了；现在它们又十片、六片、两片的飘落，现在是一片一片的，音乐减息，飘落停止了，一切再次变得沉静、安详而令人满意。

—我想我们最好转回来；我们离旅店有好几英里。啊，风的喘息是秋天来到的第一声呼吸！看树上的树叶变得稀薄得多了，脚下的厚多了；当我们在大自然中费力穿行时，它们为我们两个准备了这样的一块地毯，它们是怎样沙沙作响啊！只要想想大自然慷慨的——耐心。我惊讶于她容忍了人——他们亵渎她、愚弄她。但是这是她宽容的另一个证据——她容忍了人。

那座山要爬很高呢！树木与土地的芳香多么浓郁；如香料一般清爽；每件事物都很清爽，并在变得更清爽；今晚会有刺骨的霜冻，我应该说；太阳下山了；天气变得更加寒冷；让我们走快一点！

看那边的苹果树果园；树枝沉甸甸的，够到了地上；下面落了厚厚一层被风吹掉的果子。负担着果实的苹果树是多么的忠心；果树多么耐心的结果，经过长长的夏季，果子慢慢地、一天一天地、一周一周地、一个月一个月地生长、成熟。为什么人不能仿效这样的无限的耐心与满足，让他的思想随着时间而成熟，挂在他的想象之枝上；这样在收获的季节就会有丰美的果实！看！自冬雪中的无叶之树以来，这仅仅是短短几个月！就有结出苹果的力量。当春天来到，快乐迸发花来——现在我们看到了正在成熟的果实！

啊，我们又回到了旅馆！这对我来说是多么令人高兴的一天啊！清爽而宁静的光辉为我澄清了很多思想。我多么高兴我们来到了这里；因为我的理解力来到了那里，并不会再离开我，我清晰而全面地理解了你所说的精神的开放自由的含义—— 一个思想，水晶般的美丽而宁静，如同这个秋日一般。

37．建筑要素：客观的与主观的（1）——柱和梁

一你可以回忆起，在我关于价值及其客观与主观方面中，我说明了伟大的画家将世界上的某物和他自己的某物转到画布与颜料上；我还说，他将客观变成了主观；因此他转化了物质的事物，赋予它们以新的价值——个人与存在的价值；根据这些力量相应的价值，这种将物质元素转化为感受的力量我们称为天赋、才干、技术等的物质元素。此外我还说，它将成为我们所谓的艺术已被接受的价值的重要组成部分，他们已经完成了一部分表面的工作。我们现在必须更深入，我们必须从过去搜寻，从而展开我们的艺术的元素与基本的起源——独立于时间、时期、时代、风格或时尚的元素与起源。因为，画家很清楚画布、颜料与画笔是什么，我们也很明白我们艺术的客观元素是什么：剩下的，正如我将向你展示的，是添加或注入主观、个性，或种族倾向，由感受、思想、想象力和表达力构成——其中客观的方面，近来这是由技巧方面的技能证明的。

为了很好地理解我们自己，我们必须首先到达简单的基础：然后从这里向上建设。

我们已经看到事物是怎样恶劣地或者简单地编制或改造出来，现在这些事物对我们来说具有广泛的价值。这使我们能够看穿平凡的事物。另外，我们已来到户外，你看到了大自然是多么令人鼓舞，多么富于表情。你感觉到了她存在的激情，在你的心中发现回应。一方面是人的错误；另一方面是大自然创造力永恒的欲望与活力，这两方面现在形成非常显著的对比。

因此让我们开始挑出我们的艺术中那些显而易见的事物，这些事物受到直觉驱动的影响，可以被称为自然；慢慢地认识——发现，正如它展现的——它们为什么是自然的。没有前期调查、总结和理解潜在的元素，而开始艺术表现的建设性研究，或甚至历史纪念物的分析研究，这将是不合理的，会误入歧途。开始通过学术检验和分析其最终的形式来认真研究建筑，正如过去某些时期展示的那样，这是留给我学校、他们的教授及其结合的愚蠢的方法：因为很明显他们哪儿也到不了。

现在让我再次让你记住，让我启发你，你在周边附近看到的每件事物，不管多么近，多么远，多么微小，多么巨大，多么复杂，令人困惑，让人糊涂或使人畏惧，都有一个简单的基础。你在你体内感觉到的全部都有一个简单的基础。过去和现在最伟大的人的最伟大的言辞与作品都有这相同的简单

基础：不论他们知道与否。在最精妙、影响最深远的分析的最后，我们无疑将找到这个并非物质的，而是精神的基础，我们现在不会进行到那么深入。我们现在还没有到达对这个论题的合理的详述，虽然它的形式已经很明显地由推论得出了。

目前对于我们来说，对最简单的物质起源、基础、无掩饰的元素，几乎无定形的元素，至今还没有组织足够的检验。在这些之中，正如我们偶然知道的，最简单的是竖向元素，柱——不管它的偶然的形状或材料。它立于地上，因此它有所支撑；但是它已经立起来了，因为它从支撑地面竖直地升向空中。它是稳定的，因为它有重量与力量。它是平稳的，因为在它自身内部两个伟大的力量平衡着，大自然最简单的基本的旋律，更确切地说，是成长的旋律，渴望的旋律，依靠这些它耸入云间：这推动了我们称之为生命的旋律；另一种是堕落的反旋律，毁灭的反旋律，压入土中的反旋律，倾向于还原为大地元素的死亡的反旋律。

因此，这个柱的形式或实体是最简单的建筑元素。这是平衡的——保持表面的平静。它似乎是巍然高耸的，也似乎被稳定的建造起来：它给我们固定不动的印象，静止的；永恒的。它看上去对我们的视觉来说是简单的，然而它是复杂的；因为它是两个同时存在的力的作用场——向下与向上；然而它又接近于完全简单的物理实践，正如我们将可能到达的：绝对简单，正如形而上学思想中任何绝对事物都是一个形象。我们可能出于图示的目的，已经将我们的柱子预设成为树干或长石或置于地上的大量石头；但是那种观点应用于将要讨论的第二元素——梁——也许可以更有效。柱可以矗立那儿，如同一座功勋碑，如同纪念物，如边界线和引导；然而有了它建筑学艺术真正地开始了。但是当梁进入视野，便成为根本上的新元素，最精妙、奇特而深奥的元素。单调，平置于地上，它是没有功能，没有用的：（它可能成为一个柱子）。它要明确的形成一种功能，必须先存在两个柱子。但是瞬间这根梁（这个潜在的事物），搭在两根柱子之上，连接了它们的功能——快速的！通过可能存在的最精妙的魔法，立刻建筑科学形成了，无疑，不可避免的，正如当两种化学元素结合，新的力量或产品立刻显现。在大自然中，这个现象恰是大灾难或突然死亡的对立面——它是突然而瞬间诞生的！我们在语言中对此没有真正的名字。但是如果你认真思考这个现象，缺乏准确的词汇对这个现象来说并不重要。显然你会发现，因为稍后，我有很多要对你说的，更深入地详述成长与衰退，或生命与死亡这两支伟大的旋律——你可能选择他们的称呼——根据无数源于它们的旋律，人以外以及其自身的旋律。

因此，当梁置于两根柱子之上，建筑便开始存在了，不仅作为科学及实用的艺术，还作为表达的艺术；通过简单、独创地将两种元素结合在一起，建筑师以他伟大创造性作品的原始起点开启了建筑师这一行业的原始起点。

你看到这都是平常而自然的；其中没有直接的物质秘密——然而作为精神表现，它可能是无限深的。你看到建筑是如何自发的产生于自然与人中，它怎样从人的需求和力量中形成：它怎样实现了他的愿望。梁本来在事实与时间上都是不稳定的，无论表面怎样平静，你很了解；其中运转的力是如何复杂，现代科学告诉我们了。在最简单的术语中："静止，平置于地上，柱和梁不能彼此区分"它们的潜力是相同的。（仅当以人力将它们微微的区分时，它们以明显的功能分开了。）然而，当通过人思想与身体的力量将它们竖立起来，适应了人的需要与愿望，都由温和的大地支撑着——在人之内外，新的、原始的形式出现了。[图9]

　　总结：柱和梁，大自然中的元素，相结合形成了我们的艺术简单可见的原型。自然，你可能认为墙比柱子更原始，但是这没有什么大不了的；你可以将墙视为延长了的柱子或将柱子作为缩短了的墙；这并没有什么要紧的。每个的本质是立于地上能够支撑的竖直的体积。

　　重要的是注意在艺术最早的原始开端，个人或人类元素的介入；高度集中注意，依靠富于表现力的思想无穷无尽的力量，怎样从简单的元素——柱和梁——发展出非常美丽的建筑，每个彼此不同，展示充分而生动的浪漫表达、丰富的想象力和引人注目的力量：如亚述、埃及和希腊的建筑——它们每一种的特点如此的明确，而且它们恰恰以同样的基本元素构成。它展现了人类能够做什么，就像移动的全景画，它展示了人类力量的光辉：他的需求的广阔范畴；寓居于他身体内部的结构之中的力量。

　　在《创世纪》中主用地上的尘土创造了人，并且给他的鼻孔中吹起，给予他生命的呼吸；人由此成为活的灵魂。这些人们也一样——亚述人、埃及人、希腊人——同样寓意——用地上的尘土里创造出各种建筑，并且给这些简单的元素，梁与柱，以生命的呼吸，它们由此成为活的艺术，充满了种族的灵魂，充满了那些用尘土建造出伟大建筑的人的精神与特征，正如《创世纪》的创造者用尘土造出了人。 123

　　这些简单的元素，柱和梁，是你的。它们在外在和本质上不属于任何时间、人或种族。去，给由尘土构成的它们注入你的生命，在你的需要与愿望的迫切要求下，它们产生了一个充满活力的灵魂！你生来就有精神的力量；因为上帝，现在依旧，将精神注入尘土，不断的创造人。你生来便是一个充满活力的灵魂！注意，那个灵魂不会在你体内死去。而是会越来越多。我们下一次谈话，我们将更深入的展开要素的研究。

38．建筑要素：客观的与主观的（2）拱

一重新拾起我们的论题：似乎过去的三个伟大的文明社会用柱和梁发展出他们各自特征鲜明的建筑；他们将他们生活经历的拓展融入这两种原始形式及其联合形式的表达，因此他们的建筑得体、精致，甚至是决定性的。

然而，我不知道这是怎样发生的——是否是挖出穴居人的家，屋顶上的石头形成高低不平的横跨物中，或者不是——似乎无疑的是，在过去紫色黄昏的某个时刻，原始的想象力想知道石头能否不彼此支撑而横跨在某物或其他东西上——一个洞穴或其他什么东西。无疑，开始的时候如人自己一样原始。但是，不过是怎样发生的——这尤其不要紧——某人在某时，或其他的一些人在连续的时间中，通过一系列概略的估算，实现了有意识摆放石头想法，使得石头可以横跨在某物上，或其他东西，渐渐的，经过一段时间，这个方法变得精细了，并被定义出来。[图10]

这样形成了拱。由单独的智力构想出作为创造物的拱是很困难的；我无法回忆出创造力达到如此高的实例。对于有思想的心灵来说，拱是一个奇观、奇迹、奇事。但是，它真的形成了；它与我们在一起；并与我们的前辈一起了几千年。这是我们第三个，也是最后一个要素——或者说是我们的基础。

我们不需要停止来讨论拱这么原始这么精巧而又这么迷人的形式的不合理的假想的或空想的原型；但是我在心中非常确定的感受到：拱最初形式的形成时间与柱和梁的时间相当。多少千年或多少万年以前，这三者出现了，我不想冒险猜想。但是当它们形成时，同样的，在人的体验中，也形成了三个物质事实，三个符号，我可以说是三个字母，构成了我们艺术的字母表——最简洁的字母表。我非常希望你对这个简单的事实能留有印象；因为最重要的是你将它的重要性永远记在心中。这是一个三位一体的事实，从简单而未成熟的现象发展出巨大卓越而华丽的建筑艺术。

与柱和梁相比，拱更为微妙，更为复杂，也更为主观，拱当中有更多的人的元素。我们可以将它视为跨越无底洞的巨大成功也可以视之为无底洞中的结晶。它是与命运抗争的形成，命运不断的试图摧毁它。它如此优美的飘浮在空中从一侧的支撑跨到另一侧。对我们来说它永远是我们自己短暂存在时的经典和象征。

在所有结构形式中，拱是最有感情的。创造性想象力所能预想的最大程度的实现，在拱当中蕴含有可能，它承诺将实现它。它的可塑性是无限的，正如

人自己：他可以赋予它最高难、最精巧、最具想象力的用途。它适应每一种需要。在人的手中，它成为人所希望的东西。在它所有的力量中，它其实是非常脆弱的形式，非常优雅，非常轻盈，它必须需要不断的碰触、熟悉自然的神秘的心灵。

罗马人将它作为有用之物驱使了。中国人将它作为有用之物而使用得更优雅。阿拉伯人、波斯人，使用它并说了关于它可爱的话语。他们知道它灵魂的一部分。在拜占庭、罗马风、中世纪，你再次看到它，因为人们需要并理解它。然而，所有这样的应用是地方性、有限的和典型的。同样，我们没有在任何地方看到完全掌握且透彻理解拱。这就是为什么我在努力，甚至更热心地让你记住这个简单的事实——扩展的理论不可估量——出于客观事物的主观可能。简而言之，为了向你澄清美的起源与力量：让你看到它就在功能与形式中。

—这样是丑陋的，不是么？

—自然。

—是否有任何事物不在功能与形式中？

—我还没有发现。

—为什么你没有说关于悬臂的任何事？

—因为这不是基本的。它属于那些次要的结构形式，可以被分类为手法主义。它不是一个事物或其他事物；不是柱、梁或拱，即使以相反或相似的方式奇妙的分担了它们的功能。它可能帮助柱、梁和拱。它的本质是伸出。柱、梁和拱以它们最简单的形式成为原始的元素。悬臂属于词法领域。

—没有悬臂，现代桥梁工程师能做什么？

—这是他的事情。工程师用悬臂做了什么不会改变悬臂的本性，不管其成就怎样精彩。工程师对梁与拱的重大发展也如此。由于他的需要，以及对他的需要的适应，他将原始的悬臂提升到非常重要的位置，但是它的本性仍保持不变。但是我不要跟从工程学的发展，不论这个主题如何的吸引人。我们紧要的任务是处理建筑艺术。因此让我们回到原路。 125

—那么，也许我会插入一句话：如果我理解的正确，那么拱的支撑从本质上说是柱；拱升起于两个支撑之上，形成一个简单的三位一体，从本质来说，它与你已经形象化了的，由两根柱子与一根梁结合形成的"三柱一体"没有差别。

—非常好；但是你推断出什么了？

—我推断出这个：你，以你哲学的、心理的、形而上学的及有些诗意的方式，希望我得出结论，这两个简单的三位一体在它们的本性上来说是非常相似的，以至于它们明显来自同一个功能——跨越。

—非常好。你节约了我的时间。

—我们要进行得更深入么？

—现在不了。时间到了！你可以梦到它。

—我恐怕会：还梦见其他。

39.启发

　　—我做了一次又一次的梦。梦见柱、梁和拱，如你所说的那样；我思考它们的含义，这么微妙，这么丰富。我在沉思中蒸发，又再次于人性中得到浓缩和凝结。人是多么伟大，人的力量是多么丰富多样！他自己在他所创造的建筑中得到了重生！我开始看到并感觉到。一切都非常好——太好了：你将人置于一束新的光亮中——一束温柔而清澈的光亮——一束充满了他自己的庄严、不稳定与愚笨的光亮。我仿佛进入了恍惚中，塞满了来自——我所不知的——思想。这些思想似乎来源于深处，充满了我的双眼。渐渐的，这种状态消失了，然而，留下了久远的印象。我至少知道了"主观"这个词所包含的东西，这是一个像人一样不可估量的词，像宇宙一样无边无际的词。我理解了，我迄今还不可能理解的东西；我最终获得了我可以理解的客观事物的可塑本性。你用所有这些谈话让我理解这两个词的含义，最初，我将这两个词看作是迂腐而技术的。现在，我明白它们是人性的——无限的人性的。领会这两个词意味着抓住了两个伟大的力量。并且它们与功能、形式以及力量这几个词是一致的。你拔去了关住这三个词的塞子，现在它们填满了大地与天空：现在填满了灵魂。我开始理解你关于这些词所说的话。它们怎样带着它们所包含的力量而靠近我们：我们怎样可以使它们充满了新的力量、新的含义，可以怎样重新创造它们。我吃惊地明白了一个词是怎样一个可怕的东西。一个词的力量可以是多么巨大，多么广泛，无论为了善良或邪恶。从这种意义来说，我正开始理解"封建主义"与"民主"这两个词。对于我来说，这个世界开始活着。现在的世界，过去的世界：穿越了空间与时间的伟大的人的世界：他的梦想与行为的世界。一切都变得这样人性——这样热情的人性。它是这样令人振奋，使人消沉：我几乎昏倒，在我的孤独的灵魂中，我看到这个人与他的家乡大地的辽阔的全景。一切都这样人性，彻底的人性，伟大伴随着愚蠢——正如人独自可以成为的那样。因此，对于我来说，人开始活着。在我的梦中，他成为自己。他成为现实。

　　—这对青年人来说非常好。

　　—谢谢你叫醒我。我来这里是来问几个问题，我很快就会开始咆哮，以古怪的口吻说话。据说有时在一个人的生命中，他可以获得一种启示，是这意思吗？

　　—这正是这话的含义。在你的案例中我一直在寻找这样的启示。

——好吧，如果是这样，那么我可以回到现实中，而不遗忘我的梦想？

——它会永远伴随你。你已经再生了。因为启示不是别的，而是我所说的重生这一巨变。

——那么你认为我可以问几个问题，获得几个建议，我非常紧张。

——当然。安静下来，请讲吧。

——那么我开始了：让我从柱子开始；将柱子最基本的形式、它最原始的意义作为基础，它随后形式与意义上的相继变化应归于人的接触或处理，归于劳动者的塑性能力。由此柱子渐渐获得了定义，或者也许我最好说特性，它这样是由于它自身的可塑的特性，因为所有的材料，不管多么难控制，都会屈服于艺术家的意愿。现在为什么客观材料一旦屈服于主观意愿，就立刻呈现出人类的特性？如果不是说材料屈服，而说它赞同了，它显示不出更好的感受，更深的洞察力么；它在等候人的意愿么？这是形而上学的空谈还是考虑到我们艺术以及过去我们艺术的一个重要的基本观念？比起将二者分离孤立，协调艺术家与材料不是更有效的结果么：区别强权和力量的时刻还没有到来么？因为你没有将人作为强权来展示，没有作为力量来展示？我小题大做了么？如果是的话，是我自己的问题，我相信我的论据有凭可据。我看你不会不同意，因此我将继续：什么使人愿意在柱子的最简单的形式中有所改变？这不是为适应某种物质的、智力的、情感的需要么？这种产生他自己的个性与气质的需要与期望不是曾经或现在所有需要中最基础的么：他的双手与头脑的创造应该适合这种需要和期望——他对这一切感到熟悉么？当他看到令自己满意的他自己的创造，恰如上帝看到他的作品而宣布他的作品很优秀一样？不是所有的作品都以这个基本的标准判断么，与"好"这个词的真正的含义无关：仅将它作为对需求得到回应和实践的愿望得到满足而产生的满意！所有这些假设并没有全部依据人的性格气质改变柱子的基本形态？我们将不会从全部结构形式的变化中，对柱子的艺术处理中，从所有那些与特征有关或无关的微妙的变化多样的外形，我们不会从它们中诠释人变化的情绪的记录、他的思想与心灵的不断变换的态度、他对于自然世界、人的世界与他自己内心世界的回应么？如果是这样，我们的艺术经过几个世纪的历史延伸，将它自己转变为不停流动展示着人自己的变化的潮流！从柱子的特征中，我们就能认识到一个种族的特征：从发展成熟的柱子缓慢变化的特征中我们就能认识到发生在一个种族中的心情变化：它的成长，它的成熟，它的衰亡！人在任何时间有过，人在任何时间能够把手放在任何事物，他能将智力聚焦到任何事物上，而不在那个事物上留下他的特征的痕迹么？在现代社会，一个人可以在材料上留下他的思想特征的痕迹，甚至不用他自己的双手接触那种材料，这不是显然的么？虽然他可能丢失掉与材料的真实物理接触，但是他不需要、不必、不应该丢失与它们发生真实的、情感的、智力的、精神的接触，就像孤立的人他将丢失与他人民和时代的接触——与心灵和精神的接触，这不是显然的么？

—比我说的还好！你有热情；青春的热情。对你来说，世界是新的，你开始理解它了。

—掠过这甜美的话语——关于柱子及其形态学，我所说和暗示的不仅仅可以应用到完整尺度的梁和拱，也同样可以应用到甚至更大尺度的基于柱、梁和拱的简单三位一体以及这些简单三位一体的结构和这三位一体结构的形态学么？

—当然是。

—那么如果这样是当然的，我们可以模仿解释人的情绪变化来观察并解释过去与现代的建筑的所有的表现；它们对我们来说是文明社会及文明社会中情绪变化中的特征、事件的证实；据此，那些被我们当代人愚蠢地、相当空洞地称为历史风格（Historic Styles）的建筑体现，可以成为过去的鲜明符号；过去由此变得鲜活——即使我们知道这已经是过去。现在到了我论述的关键所在：不同于过去，我们当代人除了在物质意义上之外，并没有属于我们的当下的建筑，怎么会这样，为什么会这样？从其他任何意义上来说，我们似乎是空虚而无形的——没有形式而空虚，就像《圣经》所说的。对我来说，这是巨大的现代之谜。这意味着衰亡、道德停止、精神堕落么，或者这非凡的物质主义真的意味着新的时代、在巨大的唯物主义自身中的一个精神性的孕育时期么；这个身体真的孕育了它么，这个巨大的物质主义意味着、预言了恐怖的灾难的诞生么？它是否意味着，心灵从理智的束缚中解放出来？它意味着这个么，或者我与期待背道而驰？对我来说，这一切想象一面巨大高耸的墙。我不能看穿它，或者越过它看，或者绕过它看。仿佛我处于茧中，一个由时代的思想做成的茧中。我可以梦到过去，我可以，正如它以前的那样，看到过去并生活在过去，但是我不能看到我周围的时间。我感觉到仿佛我在深渊边缘——我摇摇欲坠。

—你不在深渊的边缘；你在爬向顶峰。你现在足够高，可以看到过去的事情。爬更高点，这样你将看到现在。

—真的是这样么？那么我感觉好多了。

注：这一章被完全重写了，在更早的版本中题目为"关于历史风格"。

40．关于学术

—如果，那些被我们称为历史风格的建筑的历史模式，在过去和现在一样都像我们所认为的，通过材料表现出态度，感情的与精神的内容；如果它们是对于过去生动的记录，是情感状态的备忘录，在它们所在的时代中是积极而有目的的，在它们所处的时代有明确的方向，但是对于今天的我们不再具备这样特殊的品质——我们将对我们时代的那些人说什么呢，那些尝试的人——他们非常努力地尝试，这是毋庸置疑的——复制、模仿或抄袭那些历史纪念物已经消失的情绪表达，在做这件事的时候，相信，或假装相信，这样的粗俗的仿造品是现代建筑的最具价值的目的？

建筑师是，从字面意思来说，根据字典，一个最高等级的工人，或者说那样的人；至少我视作，一个指挥建造与我们关系密切、有用、适时的事物的人；一个用大脑来模仿、推进发展、领导工程、建设计划运转的人，这项工程源于现实的需要，结果是一个对于预定的特殊用途在各方面绝对有组织的建筑；完全符合一个目标。

现在对于简单而无杂质的心灵来说，建筑师的首要作用，使他合法拥有这个称呼的，一定在于他让一座起始，在于从最初的状态开始培育建筑的成长;保护建筑完成。也就是说，建筑师必须首先是一个清晰、有条理的思考者；他必须领会物质与精神事物的智力，这将使他具备开始的力量，并提供情感的刺激和创造性的能量，使建筑师依照物理与社会条件自然、合理而优雅地设计建筑。从这个角度说，这就是一个思考者，这样的人必须是大胆、有控制力、丰富而正确的想象力、有同情心，是一个镇静、经过良好训练、正确、警觉、有洞察力，为更高的社会目标而奋斗的人；没有忽略掉文化因素。

但是这个，对我们来说一个足够简单的概念，在我们发展的这个阶段，并不被当前所接受；尤其不是举止优雅、教育良好、礼数良好的人所接受的观点——不算现在那些新贵、粗俗的富人、傻瓜、"实际"的商人——他是从来不会犯错的。

他们有教养的观点,恰恰,是与我简要阐明的观点截然相反。他们认为——也许没有自觉地表达出来——在我们这个时代的实际生活条件及文明社会中，有的东西是粗俗，或至少是不够优雅的：这存在于未成形的要素中，在其转变的品质与坚定的成长中，在其思想与感受的漩涡中，在动荡、激烈的冲动中，在无休止的发酵与沸腾中。对他们来说，所有这些喧闹与骚乱都是混乱——

129

忘记了世界永远都是如此——他们转而带着诚恳的期望，寻找易于管理的事物，被文明驯化的事物，永久不变的事物，静止不变的事物：带着渴望凝视，他们转向过去的时代，他们生活中的沸腾与咆哮都沉入永恒休憩的平静与静默中。这样的思想，无疑是不成熟的，他们胆小；他们渴望正确的。他们寻求圆滑的和平，而不是成就；是平静，而不是冲突；是已经被解决的问题，而不是将必须解决的困扰的问题。因此，他们转向了安静的复制过去；忘记或忽视了那些独特的看上去那么平静的成就，在他们自己的时代恰恰是冲突的释放，骚动的释放，沸腾的释放，不确定性的释放：在那时也有胆小和过于挑剔的人。

因此，从这种神经衰弱、挑剔、矫揉造作的感觉，或者是倾向，或者是厌恶中，产生了向过去寻找力量的渴望；为了获得支持与拥护，他们挖掘、夸大所有发现的价值，甚至达到将揭示的平常事评价为价值巨大的发现。他们贬低我们时代的巨大力量，他们属于可以称为羞耻的那个阶级。

我绝不会低估一个严肃的思想在任何可能的领域发挥驰骋的认真习惯，我从来不否定伴随着真挚和直率，以有价值的积极明确目标的思想。

但是这不是重点；我们必须仔细区分半诚实与半不诚实；区分认真与轻率，区分力量与弱点，区分勇敢、怯懦或逃避目标。

每个调查领域都是特定的、思维缜密的活动的合理领域，其结果用清晰的、准确而重要的语汇进行表达，就能被坦白的心智所理解。但是当这样一个调查在不确定的要求描述值得怀疑的伪装下进行，其结果以不相关或令人误解的表述下表达，这样的程序便仅仅可被归于自我中心和我要反对的那一类：简而言之，缺乏诚恳。

在过去当中寻求逃避有其诚实与不诚实的方面；一般而言，活在过去及独自品尝其果实的期望可称为学术；但是有教养的人以及诚实或不诚实的学者至今仍没有对此区别对待；区别行窃的学术和勇敢的学术。尤其适用于建筑学的学术。从前这样做无伤大雅；现在，对我们来说，这是邪恶的。

因此我们必须坚决地在我们的艺术中将真正的学术与虚假的学术分离开。

在罗马神庙银行、多立克柱式、大学图书馆建筑中，我们看到了商业化学术惊人的伪善。在这些建筑中，如我试图向你展示的那样，形式与功能不相关的程度达到了可信度的极限。

关于真正学术的发展方向，我已经在我关于"建筑要素"的谈话中给了你线索，并且，根据推理，在其他谈话中也有。简要地说，很明显，学术的结果，千真万确，必须与时代与相关的学者一代人有重要的联系——否则，他便没有功能，没有存在的理由——他就是一个寄生虫。这个观点一方面没有轻视我们现代文明社会极端复杂性；另一方面也没有轻视真正学者工作的深邃特性。

　　另外，因此，根据伟大的试金石，民主，我们有针对现代学术的测试方法，也就是，必须与我们时代与一代人重要而积极的思想有真正的关联。因此，特别的，对我们今天美国人来说，最高、最真实、最有用、最健全的学术，这也是从过去到现在一直起作用的学术；过去这样的学术启发我们，来激励我们，鼓舞我们；强化我们自己的心灵，自己解决问题时使我们面对的紧迫的民主问题，我们面临这些问题，每天非常紧迫地寻求有益的解决方式。如果从广泛的角度来说这是真的，那么在建筑中也是非常真实的。简要地说；我们学过去杰出时代，我们非常真诚地钦佩这些时代，那时人民以其自己的方式来建造。按照这样的要求，当我们请一个建筑师为我们建造一个银行建筑，他给我们一个怪异的罗马神庙仿造物，那么他不是一个学者，他只是一个平庸的骗子！

　　因此，当我们请一位建筑师来建造湖区、原始森林和坚毅的船夫的纪念建筑——他给我们一个多立克柱式，那么他不是一个学者，他是一个造假者！

　　因此，当我们请一位建筑师建造一个二十多层办公楼，他给出一个罗马遗迹的傲慢集合，那么他不是一个学者，而是一个粗俗不堪者。

　　因此，当我们请一位建筑师为一个现代美国大学建造一个图书馆建筑，他给我们希腊建筑做的片段，或猜测希腊人曾经做过的片段，那么他不是一个学者，他是一个没有目标的学究：将他现代人生来就有的权力卖掉换来由古典原色大杂烩构成的虚假学术。

　　简而言之，当我们请一位现代建筑师来坦白地解决问题，这个问题属于迄今尚未解决的一百个直接或独特的现代美国问题中的一个。我们进一步要求它，在解决问题的过程中，让他的解决方案包含最高水平的智慧和受过训练的活跃洞察力所具有的力量（学术的真正成果），但是，他，畏缩，在重要的问题上无所作为，无效地工作，学习那些早已逝去但未被忘却的文明社会的方式，与我们自己独特的需要追随或毫不相关，真心实意地将他的作品称为这样那样的"风格"：这样的人不是学者，他对公众的损害与妨碍，如同对民主与精神幸福成长的损害与妨碍。然而我知道这样一个建筑师，一个杰出的人，会因为仅仅想到释放创造力而微笑、而颤抖。[1] 如果他关于创造力的观念能与他的学术观念同等的话，那么我会对他微笑并"颤抖"。

　　我的孩子，如果这是当今学术的成果，在我们的专业中，没有学术，你最好摆脱它，让它自生自灭吧。这种杂糅与民主的学术含义相差甚远。 131

　　想想吧，青年人！——用心记住：一个建筑师，一个绅士以及一个学者，在他自己的领域在他自己的时代中，在他自己的人民中间，找不到任何伟大、任何鼓舞人心的东西！想想：一个学者在他的眼前本能的创造力在非常多活

1　这个事件的细节在附录 C 中给出了，因为很可能艺术家的特征与解释现状有关，这解释了预兆的意义，以及《启蒙对话录》中反复出现的催促语气。

动领域中释放了自己的能力，独具慧眼地发现创造性动力展示出其成果，使他的国家在智力、道德和物质力量的世界中成为伟大的国家——然而这位"学者"惊恐并颤抖，唯恐这同样重要、精力充沛、创造性的美国思维将探索并找到自由，在它真正情感多变的建筑艺术领域中实践其力量！这就是你和你的前辈就接受的教育。

真正的学术，我的孩子，是健全而美好的。它产生于尊敬与爱，以智慧充实头脑，以温柔盛满心灵。没有人可以窥视过去时日那神秘的深度，当它们以庄严的行列，穿过不断加深的暮色，进入难以穿越的、遗忘的深渊，它们没有被无限的创造性动力的力量和光辉所产生的敬畏、温柔、惊奇与振奋的深刻感受所征服，这种力量自己发展出文明社会浪潮中无数代人的提升与衰退。比如也会趋向于它，我们也如此，这新的一波文明社会的反映，巨大而自负，上涨，慢慢向顶峰膨胀；那种浪潮的动力不是军国主义，不是封建主义，而是民主！

你和我仅仅是上涨的海潮中的微波里最微小的浪花罢了。我们来而又去——没有人知道从何而来，或往何处去——来自大海，化入大海！我们是微小的波浪——一瞬间——我们便消失了！但是我们有灵魂，同样来自鼓起海潮的永无止境的呼吸；波浪在永不停止的鼓动，因为灵魂，我们成为真实。

因此，我的青年人，虽然别人倒下了，你不要摇摆不定。对于真的学术来说，你不可能拥有太多。这不会成为你的负担，不会令你厌倦，也不会使你的思想迟钝，使你的心灵干涸；它给你翅膀，用来飞向精神、头脑平静与心灵永恒的青春！

人类丰富的思想向我们张开：自我：苍穹底下非凡的力量！这是大自然最辉煌而简单的成就：力量中的力量，奇迹中的奇迹！因此你应该以不断增长的尊敬与热爱来看待大自然；因为她是永恒的伟大民族硕果累累的母亲。

由此我们在论题中再进一小步。它们的到来使和谐不断扩大，使我感到惊讶，如同春天，涌入视野。我感到失误。因为我讲演如此缺乏他们的永恒生活的力量，展示了如此稀少的爱的力量。唉，话语是多么微不足道啊！

41. 关于文化

—词语是多么奇异而奇妙。我一直在思考"文化"（culture）这个词。这是一个多么令人迷惑的词。其核心的真正含义是什么？

常常，某个词，通过缺乏想象力的重复使用，变得非常上口，以至于它的重要性变得模糊消失，它丢失了原有的特征使得我们会对其本意的理解迟钝。毫无疑问，例如，"战争"（war）这个词，在和平的延续时期丢失了它可怕的意义。很快，"诗"（poetry）这个词，在平凡的人们中间，与其崇高的本意分离了：你可以很容易看到，它是怎样一点一点从它崇高的地位退化为"押韵"的同义词，或者，最高级的，"作诗"一词——不断跌落，直到最后，在迟钝的人们中间，它成为与隐秘的"责备"相差无几的词。"上帝"这个词经过了何等的变化！它下降到何等的平庸虚假之中，它穿越了何等的物质主义荒野，被遗弃，被遗忘。"艺术"在何等的沼泽中挣扎，它将经常在其中奋力前行。

因此，我们应该知道，词语仅仅有不断被赋予含义才能持续。它们被使用它们的人赋予生命。它们随着思想的扩展而扩展；它们随着它们所代表的美德或力量在一个民族中的衰退而衰退。记住这个：词语是不真实、最虚幻的象征；同时作为一个种族的词语以及单独的词语，然而它们有自己不为人知的生命与故事；因此，我们语言中或任何语言中的每个词语，在任何特定的时间，有其自己独特的健康或衰退的状况。然而，在各种情况下，词语的状况是使用它的全体人的及个人的主观情形的标尺。因此当你听人们谈话，或读一本书，用内心的耳朵来听，用内心的眼睛来看；这样你有时会感到吃惊，有时会沮丧；有时你可能因此而受到启发。

同样，当你转而用这些词语时，确定你有能力来掌握它们——以免你成为无箭之弓——以免成为不会萌发出任何生命的无核种子。首先注意，当你使用短语"创造性艺术"时，你的思想、你全部的存在应该处于饱和状态；当你说到释放创造性动力时，要双倍、三倍地确定你不是一个空壳！上帝知道世界充满了无箭之弓和无核之种。但是在全部这些现在病入膏肓、为人忽视而衰老憔悴的词语中，"文化"这个词对我来说似乎是最可怜的。

不要回忆，我的孩子！——我没有发誓说我会成为你的园丁，而你则是在照耀所有的阳光下的美丽花园么？我没有说，在耕作闲置的土地之后，我将在青春的土壤中播撒很多思想的种子；此外，当它们在黑暗中发芽，在温柔的热切渴望中萌发长大之时，我将用生命之水灌溉小嫩芽么？

　　自然，同样，的确，我没有和你直接或间接地谈"文化"；但是关于刚毅的头脑与心灵我向你说了很多，透彻的视野与不屈不挠的勇气。我试图以全部的坚持使你记住一个唯一又简单的事实，心灵比头脑更伟大、更有价值、更高尚，更美好：心灵是人类神庙中的圣地，而头脑则是神庙的入口。心灵中产生的"同感"是人类最微妙、最敏感的情感，它是照亮我们道路的光芒的孩子，我们称之为想象力。然而此外，关于文化，我对你说得很少：因为你不能掌握真正的文化的含义；你将成为假面舞会人群中的最后一个，被各种伪装感到瞠目结舌。

　　虽然我向你毫不隐瞒、令人厌倦地展示弊病，使你可以更好地了解健康的含义。我单一地向你展示衰退的方面，使你可以更好地掌握成长的健康含义。我让你看到了玩世不恭和悲观主义，我更加确信可以引导你走向稳定的乐观主义道路。我向你展示可恶的贪婪与自私的愚蠢，告诉你它怎样抹杀了灵魂，你最终将无疑能掌握利他主义的智慧，你的灵魂将由此得以生存——至此关于文化，我对你说得很少。

　　我相当详尽的讲述了民主，因为我知道并深深地感受到这个词的含义多么需要在每个人的心灵与头脑中扩展。

　　我试图让你知道你现在的成熟度可以理解的部分事实——过去与现在不断变化的事实：人的事实。人的力量的事实。我一直在帮助你形成人的观念，同时让你自己感受那个词的伟大，当然你的感受也需要扩展，直到它满足了我们紧迫的需求。

　　我教授你大自然的知识，思想的使用和价值；然而我曾经谨慎地使用精致的大自然力量与事实的逻辑来超越人类逻辑。我向你展示了无机的、混杂的、复杂的、纠缠的事物与有机的、单独的、简单的、综合的事物的区别：再次我将你引向大自然，以寻求她的证明。

　　我警告过你词语和短语的缺陷，直接和间接的让你记住：最高的思想不仅仅是无言的，还是必须保持如此。自然，语言有其令人惊奇的作用。

　　我跟你说过感知力的训练；向你担保，身体的感知力是外界世界到达你内心世界的唯一途径；感官有更高和更低的范畴，一个称为物质的，另一个称为精神的——或者客观的和主观的，如果你愿意这样称呼；或者外部的和内心的。

　　我谈到过价值，我不断催促你区分理性或非理性价值。我告诉你所有的价值都是可以严格而准确地以它们所包含的主观或精神力量来衡量的；这向你解释了为什么一个建筑仅仅是一个屏幕，其背后居住着其真正的价值，或大或小——一种人性——平衡中这样的衡量会揭示个性的精神的贫穷或富裕，人性或无情，民主或非民主。然而我很少向你说文化！为什么不说？因为这些东西都是文化的精神和本质！

你会耕作但不播撒种子么？这是文化吗？

当耕作完成，是文化使闲置的土地变成野草和荆棘？

你会在一个年轻人的面前放一本书，对他说：这就是全部？你会向他展示未经理性解释的，完整又复杂，并且不能被他所立即理解的文献么？没有辅助力，这些文献无法通达心灵与智慧？那是文化么？是文化向他隐藏了他与生俱来的力量，如果没有真正轻视那些力量的话——因为你盲目地相信天才并非人？你会向他展示伟大的作品，而不告诉他这些作品是人——他也是人？你敢告诉他这些伟大的作品是我们难以接近的么？你会这样轻视我们所有的人么？你会这样轻视你由于缺乏心灵和头脑而不能理解的全体人类的力量么？

你会限制他的思维，还是会以各种途径寻求拓宽他的思维？你会放大他的感情，还是会压缩它？你会向他表达他自己的时代、他自己的土地、他自己的人民是毫无用处、令人绝望地庸俗与微不足道，还是会告诉他在他的生命中，它们对他来说应该是并将会是最亲近与最珍贵的——它们是他的家？哪种观点代表了文化？

你会非常轻率地试图以你丰富的形象将他塑造成一个循规蹈矩的人、赶时髦的人、夸夸其谈的人、装腔作势的人、投机主义者，还是唤醒他体内无疑存在的创造性思考者——真正多产的劳动者——真实的人？哪种结果会代表文化？

你会告诉一个年轻的建筑师，民主与他的艺术无关，他的艺术也与民主无关：没有人曾经听说过这样奇怪、这样荒谬的主张；或者你会告诉他，真正的民主中存在无穷无尽灵感的财富，这仅仅需要开放的眼睛与开放的头脑来接收它，来解释它，来传达它？哪种过程会代表文化？

你会告诉一个年轻的建筑师，种类繁多或大或小的建筑问题，在今天美国社会的物质和社会条件下，将遇到并解决物质和社会的问题，不是依赖个人、单独的情感、智力和意愿的力量，而是依靠对已逝去的过去的回忆解决的。多么不和谐，多么不能接受！那是文化么？或者你会对他说，正如我现在对你说的：我的孩子，这个世界正在寻找，比过去更多的，具有智慧和个性的人，有文化的人，这个世界需要他们；因为有很多要他们去做。最重要的是，你自己的国家各个行业都需要这样的人；非常需要他们，同样非常需要信任他们，来建造这个国家的建筑。在各个行业、各种功能、各项活动中需要这样的人，为了最后表达其命运的事实，种族智慧与个性事实，土地与时代的事实——人民的天才：一旦国家信任了他们，他们将受到欢迎。他们不会因为浅薄之事耽搁你，你不会成为他们的仆人；他们期望你真诚地深入走向深处；真诚地靠近；期望你是完全而不是有几分能干；期望你有同感，能理解：期望你是非常有同情心而真实的。

今天只要我们的教育制度在幼儿园以上，或其相当机构中，向我们具有开放心灵的民众坚持封建系统的思维，我们将会一直承受精神的贫瘠，而非我们文明和艺术中的精神财富。因为从本质上我们的艺术不能与我们的文明不同，我们的文明在本质上不能与我们的思想和我们的教育不同。因此，我们可能在大自然以及我们教育方式的倾向中寻找并找到我们的艺术现存的重心。我心怀感激地了解到对于教育改善的一些举措，即使它们只是零星的。我知道杰出的思想推动了这些运动——与学院传统以及陈规陋习的抗衡。催化剂正在起作用，并且某天它必将会大彰其道。

因此，我的孩子，相对那些包围着我们，对文化持有骑墙态度或空洞的观点，我们的确获得了整齐的形式与真正文化内容的普遍观点。文化是真实的，真正的存在，在这个时代和土地上，为了我们的人民，文化必须成为民主的：因为人民必须成为民主的。文化必须证明自己是最简单的，在其主观目标和社会形式中，是令人难以忘记的明显的民主精神的产物。否则，对我们来说文化便是幻想、错觉，不是力量。当"民主"与"文化"这两个词结合在一起，从联合中产生出力量的新的思想，新的感观与视野——新的世界，在其中民主文化（Democratic-Culture）意味着人的最高阶段。

真正的文化意味着完全开放的心灵：心灵的真正盛开。尚不如此——其他所有的都是精神的空虚与苦恼。

现在我们正在开始！

坚持到最后的人将获得救赎！

42. 建筑师是什么?

—你这次在想什么?

—父亲，这确实是令人厌烦的世界！我到不了它的顶峰：我在其中间被拖延下来了。我被无形的绳索困在我自己狭小空间的中央，我无法触及边界。然而，我的确由于重力而移动，虽然如同羽毛般轻微；如果割断绳索，我便会飘落，如同一片秋叶，落在另一个不真实而无形空间中的地上，就如你所说的这个无限的空间，如你说的民主那般虚幻而难以捉摸，不真实且无形，如你所说的土地和人民那样平凡，如你所说的事实那般易变、隐秘而短暂。

啊，近在咫尺又远在天边！你为什么告诉我近在咫尺的东西是可以抓住的？越是近在手边的便越遥远！只有幻觉可以抓住可以掌握！事实逃脱了我们全部的接触；我们前进，而事实上却在后退。

我们是虚幻的创造物，必须永远保持这样——因为事实，如你说的，是神圣的；事实是由"无限"构成并为"无限"而存在；它们并不因我们存在的。

我并不悲伤，也不沮丧，而是坚定的——我只是茫然失措；因为没有人可以同时向前和向后看，向上和向下看，向右和向左看，向近处和远处看。 136

继续，父亲；我准备好了我的心灵！我是你勇敢的好水手，但是这是阴沉而模糊的平静水面，绝不是玩笑！不；我将不会成为脆弱海面上脆弱的船只！让风浪爆发并怒吼吧！沉入狂暴的水中好过在脆弱的空中瓦解！

我是一颗深埋于黑暗的土地中的种子！我可以萌发，我的矛会插入闪耀的光亮中与天空中，优美地刺穿春天的旋律！

真实，真实！对于行尸走肉，真实是什么！对不懂观察之人，视觉是什么！对于不懂倾听之人，声音是什么！对于无情之人，快乐与悲伤是什么！对于头脑匮乏之人，无限是什么！对于野蛮之人——人又代表什么？

啊，这一切都非常好，这种茫然失措非常好；当人有自知之明。我能够接受之一切，（因为）大部分人都茫然无措！因为他们不知道户外，而我，我曾看到一眼——我！尽管除了记忆中的将会失去它们，这些生命中感受的各种天气，各种水深！

为什么最近的露珠要比月亮还遥远？为什么你认识的离你最近的人如极地般难以接近？当然我们按一下按钮，一股从未有过的电流通过，有了光亮。这是人工的光。但是所有我们的光亮都来自电灯么？

当你正在谈论时，我正在思考，父亲。也许我的想法如叮当作响的铃——

谁知道呢！只有时间可以说明，时间因此是无礼的寂静。她会奉献，还是会毁灭——我不在乎！因为对于命运，我现在是坚决的，必须努力向前！

为了找到一块坚实的土壤我们必须挖如此深啊！我们必须竖立起精致的脚手架，极度精致的脚手架。当我们的小建筑完成后，撤下脚手架，清理掉工具与垃圾，将我们深爱的作品留给世界，愚人说："哦，多么愚蠢啊：我就可以做那项工作！"我不在乎；即使令一个民族感动比感动岩石还要难！我推想，摩西打破岩石，涌出水来，那是另一个东方的寓言。我不在乎它是否存在，即使必须解释它。为什么我们必须不停地解释事物！为什么事物不解释它们自己！为什么离开这些"（其实）解释不了任何事"的永恒解释的形式，我们就不能理解！我们或者明白，或者不明白，不是么？这是关系理解的起始和结束，不是么？我们全都是迟钝的，最迟钝的！我眼中的那些比例何时才会消失？我何时会在力量中重生！如果我的思想没有结果，不会为光明带来成效，我的思考有何益处！然而我在乎什么！我为什么应该在乎？

不管怎样，建筑师是什么，父亲？我的意思是，一个真正的建筑师？我知道普通的是什么。他该是何种神奇？他该是从哪个特别的天堂动物园逃出来的，使它这样徘徊，像你所说的在我们的土地与时代的荒野中徘徊？你暗示说，他如同风暴一样到来；我认为你所说的关于风暴一事的全部仅仅是西方寓言。　如果你是对一个有想象力的民族诉说，那么寓言是好的；但是停下来想一想！

一个诗人应该如蒸汽般由他的人民的精神痛苦和干旱产生，凝结并还原回水，在此之后应该有彩虹和其他美丽的事物。这是好的，但是这太形而上学了。我用了三个月来让它通过我的头脑。当时我想，你在谈论、在狂热地谈论着我们看到并感觉到的实际自然的风暴。我怎么能确实无疑地知道你在同时谈论一个我看不到并感觉不到的风暴？但是不管这个，我想就此更多的思考。

我心中的主要问题是，建筑师是什么？正如同另一个问题是：美国人是什么，或者因为同样的原因，苹果、马、松树是什么——当然，从根本上说，房屋是什么？再次，更根本上说，建筑是什么，人是什么，你是什么，我是什么，上帝是什么，任何东西是什么，等等，等等，绕了一圈又一圈，仅仅为了再次绕了一圈又一圈，像飞蛾绕着真实的烛焰飞舞，毕竟这对于飞蛾来说只是一个幻觉——当飞蛾被烧掉，真实才来到。

父亲，研究这个形而上学的事情是一件好事，如同研究控制一架飞机：主要的事情是保持平衡，不要失去信心，并前进。过一小会，我将研究这个令人眩晕的游戏，因为我对此下了决心，因为我正开始明白从空中观察将会很有益。

但是现在，让我不去管它。告诉我建筑师事实上、实际上、可以是什么。

当你说完文化之后，我正做自己思维的准备，但是我想先听你的观点——以确信这是否正确，也就是说——你知道。我想开始认真思考实用性。

现在不要看上去很渴望（要）告诉我，如果我想要知道不真实的建筑师可能是什么的样子，就该长久而坚定地看向镜子之中，以通过对比来学习。我不喜欢这些讽刺。它们现在很疼，因为我有成长的苦痛；我开始非常严肃地看待自己，不再轻率。你的伟大很复杂，包含相反的两面。你可以用讽刺和蔑视对待严肃的事情——或者我完全误解了！在任何事情中，我心中很好地记得，我是被你剪掉羊毛的羊羔；当我的新羊毛在生长，风是如此温柔，可除了生长，艺术究竟是什么？

但是我离题了。我想要知道的是，建筑师是什么？让我们开始认真思考这件事——或者我可以问：建筑师不是什么？我们将通过排除还是积累继续进行下去,通过正面攻击还是旁敲侧击？请记住,父亲,我是一个建筑师。原谅我——不要像那样看着我——我急于修正——我想我是一个建筑师并且——

—哦，放松，孩子；你令我非常疲倦。把沸腾的情绪封装起来，留待你下次沮丧时再用。

—好的，父亲。我亲吻经过磨炼的手。我不相信建筑师是水管工，砖匠，水泥匠，卡车司机或者采石工，伐木工，锯木工，铁路工人，你呢？

—当然不是。

—他也不是洋铁匠、装玻璃工、排水工、屋面工、石匠、大理石工匠、瓦匠、木匠、细木工匠、木材润饰工、油漆匠、起重工、电线电缆工匠，或者煤、水、供建筑建造的土壤、空气——不是么？

138

—不。

—我不想要寓言。

—继续，继续！

—我在客观地讲话。

—请你继续！

—他不是制模工、铁匠、锻造工、铁砧、挖矿的矿工、鼓风炉、轧钢机。

—好的，为什么是这些？

—为什么提及这些？：所有这些人和事物作为起源进入到建筑的创造中，不是么？然而他们不是建筑师。

—很好。继续。

—他也不是测量员、机械工程师、电气工程师、土木工程师,不是么？否则,为什么这些人是这样称呼的？为什么不称呼他们为建筑师？

—说得很好。

—然而他也不是施工人员，否则为什么他不叫施工人员？

—非常好。

—关于一个建筑，施工人员有他的职责，工程师有他的职责，铁匠有他的职责，石匠有他的职责，使用铁铲的人有他的职责，铁路乘务员有他的职责，铁路主管人有他的职责，钢厂负责人有他的职责，银行家有他的职责，商人有他的职责，警察有他的职责，等等，都在不断包容与扩展的循环中，不断向外向内从我们文明社会的中心延伸至边界，从边界延伸至中心。为什么？因为人希望以这些掩护自己及成果。然而，迄今为止，我们没有建筑师。为什么？因为这些人中、这些东西中没有一个称为建筑师。然而，有建筑师这个称谓，因此必须有建筑师这个职责——真正的职责——真正的建筑师——独立的建筑师。

我自己已经解决了这个问题，你看，我想要将建筑师分离出来并研究他，正如生物学家分离出细菌并研究他。细菌不是发热，细菌就是细菌。因此建筑师不是建筑，建筑师就是建筑师。细菌通过作用于有形的人体而导致发热；因此建筑师通过作用于社会的主体而创造了建筑。这个比喻不好；事实上它太拙劣了，但是它能告诉你我的想法。

但是，另一方面，建筑师又是社会主体的产物，我们文明社会的产物。你向我很清晰的展示了这一点。部分地打破了我的比喻，但是不管它——我能成功。因此我们从产品与实施两方面接近他；因此我立刻明白了他的真正的职责，也就是双重的职责：解释与创造！

—干得非常好。你开始显示你有逻辑和聪颖的思维，并且你知道怎样使用它。

—谢谢。这是你第一次对我表示真诚的赞扬。

—你有了第一次。

—好吧，现在，如果我们的建筑师立刻成为一个产品和一个实施者，如果他的职责立刻成为解释与创造，那么他将解释什么，创造什么？是什么证明了建筑师这个称谓，他的专长、特有的职责是什么？在我们文明社会的计划与安排下，我们期盼他做什么，我们假设他具备何种能力？

因此我不研究身兼数职的建筑师：建筑师相信自己是工程师、木匠、商人、经纪人、制造商、实业家或者不是什么——从不停下问问他是不是一个建筑师。如果商人、经纪人等是建筑师，那么他们将被称为建筑师。他们不是建筑师，这就是为什么他们没有建筑师的称号。相反的，如果建筑师认为自己是商人、经纪人，不再是建筑师，成为兼职的，仅仅成为他所希望的职业。

当然，我假设，除去建筑师之外的其他人，可能也是产品和实施者，解释和创造。剧作家可能是这样的，商人可能是这样的，很多其他人也可能是这样的；事实上，以最广阔的视角来看，在现代文明社会的语汇与条件下，在或大些或小些的范围内，所有的人都是这样的。但是不能期盼这些人中任何一个能从建筑的角度来解释人们的需要。因此建筑师真正的职责是创造协调人们真正的需要的建筑。

—非常好。你说完了么？如果——

—没有，没有！让我说。我思考了很多，以我自己的方式。我正要说到讨论的症结所在；这就是：如果这是真的，如我断言的那样，建筑师的真正职责是开启创造能够对应人们真正需要的建筑，那么我将怎样给予"开启"、"对应"以及"人们的真正需求"这些词汇和短句以完整性和目的，从而使那些愚蠢的人无法通过对这一原则加以改动来满足他们自己可耻的目的？

—我的孩子，规则是危险的事物。它们倾向于证明真正艺术的毁灭，然而，对于个人，起初它们可能是有用的。艺术的规则仍保持不变，随着时间变得越来越陈旧、呆板、枯萎，而艺术的精神却溜走了，永远消失了。艺术聪颖的精神必须是自由的。它不会住在词语的牢笼中。它的家在无边无际的自然中，在人们的心中，在诗人的心灵与作品中。它不能住在书本中、公式或者定义中。它必须是自由的，否则它就会消失，就像太阳下山光亮便消失，愚蠢的黑暗笼罩我们。

—是的，我感受到了，我非常现实地感觉到你说的关于语言技巧的事。然而我将做的是"我必须让其他人理解我的意思"。

—你可以不让别人理解你的意思。关心这个完全是愚蠢的。我的孩子，那是幻想——迷信学者。

你理解你所理解的东西，另一个人理解他所理解的东西。你不能理解他，他不能理解你——这就是开始与结束。你和每个同伴之间存在一条非常窄的裂缝，然而完全不能逾越。心灵不能跨越它，灵魂不能跨越它；词语更加不能跨越。因此你和每个人都生活在隔绝的孤单中——词语的特征由此而来。这个隔绝是不可及的，不可避免的。对于我们每个人，这都是与他的灵魂相同大小的一个地牢，或者无边无际的宇宙；在每个生物周围，有这样无限小 ₁₄₀但无感觉的隔阂：在每棵树周围，每个动物周围，每个昆虫周围，每只鸟周围，每个植物周围。然而，在环绕的裂缝边界内，有一个特征，一个灵魂——不可及、难以了解；事实的根本；永恒精神的真实存在——增加了"根本"的无穷性奇迹的精神——奇妙！奇妙！宇宙的精神！永恒的太阳！

因此，我的孩子，不要因为别人是否理解你的词语而让你自己烦恼。试图理解你自己——不管用什么词汇；及时地，如果这样，在伟大的命运之书中写下它，其他人将会从你的作品中或多或少认识你所或多或少地思考、感觉、生活、热爱与理解的东西。

然而，这无疑都是真实的，尽管这并非是我唯一的思考方式。此外，这是令人生厌和恐慌的想法——无形且无法超越的隔阂将你与每件事物和每个人分隔开，这样你甚至不能理解一个朋友。但是这仍然不应该阻止我试图以合理的清晰程度来定义自己。并且让我用我的理解阐释"解释"（interpret）和"创造"（initiate），以及"人们真正的需求"（real needs of the people）。

对于我来说，建筑师的真正职责是创造人们真正需要的建筑，现在我加上你的陈述，他必须使一个建筑基于其条件自然、合理而诗意地成长。现在所有这些意味着，实际上你对我所说的一切意味着（如果用词语来解释），真正的建筑师，首先、最后以及始终，不是商人、经纪人、制造商、实业家，或任何那样的人，而是一个诗人，不用词语而是建筑材料作为表达媒介：如同一个伟大的画家使用颜料作为他的表达媒介；音乐家用音调；雕刻家用大理石块；学者用书面文字；演讲家用口语——（建筑师）像他们一样伟大，有益，他必须赋予被动的材料以主观或精神的人性，让它们为其他人类而存在——否则他就会完全失败，从更高层次上说，成为公众厌恶之人，无法带给公众福祉的人。不是这样么？

——的确如此。

——好吧，那么如果是这样，如果这真是这件事的核心，谈论所谓的实用性有何用。显然，管理、建设、设备、材料、方法、呈现以及工艺都是他技术装备的组成部分，凭借这些他能有效地且有力地表达诗歌般的想法——正如语言和词语的知识是学者的技术装备一样。我承认，不是词语制造了诗歌，是排列组织词语并赋予其生命的方式使诗成为一首诗。建筑材料也如此；必须组织它们并赋予其生命，这样真正的建筑才会存在。因此，赋予建筑材料以生命，以一种思想、感觉状态来鼓舞它们全部，赋予它们主观意义与价值，使它们真正成为社会结构的重要组成，将它们注入人们真实的生活，给予它141 们人性中最具价值的部分，就像诗人眼中看生活表面之下的东西，看到人性中最好的——这才是建筑师的真正职责；因为，理解了这些术语，建筑师既成为一类诗人，他的作品也是诗——在宽广、包罗万象而现实的意义上使用了词语。如果这个关于建筑师职责的这个观点正确，真实，那么我现在可以理解我当时没有完全掌握的，也就是，你关于我们建筑学院教育的观点，你对于教授的恼怒，你对于现今称之为学术与文化的蔑视。这真是令人鼓舞的，当一个人开始获得看待事物的内心或精神的眼睛！真的，用这样的眼睛，它将向内心的意见开放，向理解的掌握开放，向伟大的现实世界开放。这是我当下不完善的理解所能到达的最远的地方。我想当我编织论证时，我没能形成完整的理论。

——目前来说，尚不完善没有关系。你做得非常好。继续观察，思考——在你头脑背后，在你的脊髓中，在你的血细胞中，在你的心中、肝脏中、胃中、小指中，或者在那上面，或者凭借完成真正的思考的东西——我不知道——慢慢地，但是可以确定地，你将发现你的思想成长着、发展着，并使其自身人性化，带有不可思议的特征：正如植物凭借营养、消化与组织而成长；当你开花之时——啊，我的年轻人，当你开出花朵之时！——你的思想会（如花般）开放，散发出我称之为"建筑"的芳香。你将成为真正的建筑师；具有精神与头脑，和纯净的心灵。

　　—非常好。你让我充满希望。但是你不打算从我停止的地方拾起我的论题，继续下去最终得到一个杰出完满的结论么?

　　—不，这没有必要。像我从前告诉你的，你必须完成你自己的思考。我的任务只是点拨你，使你注意到存在于自然中、人的世界中、你的土地中、你的人民中、你自己中的某些事物、某些条件、某些力量，向你指出某些你貌似知晓却不真正了解的事物或其本质。我最主要的欢乐，我最关心的，一直是并且现在也是保护你，直到你真正强壮，足以抵抗幻觉、错觉和自己分泌的我们称之为自欺的毒素；用勇气、刚毅和永久的个人责任感来鼓舞你。我的工作就是这些，现在及以后，直到"爱的作品"的完成，这个作品天生敬重青春、忠于国家与人类。但是我要重申，应该不断地再次重申：你必须做其余的全部。我不能替你思考、生活、成长。我不能定义你的个性：我不能限定它。建筑师真正的工作是组织、整合与发挥效用。那么他才是真正的"大师"（master-worker）。

　　此外，我们仍然有很长一段路要走，穿过阴森的山谷，翻越冰冷的高山，经过开满鲜花的草地，在你准备好全凭自己到达我们艺术隐藏着的圣殿入口之前。真的，我担心，万一我们看到那座圣殿，圣殿便会消逝，像令人畏惧的彩虹：因为所有难以捉摸的、美好的艺术精神，其住所便是那座圣殿，在现实的幻灭中，它是最虚幻的。如果它最终到来，走向我们；我们不能向它走去。它可能走向我们，它可能希望走向我们，我们必须不断地在无边的力量、美感与华丽而富饶的大自然纯真中寻找它。我们必须带着炽热的思想，开放的心灵去寻找它——在精神中寻找它。

142

　　—阿门！我看到我面前的任务了。建筑师现在正盘旋于我开始成熟的想象力中，不是作为一个超人，而是真正的人——世界中的智者（philosophic-man）：作为创造、指导、维持的精神：直到最终完成的建筑能够，并且将会被称为符合伦理整体——无论多大，无论多小。

43. 关于批评

古语有云：如果一个人得到了全世界但却丧失了他自己的灵魂，复有何益？当生活的价值被视为一个整体，人会在生活的平衡、协调和均衡中不断追寻这个问题，它将会在提问者内省时出现。它可能转变为多种形式；但关键是：我是否得此而失彼？这是一个会随着时光流逝和审判日的临近而愈发强烈的问题。这是对于价值、物质、道德精神发展或回溯的重新衡量。它是一个产生于经验、回顾与反省的问题——关乎成长与成熟；年轻人则很少问及它。这可以说是个关系到比例，关系到在这漫长的一生中尝试着判定和调整生命价值的终极问题——在接近终点时，以充满遗憾和无限悔恨的目光冷静地审视这一生，向往着重新开始：或渴望着尽早离世以永远地结束这错误的一生，抹除一切。

一个人受到其精神压力和教育与外部境遇的压力时是不平衡的。他是一个令人遗憾的牺牲者，受到各种冲动、麻木不仁、漠视与短视的影响；不可思议地缺乏理性，如果不总是有意识地野蛮的话。青年是他思想发散的时代，夸张而浪漫；中年则是他思想专一的时代，具有特殊的洞察力和判断力以及对部分特定现实的感受；老年则是幻想的时代，无尽的毫无意义的悔恨，这些或多或少带有一些脆弱的、乐观的、忧郁的悔恨，他的太阳越发沉向地平线，而即将到来的黎明则带了大约并未唱出的歌曲：如果一个人获得了世界但却因此丧失了灵魂，复有何益？老年时的自我批判可能成熟也可能无用，中年时的自我批判可能有力也可能无用，少年时则注定是无用的，就像一朵花注定会凋谢一样，除非——是的，除非！这个"除非"是行动的力量，是我所有谈论到的及将要言及的意义；是我一贯要统一你的外在与内在的根源：明确选择的力量。因为人类伟大的历史研究总是关于平衡（poise）、协调（balance）、锚固他的个人世界，作为希望的坚实基础。缺乏这种平衡以及缺少调整这种失衡的能力带来了茫然、失意、犬儒主义、悲观主义，以及对生活的反感、空虚、疲倦、狂热和苍白。

如果生活的完整是一种理想，那么工作的完整也是一种理想；对于工作完整性的判别只来自它是否表达了生活的完整，因为这是艺术表达的理想。这一理想模式被我们应用到社会活动中，例如民主的表达或者说表达民主的艺术。进而，文明自身作为一种表达和一种表达艺术，在我们面前隐隐出现；并最终，民主文明作为一种表达的完整艺术，被人所表达，也是为了人而表达。

　　用例证的方法，看看田野中的花朵！生命是多么能引起共鸣！多么有说服力的表达！多么理性且精致的结构、功能和形式！如此完美的结构准确地由种子从泥土中生长出来；在阳光下生长，被雨露浇灌。你能否预测在一个文明中与此相似的存在呢？

　　用反证的方法，看看我们身边每天都能见到的大大小小的建筑物。这种对比让人多么忧伤！现在我们认为那些路边的花相当于杂草——在清醒地认出它们前我们是无法成功地将杂草除去的，更别说超越它们。这里我们提及的杂草是普通的、野生的。它可能如我们所说一样"普通"，一样"野生"，但它依旧是个奇迹。一个最令人印象深刻的象征。

　　现在，为什么我们要把某人的工作、一个社会整体的工作与杂草的生长比较呢？进行这样的探求，这难道不是现代批评的真正作用吗？

　　一种答案是显而易见的：杂草是大自然的作品，处于自然当中，并且因此，我们说它是"自然的"。人，很奇怪地，一降生就与自然界隔离开。奇怪地，他以理性为傲，但却拒绝天性：称之为杂草，野生的杂草。他已"受过教育"，变得复杂，任性且本末倒置；在一生中，他开始鄙视生育他的自然母亲，并成为以实玛利（Ishmael）。这难道不是探寻此事时批评的作用吗？——用来说明理性的畸形之处。

　　有时，一个孩子一样的人（man-child）仍然与自然在一起，而且之后，以这种或另一种表达方式阐发他的心声：音乐、词汇、雕塑、哲学、伦理学——或者以其他他未知潜意识世界的声音，这才是自然的声音。

　　那么为什么他总是在开端被嘲笑为人类中的杂草和野草？为什么自然界最伟大的孩子般的人会受到压抑？是因为他是那只丑小鸭（Ugly Duckling），因为他看起来不像同类——因为人类不认识自然之子？而不朽的自然认识她的孩子般的人（man-children），不会否认！当她通过她挑选的人说话时是不会被拒绝的！只有通过她选择的得声音，她的信息才能传递给她倔强不屈的孩子们。

　　这样，最后，在经历了艰难、痛苦和绝望之后（因为他不像同类，只能成为他自己），丑小鸭终于——被天鹅们发现——成为一只天鹅！这样，自然之子，大师（the master-worker），奇迹的创造者，最终将获得荣耀，或他们的思想将获得荣耀，被人类之子认可，他们盛赞——当他们不再拒绝他时——一个好思考的天才：为他的民族带来福祉。为什么他会成为一个天才？"批评"所具有的伟力正是解释现象并且拓展知识和理解的限制。批评本身不就必然带有自然界的某些特质吗？

　　如果在现有情况下，也许在百万人中只有一个人，而非两个，三个，十个，一百个，五十万，或者全部在理智的状况下保持与自然的接触，并受到她精巧力量影响的启发。

144

如果说世故老练、刚愎自用、反复无常以及本末倒置是不完整人（half-man）的标志，如果说自然、质朴与真实构成了一个完人（whole-man），那么为什么这样完整的人并不多呢？深入调查此事难道不是批评的功能吗？

如果传统、教育在某种程度上对于不完整的人负有责任，并且我认为它们负有很大的责任，那么批评的重要功能不正是严密地探究这种基础，我们的传统、教育方法，并探究为什么这样的传统，这样的方法造成或者容易造成不完整的人？

是不是目前的批评正规律地、严肃地忙于这种或相似的调查吗？就我所知，几乎完全没有。建筑批评当然不是这样：它几乎总是仅仅忙于外表，表皮，字面，冗长，琐碎的事情，忙于提炼出没有任何价值的提炼物，忙于分析没有任何核心内容的分析，忙于揭示出没有任何有关本质需求的讨论。它自己忙于人类生命的空壳子。它忙于空泛的"风格"，更没有涉及广泛的人性——这才是至关重要的部分！它在事物变化的部分中寻找，并只找到了部分不重要的真理，然而它却没有在人心中去寻找真理产生的原因。如果批判在其他方面表现得更好，我将这留给你们通过实验和对比去发现。

的确，伙伴们，我们需要完整的人进行评论，就如同我们需要建筑师利用全部的天赋去创造一样急切。批评的重要功能就是向人们阐释那些真正反映人得作品，向那些没有时间或因为缺乏训练的人解释建筑以及民主文明的本质和真意，如同替他们打去谷物的外壳一般：简洁而清晰地告诉大家，建立在了解人吸收与创造能力上的基础教育是什么样子。这样，建筑艺术将不再是一部封闭的书，而是一部向我们展开的更伟大的书，是文明的艺术。

44．关于知识与理解

—在你关于批评的谈论中，我对你所说的很感兴趣以至于在消化它们的过程中我都忘记了提问。这种情况以前也曾经发生过。但是这一次我是在思考，而不是走神，或做白日梦。看着这样一个梦想成真，同时看着其他梦想逐渐消隐到变换的背景中。在这一时刻使我印象最深刻的是这样的事实——它令人困扰但又给人以启迪——当这些出现在我的判断中时你已经将话题带入尾声，并且开始新的话题，而一朵思想的花朵作为对自然的回应在我的意识中绽放。你已经，比如，在我的词汇中增加了一个新词——批评。你已经为我赋予这个词一个我之前所不了解的丰富意义。结果，我被引领着登上了你所说的更高的山峰，你说当到达后能够启示我们观察现代世界。你已经给我太多的思想，多到一生都不能探索出来。

这幅图景在现在的阳光下显得愈发清晰。但是这样的开始没有终结，一个真理产生于前一个真理；我或许可以这样说：这些从先前思想中诞生的新思想是更为伟大的重生。直觉告诉我你的意思是说，我们的人类世界确实正处在一个崭新的起点，文明将从其历史中脱离而出，开始一段新的旅程，以一种新的、鼓舞人心的、光辉的思想——这一思想不是生长于深谷，而是来自利他主义的顶峰，这是真的吗？这些新的开始，这些人类力量发展的进程是否将永远持续下去？的确，我正在开始一个新的进程。我开始关注一个人处于他自己力量的光芒之下。看看如果他选择正确，究竟能完成些什么。请告诉我更多的内容吧。我渴望知识，渴望理解。

—那么让我现在告诉你，在你前进的进程中请更加谨慎地选择词汇。你所提到的现象并不是一个开始，而是一个进程（becoming）。

—这难道不只是一种形而上学上的细分吗？

—是的。这是一个形而上学的概念。这就是形而上学的目的——为人类所用。世界上有很多关于开始与进程的区分：一种只是机械式地字面含义的区别，另一种则是深层精神性的。还有一个相似的区别存在于你所使用的另外两个大的概念，称为"知识"和"理解"。我的话题是建筑作为一种社会功能，作为一种表达的艺术。而隐藏在这个话题和其他所有关于人的话题背后所讨论的实际上是一种在人体内的精神物质，一种能够无限伸展，无数次开始，发展出无数次重新开始的精神力量——来自光辉真理的真理。这个进程中的力量我称其为民主，它源自于人类（发展）的进程。

——我认为我很清楚你的意思，并且将其作为真理接受——因为你说这些确是真理。

——你不能将我说的就作为真理接受。你为什么又陷入了之前我把你拉出的深渊——（这深渊就是）对于权威信条的崇拜？如果你说你暂时地同意我所说的是真理，那很好。如果你理解这就是真理，那就更好了。证明我所说的一切并不在于我，而是在于与你有关的这个宽广而拥挤的世界，它的历史与现实。只要睁开眼睛，你就能发现；反之遮住眼睛你就什么也看不见。另外，切记这一点：光有知识是不够的；一个人必须同时具有理解力。

——这是一次关于分解逻辑（logic-chopping）的探索吗？让我们回归到诗意之中。这样我能更好地理解它。高强度地思考让我疲劳。我更喜欢梦想（dream）。

——我希望能够拓展你的想象：揭示出这个时代戏剧性的一些内容——人的戏剧。让我们攀登得更高些吧。

——好，让我们一起攀登。在路上你会说些什么呢？我还没能领悟"进程"这一概念。

——我将要对你所选择的内容长篇大论一番：知识和理解力。如果没有理解，知识又有什么益处呢？知识引发了理解——但并不是产生于它。这个世界充满知识，但却极度缺乏理解。让我告诉你，知识是头脑的，而理解力是心灵的。知识是一种理性（客观的智慧——intellect），而理解是一种本能（instinct）。对于一个比你年长的人而言，对比世上人类的种种成就，这些话可能无足轻重。对此时的你来说，这可能毫无意义。但请耐心点儿。我不怀疑充分的理解产生在充分的知识之上，理解的增长基于知识的增长。但是，以前是这样的吗？今天是这样的吗？我并不怀疑它们本质上应该相互促进以增强综合能力。而它们已是这样吗？它们正在这样相互作用吗？或者知识已远远超越理解力了，或理解力滞后了？奇怪的是知识和理解似乎并不是手拉手的齐头并进的。而似乎是相互间有一个遥远令人悲哀的距离，是知识高估了自己，或是理解力没能让自己被理解，或者，知识"欺负"了理解力？抑或理性压制并抑制了本能？这是一场特别，特别怪诞的戏剧，一场以文明的萌芽为起点并发展至今天这一刻的戏剧。的确，一种称之为"理性"（Reason）的力量兴起了，但到目前为止理性没能使两者达成和解，假设它曾经有过努力并认识到二者的不一致。因为理性以其冷静、美丽为傲，它自称是纯粹的（pure）。而理智渴望着同样的纯粹；它甚至趋向于抽象。作为这场奇怪戏剧中的奇怪角色，理智，被人类（Man）宣称为其最强大的力量，却奇怪地倾向于放弃人类；而人类，紧紧追随着这颗活跃的星，却跌入深沟；爬出来，再跌进去；再爬起来，如此往复。因为人们称知识为一种力量。同时在跌倒之后，他也说缺少知识是危险的。现在，是否有这样的假设，如果一个人能够扩充他的知识，即可能获得一种对于理解力的知识？我的意思并不是说推断或暗示，人类并不能获得对某些事物的清晰理解；也没有说他不能利用一些（知识的）其他的附属功能。迄今为止，他的知识显然代表了他巨大的，耐心工作积累下的结果。看起来好像人类的知识似乎随着时间而积累。只要有不疲倦的精力、耐心和毅力，他就可以在无限的空间和时间中扩展其永恒的好奇心。他已经钓到了海中怪兽利维坦（Leviathan）；已经松开奥利安（Orion）的镣铐；但他却不知如何限制普勒阿得斯（Pleiades）的甜美，也不会寻求引导大角星（Arcturus）和他的儿子们。他已经测试过，分析过，分类了。他已经列举和计算过；他已权衡、测量并记录过。作为一个调查者，他站在了工作者的背后。以其特别的机智，他扩展了自己观察、分析、综合的能力。借助建立在公式基础上的具有无限发展可能的工业，他慷慨地将从自己手中的发现给予世界。同样地，他也将发现给予那些可以从思想体系、过程体系、解释体系中有所创造的人们——理论、假设以及怀疑——这些的目的是可以阐释人及其世界。人类的理智总是碎片化地检验一切事物，同时细致地检验着人的身体及精神。它已经建立起一个非凡的系统解释人的灵魂。它也产生了关于人类工作、历史及史前史、生物、社会、情感、才智方面广博的学识。它已经在自己智慧的图景下建立起自己关于人类的概念：然而，它也始终无法理解人类。它既没有寻找也没能发现他。它所寻找并发现的只是一个抽象的理智观点——一种对现实的彻底颠倒。

147

然而，在数不清的岁月中人与人是极为亲密的。的确，人在哪里都能找到同伴。但是他们既不是科学家或逻辑学家，也不是哲学家或神学家；他们是富有爱心和同情心的梦想家。智者不能理解他们。只有普通人可以偶有理解；因为人民相互关心——他们贴近尘世。如果存在毁灭之前的自尊，堕落之前的崇高精神，那么区分并欢迎人类即是理智的巨大失败；显示了自我的不安、焦虑。这样无疑在没有征兆的情况下，开启了一种先验（priori）的体验，理性并不能成功地完成这种探索；因为这种探索、这种认可、这种赞同，在本能的范围之内。只有通过本能的原始力量我们才可能寻找并发现人本身。理智，舍弃了本能，现在并不适合这样精细的工作。这样的工作必须通过心灵才能完成：因为只有心灵才能理解；它是本能的侍女——美丽且纯洁。当我们，偶尔，停下手上关于电子、双星等的研究时，我们也许能在人类的天空中断言一颗新的双星的出现，一颗理性和本能都在各自轨道上的双星，都受到它们共同中心引力的控制。当这样的星照耀到人类内心时，他的存在（becoming）将变强并走向辉煌。他将开始了解并接受真正的人（Man）。

时至今日，每一次人类理性的恶劣态度，每一次怯懦的野蛮，每一次冷血的残酷，每一次犯下的愚蠢错误，都被归因于本能。于是在理智的恐惧和愚蠢的误解下，一次次的耻辱被归罪于他较好地本质上。理智独特性就在于，在独自不受控制和不受支持时，特别的不稳定；它将趋向于疯狂，趋向于自我毁灭。这导致了人们陷入毁灭的灾难之中。那些疾病、自私、贪婪、操纵、压抑，常常归因于心灵，其实显然是理性不平衡时的态度（attitudes）（不是本身特性 attributes）。说一个人内心是冷酷的，这是愚蠢的：说一个人的理性是冷酷的这才是确实的。在很长时间内人们都是理智的牺牲品，今天也依然如此。他愚蠢地拒绝类似的与心灵的合作。在极度愚蠢的理智自我催眠下，从社会意义上看，他变得疯狂。难怪即使现代的人看到了同伴，也不认识他。难怪他每天都在与理智痛苦的挣扎之中，这是他血与汗灾难性的时刻。

148

很久很久以前，在史前人类（proto-man）的黎明，当人在这个不友善的世界寻找功能、形式和力量时，在"本能"的混沌的次要功能中释放了我们现在称之为的理性。这种新出现的力量寻找可以观看、守护、指引的形式和活动；并可能在自我保护和自我肯定中得到促进——这种原始的力量在人形成过程的开端寻找形式与肯定。像史前人类一样，在进化的过程中，理智适应了原始人的形式和外在，变得越来越活跃，越来越占主导，与此同时本能在外在力量的表现上逐渐减退。自我意识出于恐惧选择了理性作为他的参谋及指导。如此产生了自私，如此封建制度（Feudalism）开始了它漫长的历史。如此开始了人类的堕落，对此的刻画在伊甸园的寓言中是多么生动且让人印象深刻的神来之笔呀。这样人开始丧失单纯。开始变得有罪（sin）：理智的罪恶。的确，他品尝了知识之树的果实。从此他付出了多大的代价啊！因为当人舍弃了本能，这个保护者，这个维护者，这个真正的支持者，他就与自己分离开了，迷失了自我，变成了一个游荡者（wanderer），然后变成一个探求者（seeker），张开手臂而半闭着眼睛，探索着原已忘记的梦想——探索自己——探索人类。本能在他身上并没有死去。它只是熟睡了。这样当一个人以他的理性渴望寻找、创造一个伙伴时，他变为二分体。他展示出一副孤独的图像，它以双重的哲学、双重的宗教、双重的文明，以补偿与平衡的面貌得以展示。这样，人在变得二分的过程中丧失了他的完整性。但是单一的自我意识并没有死亡，最多处于昏睡状态。它睡着了，并促成了理性的奇迹和偏差：不时强烈地幻想自己的真实是包含在幻想中的神秘梦想。同时心灵渴望着，虽然它不知道为了什么。它渴望停止，它渴望平静、快乐——它在沉默中渴望着理解：当理智趾高气扬地，沉浸于雄心壮志的幻想中，若干文明出现了又衰败了。理智，以其所有的力量，无法找到任何稳固的思想；知识和理解力被远远分离。心灵不时地在情感的抗议风暴中迸发。理智则不时地平放它冰冷的双手并自鸣得意。同时人创造奇迹。自我是他的指路明灯。他放射出光芒，他令人震惊地称颂自己。他用鱼钩钓上利维坦（Leviathan）。他松开奥利安（Orion）的镣铐。同时大多数人都认为这是他们的梦想变成了现实。他们时不时地在恐惧中醒来——再次安眠并重新做梦。找不到同类的人其实是未能找到被遗忘的自我。

这就是过往；这就是我们的时代，仅仅用一个新的名字，新的工具，改变了原有的色彩。而其本质是一致的，因为人还没有找到同类：尽管地球上的大多数人，都在睡梦中受苦，现在都在梦想着一个新的梦：深切地梦想着有一个人类兄弟；断断续续地梦想着那个失去的人类必须被找到；茫然地想象着人的完整统一；越来越深地梦想着人的进程：梦想着一个长久以来的关于民主的梦。可能某日人终将理解梦想。因为它超出了大多数人关于文明兴起和制度建立的认知。这一（民主的）伟力（mighty）将开始兴起并开始支配；它符合大多数人的梦想。

149

—告诉我，快点告诉我！怎样才能使知识和理解和谐一致？

—那只有一种办法，同情（sympathy，此处同情，接近于同情共感）。

—什么？同情是多么脆弱的东西呀！

—你是说同情有着多么强大的力量。

同情是一种长期蛰伏于人体内的力量，它可以使人的所有思想、所有外部活动达到和谐；它可以使这些结合起来成为一个整体，可以为这些建立起一个有效的引力中心，一种如同我们的地球，携带着它宝贵的人类财产，在无限宇宙中运行一样的、轨道式的自我推进。由于同情是精神的。它可以马上成为探索者、梦想家、解释者。倘若我们意识到这些，它的精巧的力量可以引起并团结知识和理解力。这是人最伟大的，未经利用的力量。如果你愿意，你可以称之为直觉，可以称之为内在视野、洞察力或第六感。如果你有足够的能力扩展并掌握这个词汇，你甚至可以称其为爱。无论你称之为什么都无关紧要：因为它包含，围绕并建立了一种趋向，并指向一种确定的目标，所有的一切就是人类的价值——所有关于人类的力量以及这些力量的产出。同情是我们长久以来等待的现代弥赛亚（modern Messiah）。它是同情怜悯（compassion）的本质和重要的表现方式。它调整所有的一切，它启发了所有的一切。从极度同情的角度，以先知、诗人清澈的目光审视这个世界，今天的世界改变了其阴暗、冷峻的一面而变成了一种启示。

—我处于绝望中。一切都似乎希望渺茫。这看起来像一场深重的悲观主义的梦魇，像一个吸血鬼，一个从古老墓地中爬出来寻觅今天人们血液的鬼魂，从他的心灵中榨取他的生命。

这就是在封建生活中无法解释的现象。而我们的工作就是关注表面之下的内容。在我们日益发展的建设性批判下，正是同情使我们的视野变得清晰，从而可以看到这种行为、制度、体系、物质及非物质在表层之后的内容。同样我们才能，正如我们之前所做的一样，透过建筑的表层（screen）看到其背后的人。我们可以分辨出所有倍增的，所有扩张的表层，和它们背后的现实。光看到是没有用的，除非我们能阐释；在这个意义上同情就是一位阐释者。

光拥有知识却不能理解不仅仅是一种不幸，而且是一种社会性的危害：这里同情再一次阐释了人类。一旦开始，同情的力量以它的溶解力进一步促进了说明、解释、稳定和引导不断变化的世界。它的温柔、清晰、成熟、灿烂的力量是人最宝贵的财富。他从今以后也许能永远这样拥有它。这对他意味着可以从过去中破茧而出，从自我编织的诡辩中破茧而出，他的精神将要到来，带着闪亮的翅膀飞向人性的广阔天空。

对我来说这似乎是，（或者这是一种希望？）蝶蛹正在颤动，就在现在。

愿我们长久以来的监禁成为我们的启示吧，不论是现在还是将来。

备注：这一章节在 1918 年被全部重写。

45. 关于公民性

现在，将建筑作为一种艺术讨论，但如果这种讨论不引向对建筑师作为一个人的讨论的话，就将是毫无意义的。我们必须进入其作为公民的功能和领域。这种公民的责任必须被概括并定义为一种民主的功能：因为民主精神是我们普遍、持久的工具。

相反地，如果说一种成熟的个人责任和个人义务是这一民主精神的精髓，如果说彻底的个人选择和自信是民主精神的钥匙，那么这些必定是健全民主下公民性（Citizenship）的本质；而如果建筑师是一个真正的公民，那么这种力量必须为他所具有并在他的作品里流出来。他必须通过他的作品表现出他正在将伟大的世界之梦——民主，变为现实。

如我前面断言的那样，如果没有被理解的知识会造成危害——远离民主并趋向于混乱——那么他的责任就在于，通过他的作品，证明他不是一个危害的制造者。

如果说结合理解力的知识是最为有力的，那么建筑师的作品必当见证他所付出的努力。

如果想象力和思考都是人类的力量或力量的某方面，他的作品必须通过展示这些生活特征说明，他是一个对全部人性具有良好期待的人，而非一个毫不留心，对其漠视的陌生人。

如果思想是一种力量，他的作品必须显示出他是一个有思想的人。缺少了这个，他就缺乏在实际中建设民主的能力。

如果"同情"是我所掌握的一种有益且富有成效的精神品质，那么他的作品必须展示出同情通过照亮他的心灵启发了他的道路，启迪了他的理解力，并且他竭力探索和寻找一种能够促进民主生活的表达方式。通过这样的考查，他的公民性得到了检验。

如果，如我所说的，民主的学问极其有用，因为它展示出丰富的洞察力、知识、想象力、同情——进而展示出理解力——他的作品必须反映这种学问以证明他对于理解力的忠诚，以明确而令人无可怀疑的方式证明他的学问是一种为达到有益的结果的途径：他的学问是为所有人民寻求美好和启迪的，不是为了满足某一个阶层，误导这个及其他所有阶层。简而言之，他的作品必须证明（并且证明本身就是他的义务），他是一个民主的公民，而不是一个仆人，一个真正的民主倡导者，不是无序混乱的一个阴险的工具。

如果正如我认为民主文化是心灵和思维的真正果实，是两者精确的自我表达和集中的体现，是优雅、自然的自我管理的全部力量，是精神民主类型上最完整的标志。因为这些源于（民主文化）理解力的勇敢、宽容和热情；源于民主文化贴近于所有事物；源于民主文化联合的具有启迪的力量——（所以）建筑师的作品必须无可挑剔，因为他的文化是真理。通过这个测试，他的公民性得到了检验。

最高层次的学识，最具启迪性的文化，在它们已完成的表达中完整度上，显然不可能是所有人都能够企及的。但是鼓舞这种学识和文化的简单、崇高的原则不仅是所有人都具备的，更确定的是作为一种理想在人们的心灵和思维中存在。对教育的普遍渴望证明了这一点。对民主的强烈愿望清楚地表达了这一点。

相反的，对于谬误、谎言、狭隘，可疑学问和文化的毒害，最确切的证据就是：它保持远离人民、在人民之上，它是排外的、贵族的，假定它无法被人民所理解，而只是为了自我满足的、孤僻的、傲慢的阶层。这样的学问、这样的文化，是贫瘠的，因为它以自我为中心。除了嘲讽、蔑视和猜疑的枯萎之果，它不会结出任何果实。

如果某个人恰好才华横溢，比如，拥有比其他人更强大的智慧，更坚定的意志，更顺畅的想象力和更伟大的与生俱来的专注力，理解与预言性的视野、组织和表达能力，他并非独自拥有这些能力。他并没有制造这些原始的力量，而是这些力量创造了他，通过鼓励他意识到它们的方式，同时这些力量，通过竞争，摆脱了人们每时每刻都在面临的生死挣扎而被他天生拥有，他应对所有人负责；对这个世界负责；为了那多种的民主使用负责。如果这个强大且准备好了的人是对他所处时代的一种祝福而不是诅咒，那么个人责任、个人义务和自我管理的支配性作用必须进入令人激动的民主生活。倘若放任有这些能力却缺乏自我约束的人，他将因此变得封建；（这意味着）你放任他们成为捕食的野兽：因为他将利用这些力量进行剥削、镇压，以及加强他的独裁。礼貌地说，这并不能称为无政府；而在事实上，在反映的意义上，是无政府的一种形式，这种形式阴险、强大，存在在社会组织之下并且对于民主制度极具破坏性，相比之下，一小部分职业的无政府主义者的叫喊不过是鸟儿甜美的歌唱。

自此在民主中有且只有一种关于公民性的考查，（名字）就是：你是否只为自己使用这些天赋，支持还是反对精神自由、人类及其力量的解放、知识和理解的发展？你支持还是反对人民？支持还是反对民主？

当然，这种观点可能被批评、歪曲、牵强附会或总体上模糊为相反的意思。但是用心以洞察的目光公正坚定地观察，用这样可以分辨一切的眼睛来看，这个问题就不会被提出，而且它可以有且只有一个正确回答。

在一个健康的民主体系中个人不能拥有两个伦理系统：一个为他自己所用，一个为工作、职业的和政治所用。

这种活跃的"双伦理系统"存在是我们的民主长久以来承受的和正在承受的大多数疾病的原因；尤其在我们大部分的建筑生产中能发现它，同样，在其他活动中也如此。

这就是我的解决方案，它应存在于单一的标准的伦理体系之中，并存在于此时此地的个人义务中。

现在轮到你接受或拒绝这个单一标准了。

152

这里推托和辩解是没有用的：如果一个人做的食物变质了，那么为什么另一个人所做的建筑就不会变质？现在叙述著名的变质思想和掺假理论是愚蠢的。我们是一个掺假的民族。我们信奉权宜之计和得过且过。

问题在于：你准备怎么做？

你准备怎么做？

多举例子是没有用的。无论举两个还是两百个，原则都是明确的。

没有一种民主可以在没有群众认可的道德原则基础上长久的存活——这里的人民指的就是你们！

如果我们的文明已经开始表现出内部分裂的迹象，那么只能在反面的力量中找到正确的方法：改变预期、改变选择以及建立完备的大众教育：一种可以将简单完整的道德作为基本因素反复灌输的教育，这种道德感创造了真正的公民性，最终建立了一种完备高尚的个人、公共和国家的民主。

我的孩子，我对你所说的精髓就在一个真正民主的建筑的所有伦理。

我们国家的成长、民主人民的继续生存，正处于巨大的危机中。

如果你心中有关于使这个成长健全稳固和让我们观点延续的想法，请做那些正确的（事情），将来你会完成你的份额。这就是所有可以要求你的。

你或许认为我处理无目的的建筑过于粗糙、处理一些建筑结构过于特别。是的，我的确如此，但是我是尽力以知识、理解和公正的方法去处理的。

你或许认为我对待我们的建筑教育过于粗暴，是的，我的确如此。当使用理智和同情觉察到教育以其顽固和无能给这片土地和人民带来的伤害，谁不会这么做呢！你可能会认为我对公众并不友好，恰恰相反。我的心向着他们。他们正遭受着一种来自极不适当的教育体系强加的文化。这是来自著名煽动者的瘟疫和文化性虚弱造成的痛苦。人民渴望被表达。他们希望一种国家的自我表达。确切地说，对民主及其目的不忠的人都会拒绝这一表达。

在民主的大地上，作为造型艺术的建筑没有任何价值和意义，除非它以极高的辨别力与品质反映了人们真实的生活和他们的制度：除非建筑深层次的生活就是他们深层次的生活。在这一点上，在民主大地上的建筑师不仅仅要像现在这样，成为一位称职的艺术家，这种极好的艺术家更必须以其良好的公民职责和它伴随的艺术责任和义务反映人民的期许和需要。

在这最后的时间里，我再一次提醒你：这些曾经并正在使用别的时代的，不适合不相称外观，不适应民主生活和制度的建筑师不属于真正的建筑师。我相信这个提醒是完全多余的。他们是在墓地中的冒充者，他们惧怕真理就好像它是突然出现的鬼一样。

153 走你的路吧：当你的路有时候看起来过于坎坷、过于荒凉、变得难以逾越时，想想你的建筑不仅仅是你选择的艺术，更是你选择的公民责任的表达方式！

46．悲观主义

精神有它的白天和黑夜。

当同情照耀时，是白天。

当同情离开时，黄昏和深沉的黑暗来临；于是那些在光明中真实的事物随之变得阴暗起来。

然后思想变得阴暗，因为万物沉浸在阴影里。

长长的黑夜进入了一些灵魂。

于是，对这些灵魂来说，黑暗的事物变得真实，阴暗的灵魂狡猾地处于昏暗阴影中，幽灵般地徘徊。

一种黑暗的势力出现在这些灵魂中，他们迫不及待地宣布黑暗是一种正常且长久的存在。

对他们来说，人类的灵魂是黑暗的；内心是黑暗的；精神是黑暗的；一切光明，都是深不可测的、邪恶的，注定绝望和分离。

对他们来说，人类和他们一切的希望，只是黑夜的尼亚加拉瀑布（Niagara），辽阔无止休的命运大悬崖上的悲凉，不断流淌、下降，像愚蠢和罪恶的大瀑布一样，坠入永恒的暗夜深渊。

对他们来说，所有的亲切都是浮云；爱是一种欺骗，光荣是阴暗的笑柄。

对他们来说，人类生于罪恶：他们被一双强大的手恶意的推入这个希望渺茫且堕落的世界，然后被一种不可抗拒的无形力量推入漫长悲哀的挣扎中，这种挣扎，就是生活。

对他们来说，人类战胜命运，这比小雨滴战胜黑夜里吞没一切的飓风更加不可能。

对他们来说，人类是无用的废物，他身体堕落，精神堕落，心灵堕落，灵魂无可救药。

对他们来说，人类是邪恶的化身。

对他们来说，春天是大自然的悲哀：虚假的生机，生存的狂热，对爱夸张的幻想。他们在温柔和愉悦上展开漠视真实地"尸布"。

对他们来说，冬天是大自然唯一神志清楚的时刻：在寒冷的冰雪当中，在阴郁的冰冻天空下的必死的决心不断重生却总在春天的狂欢中被消融。

对他们来说，一切生命都是残忍的；只有死亡是人类唯一的朋友。

对他们来说，一切人类都是残忍的；没有人可以有朋友。

对他们来说，心中最美好的恰是最糟糕的，因为这都是骗局。

对他们来说，脑中最好的恰是最没有价值的，因为这都是无力的。

对他们来说，灵魂是一个悲哀，它加强了我们的悲哀。

154 对他们来说，上帝是邪恶的：他们害怕他、辱骂他。

对他们来说，一切都是错误的，不过是增加了不满情绪。

对他们来说，参照上帝形象而被创造的人类，因此也是邪恶的；他们将堕落并背叛同胞，直至审判的到来。

对他们来说，光荣、忠诚、真实、爱都是人们在他的罪恶中发明的东西，他将会更加确定的背叛同胞。

对他们来说，个人责任和个人义务都是滑稽的用语——形成于心灵的愚蠢和诱惑——这些用语，如同有毒的花朵，有着诱人的外表、惑人的颜色，然而，一旦吸入它的香气，等待你的就是疾病和死亡。这些用语意图抓住那些粗心的人，只有谨慎的人才能逃脱。

对他们来说，一切美德都是愚蠢且脆弱的，在邪恶的统治下：邪恶才是正常的。

对他们来说，希望是无益的愚蠢美梦：悲哀才是我们的命运，绝望是我们与生俱来的权利。

对他们来说，一切思想的终极在于虚无和反感、苦难和反对。

对他们来说，二加二不等于四,二加二什么都不等于。

对他们来说，知识是一个狮首羊身的怪物，理解是一处蜃景。

对他们来说，人类是最优秀的叛徒。

对他们来说，一切人类的思想和行动都生于自私自利、成长于玩世不恭、成熟于背信弃义。

对他们来说，失败是正常的，而成功是命运的偶然。

对他们来说，人类的战争是正常的，因为我们相互诅咒对方愚蠢和罪恶。

这就是精神的四季，它飞翔在神秘、吸引人的生活周围——对于有的人来说是存在的黑暗太阳，而对有的人来说却是闪耀的球体。

一旦冬天来临，当太阳退却、心灵战栗，寒冷的恐惧降下时，冰封锁了欢笑的水流，雪从低沉的天空中飘落。夏天被长远的隔绝，树叶纷纷坠落并被彻底遗忘。一切都是那么的坚硬、死寂且绝望。

悲观就是当怜悯飞走，在心中到来的冬天。

悲观就是，冻结了一切丰富的思想，凝固了一切无私的感觉，抹杀了理解，封锁了生命之泉、动听歌唱的小溪和宽广奔腾的河流的冬天。

悲观，是精神的冬天，是思想的冬天，是世界的冬天。

悲观变成了一种激烈的否决。[1]

我们还没有达到宙伯（job，圣经人物）那样的痛苦，让孕育我的夜晚和我出生的白天消失吧。

的确，这是一种深不可测的悲观，它拥有黑暗的孤独和永不再生的种子。

—为什么你要把这些阴暗的云层带到我的视野？为什么你要让我丧失伟 155 大的希望？为什么要在我将要开始相信的时候恐吓我？

—因为我的灵魂患了病：我必须去呼吸空气：我必须去寻求自由。

—但是现在是冬季。

—没有关系——我去了。

—那么，我也去。

---

1 这句话是沙利文在修改时增加的，在许多对悲观痛骂的段落之中。

47. 冬

一啊，父亲，这是个多么黑暗的日子啊！

在这儿，在这个开放的国家，冬天是多么的悲哀和黯淡呀！

这傍晚的铅灰色天空，这宽广的冰雪。只能看见篱笆的最高处，构成了一条长长的阴暗的线。树木赤裸暗淡地立在那低低的小山顶上；同样的，这个忧郁的日子也立在一片寂静中。

这是多么不可名状、不可言喻的悲伤呀！

这一切是多么可怕的安静呀！

这是怎样的自然吟诵，伴有无数难以忍受的声音，传入我们的耳朵？

噢，这是最普遍意义上的睡眠；这是冬眠；这是生命中深奥的平静！

为什么我们要在这儿！

这不是压抑的；这不是悲哀的吗？

这并不比我们目前世界上艺术的状态更加压抑、更加悲哀。

这个想法给我的精神带来了冬季——的确是冬季！

而且就算我有所悲哀，也不应该有这种悲哀！

这看来似乎没有任何希望。

自然的冬季还有一个希望。

没有一种景象比冬眠——人类精神的安静冬眠更令人沮丧。

没有一种景象比枯萎的，生命血液不再流淌更令人悲哀。

没有一种景象比处在衰落冬天的艺术更令人悲哀。

我要亲眼看到这一切！

我应该去看看别的事物吗？

冬季！冬季！心灵的冬天已经到来，冬天笼罩这里灰暗的雾霾！

冬季已经降落在我们的艺术上！

冬季已经降落在我的灵魂里！

让我一个人在这儿，我将与在冬日、在广袤的空间里与主交流。

156   —我不会撇下你。

—我要一个人在这儿，与所有季节之父的伟大灵魂一起，这些气息正是生命的气息，也是死亡的气息。

我将愉快与上帝探讨，在这铅灰色的天空下，在这铅灰色的大雪下，在这昏暗、安静的树下，在这冰冷的空气中。

我将愉快地将我的精神沉浸在他的精神中。

我将愉快地向上帝询问，就在这荒野之中，我的灵魂正在变得荒芜——一片严肃的、寒冷的荒芜，在这儿听不到任何声音：

这宽广壮丽天空下，这荒凉的心灵，每一棵阴暗的树和苍白的雪花啊，为什么你让这样的冬天降临到我的灵魂？为什么我精神的种子在沉睡？为什么我想象的花朵奄奄一息？为什么我的心灵之泉被冻结？为什么他们在阳光和欢乐的照耀下不再起涟漪、不再沙沙响？

精神是崇高的。为什么你让这样的冬天降临到我同胞的心灵？

难道我并不是为了艺术而活？—— 一种在你的称赞中成长的艺术。

我也必须为此而死吗？

当我垂死之时，我在白雪之上留下了一点点随意摆放的种子，同时我的心中充满属于光荣，属于荣耀和繁衍的力量。

我是否必须向你我之间的仲裁者重复古老的呼喊。

神秘的力量，为什么你给他们带来了这样的烦闷？

为什么心灵在极端的痛苦中向神呼喊的时候，艺术却生而无言，死而无语？

这高深莫测的存在！为什么你让我懂得了痛苦，为什么要让我的灵魂来自痛苦的孕育——并且使他们从痛苦中诞生？

一切受压抑的精神！为什么你压抑了我的精神？为什么在冬天的冰雪下，它被锁住被封印？如同紫罗兰和白头翁被封锁在冬天的坟墓；如同百合花和龙胆草在大雪下僵硬静止；如同一切生命在静谧的雪中寂静无声。

它们会梦见你吗？在这冬季的寂静中，如同我的灵魂梦见你一样。还是他们，森林和田野里孩子，在白色花瓣的覆盖下失去了灵魂和梦想，从云层的阴暗花园中坠落？

你精神的力量是你冬天的力量，它作为白色的气息，在宽广的地球上呼吸；这也是你精神的气息。但是在我的冬天，你的精神，没有任何力量、任何精神、任何气息。

所有的艺术的精神气息是死亡，是艺术的死亡君主。

然而，人是什么！对于死亡，他所知的并不比他的阴影、他的微笑要多。

人类是如此的渺小，他不知死亡来自生命，抑或生命来自死亡。

但是你，高深的精神（Inscrutable spirt）——在你深不可测的目的下，为什么把悲哀留给人们一如留给人们欢乐？你给他最大的烦扰并不在他的垂死之中！

157

人们可能看到你，你并没有寻找人们——而只是将他们留在他自己灵魂莫测的神秘前保持无助。

为什么你没有主动寻找他们？

为什么你没有穿越他孤独的峡谷？

是你不能吗？

为什么你留给人们这样一个谜？

为什么在你神秘的杰作前，你留给人们无助和困窘：

他灵魂的冬天里的无助和迟钝——他心灵的空虚？

为什么你创造给人类灵魂无止境的奇迹，但却在他们无数作品中放置污点？

为什么在他们坚定地为上帝创造宝藏的时候，你给人类心灵带来黑暗的夜晚？

为什么你让人类的眼睛充满丑恶，使他忽视了作品中不断放射的美丽？

为什么你堵塞了人类的耳朵，使他们由此日日听不见你美丽的声音，听不见无尽的旋律？

为什么你让人们走上了堕落的道路，对于精神的赞歌、心灵的憧憬、手中的作品，他用嘴称赞，而不再用心称赞；同时，他开始自夸和骄傲。

为什么居住在冬季的你，安静、冷酷、沉着、无情、无声？

还是你说了，而我却没有听到？

还是你呼唤我，而我却没有意识到？

这无可名状的神秘！你的艺术在哪儿？在此处恐吓和吸引我的时候，什么是你的艺术？我大声呼唤，却只听得到荒凉的寂静——以及冰冷和迟钝——的回答——没有一个人、一件事物回答我，我自己的灵魂也不回答！甚至你也没有！

天哪！这儿没有答案，只有无情和阴沉的幽暗——飘落的雪花！

所以，我必须走自己的路。

所以，我必须独自求索——如果有路的话。

所以，我的灵魂必须逗留在这冬季。

所以，微小、隐藏的希望之种等待着那一日的到来。

因为人，总是孤独的。

上帝没有听见他，上帝既没有看见他在冬季——在这注定的灵魂之冬；也没有看见他在春季——在他灵魂之春；更没有看见夏季、秋季——上帝没有看到人类。

人类当然是孤独的——他只能成为自己的且唯一的上帝——他唯一的上帝——在你的另一边。

—啊，大师，请不要这么说！

这吓坏我了！

看看湿润、大片的雪花，缓缓地飘落，好像在责备你。

暮光照耀着我们，照耀着所有，好像在解说，在责备。

158

天色愈发黑暗了。

我虽然能看见你，但是愈发朦胧。

越来越多的雪花纷纷扬扬地飘落在这无垠的温柔中。

一辆雪橇从幽暗中穿过，伴随着的是玲玲的响声，接着就静静的消失在夜晚的怀抱中。

一如人类渺小的生命，玲玲地响着接着迅速地消失在永恒的夜中。

哦，不要这样说！

这是多么的黑暗呀！这大雪不断地覆盖着我们。为什么你无动于衷？为什么你不说话？回答我！我无法看到你——但是我能以我的手感受你。回答我！

我将与上帝对话，并用我的手感受他，但是上帝却不会回答我！

他以宁静的黑暗和雪花回答我：他的手以此触碰到我。

这已足够，这已足够。

对于阴暗的自然这已足够。为什么我仍不满足？

因为这大雪仿佛落在了我心灵上，这黑暗让它安静的沉睡。

我的精神依然与我一起，但却沉入了冬日的夜晚。

这已足够，这已足够！

冬季和冬季的上帝，我满足了。

因为我如同冬日夜晚的一片雪花，在这无数的雪花中，缓缓地沉入安眠。不再询问，不再探索，不再质疑——接受一切。

—大师啊，你把我吓坏了！

—为什么我会被吓坏？

—我推测你会绝望。

—为什么绝望？

—哦，在这沮丧的冬日夜晚，一切都让人绝望！

—所以我要，在我的心灵中植入春日的新生！

48.关于诗歌

——大师，为什么你要带我进入到这样的冬日之夜？

——为了恢复我的精神，并且向你展示心灵的限制和边界：带你直面那堵在人类心中已经被打碎了的墙。

——那么为什么你要向造物主发出如此绝望的呼喊？

——为了给你展示灵魂中不愉快的限制和遥远的边界。为了给你展示人类159的孤单和他的力量。为了试探你的灵魂，检验你的力量，坚定你的勇气。

——那么为什么你做这些？

——为了帮助你成为一个解读者，一个诗人。

——那么为什么我要成为一个诗人？

——为了你可以显示理解的力量，在实用艺术中谱写出颂扬的诗歌。

——那么我怎样才能在艺术中谱写诗歌？

——人在任何事物中都可以表达诗意——但是首先要活出诗意。因为诗歌就是生活。为了表现生活我们必须知道生活，并且理解它。为了了解生活中的一切单纯，我们必须抓住它的复杂；我们必须从多个角度观察它，正视它的各种情绪和矛盾；为了了解它的复杂，我们必须合所有理解之力，抓住它内在的简单。为了了解灵魂我们必须唤醒灵魂。为了了解精神我们必须解放精神，让它面对开放且自由的活动直到它不再畏惧。

所以我力求充实你生活的眼界，力求扩大它，这样的结果是当你的知识有所增长时，你的理解力和表达力将会跟上它的步伐。

所以之前我带你来到自然中，并且将再一次带你到自然中，给你展示我们的情绪是怎样和自然的情绪并行的，自然的问题是怎样与我们的问题并行；也直接给你带来一种永不枯竭的资源，创造力显而易见的效果。使你在这儿、在现在或将来，找到解决问题的钥匙；更向你解释什么是人类可能阅读的自然之书，她所拥有的最终可能会为我们拥有：我们从她繁衍不息的力量中、从她尊崇的逻辑中、从她由功能转化为形式的过程中——诗意的最高境界——汲取一些东西。

自然就好像戏剧的背景，人类在其中表演：在自然的梦想中人进入了自己的梦想；自然的现实就是人类的现实。

对于一切生活，总体来说都是广义的戏剧、广义的梦想，人类的灵魂是它最主要的观众。

我还要告诉一些关于韵律的知识和理解。我要让你从内心深处确信，人不可能独立存在：人必须探索寻找在精神上的寄托，在这可见又不可见的宇宙中地球上的家园，在这世界和心灵中他的同伴。

在人类与自然协调中，他的善良对快乐撒谎；在不和谐中，对痛苦撒谎。

我将告诉你一些艺术上有说服力、合适的见解，是关于它潜在的未发现的美丽，它无穷的关于实用表达的能力，它流畅、有节奏的特征，它炙热的、有阐释力的，戏剧化力量——当将你的精神与自然的韵律同源：当你感觉到自己联合了她的力量。如果你不能感到它的接近时，你怎样知道这些是真实的？如果你不探求去理解它，你怎样理解它的作品？如果你生活在其中并理解它，你将希望怎样去表达它？

自然富足的景象在人之前逐渐形成，在有机形式中形成；在各种各样光辉的节奏中，在这种平衡中太阳和地球诞生了：无数的粒子采用了可见的有机形态。人类应该少做些满足功利需求的事情！这就是诗歌的功能，在任何的生命旅程中，应该尊重它们；让这些成为自己的东西；并在他的作品中加以表达：无论是什么作品，无论他的表演多么特别。因此我们要拓展关于自然和有益诗歌的工作概念。此外，无论你在生命中遇到什么，如果你没有一个表达体系，你都无法表达。而你不会拥有这样一个表达的体系，除非你有一种关于原初思想和感觉的先验体系；你不会拥有这样一种关于思想和感觉的体系，除非你已经有了关于生命的基本体系。

当这些所说的都已经完成，宏大的作品或者微小的作品，无论是什么形式，已经是这种哲学的浓缩表达，它为创造者所拥有。它代表了他的观点、他或多或少成熟的、有机的、全面的观点：关于自然、关于人是自然的实体、关于他的同伴、关于无限延伸的引领的精神；关于人类的精神、心灵和灵魂，种族的进步和命运，简单地说，他的生命哲学。

这些观点、这种哲学，可能不能像在问答集里那样明确的表达，但是它们是最初决定这些作品的动力，这一伟大的作品——无论什么形式——绝不会不让人想到这是创造者生命哲学的表现。

假设一个人是为了快乐而创作了这个伟大的作品，并没有以他的自己的方式与流动的生活交流，他可能了解它；但并没有像他可能看到它一样以他自己的方式凝视人性：它的尝试、它的纠结、个人生命的短暂脆弱，以及注入人体中的具有根本延续性伟大生命——自然的思想只能自然地表达出来。

郁闷的试想，一个人可能以重建一个希腊神庙或者任何其他宏伟作品的方式创作一个伟大的作品，这就是这种天然思想的空虚的例子：对特定思想的误用。这是个简单的负思想。

对我们来说，一件伟大的作品，必须是一个有机体——就是说，拥有自己的生命；一个个体的生命作用于它所有的部分；在其主要功能的变化中，在继承，在连续变化的变化的形式，表现达了有机体的复杂：从一种表达的冲动到表达我们的时代和需求：热心并诚实地去探索去满足这些需求，使我们的世界成为一片乐土。

现在流行的方法，仅仅是将已有的碎片、部分、特点安装到一起，将所有已有的观点、假设的传统组合到一起，这不是一个有机的过程；而是与有机截然相反的过程。它可能绞尽脑汁，因为它本质上是一种有害的妥协；它没有为更高的思想和感觉的机能施展的空间，这些能力是有机的创造工作的基础，是计划的基础，一种任何形式的探险的基础。

因此，如果这集合或混杂的过程被称作是有学识的，就像很多人现在所认为的一样，被而不是照亮我们的创造或诗意艺术的图像：基础上是功利主义的，上层结构则是和谐的。

161

可以肯定在创造伟大作品的人中，不同的时间和地点上的确有各种变化，不同形式的变化基于不同个体的本质特征：一件伟大的作品，往往是一次伟大的个人表现；由深思、活跃、清晰的创造性思维中成长出的一种情绪的表达。

因此，模仿的方法成为一种普遍看法，这是多么虚弱呀。它不需要生命的哲学、认真的决定，冒险的精神作为基础，它只需要一种对过去短视的看法，一种对现在模糊的、不可见的观点。

模仿在世界上曾获得长时间的赞誉，这种模仿在我们所处的当下塑造了形式，塑造了演变的历史传统。这仅仅是在回避问题。第一，你不能使任何过去的事物复活：那些在那个时代创造它们的人已经和他们父亲在一起了。这些人自己可以以同样的精神完成其他作品。第二，如果你的心灵足够高尚、有同情心和光荣，那么你和他人进行着真诚的合作和交流，通过这种交流，你会希望与他们竞赛，而不是模仿他们，去做他们已经做过的，换句话说，去再创造：根据知识和理解，去理解你自己人民的生活，和时代的精神。

因此，对于一个严肃的心灵，对于一个诚实的内心，完全模仿的产物和模仿的方式是失败的——它展示了愿望的脆弱，是贫瘠的、无意义的。

在这儿并不适合讨论"对过去的尊崇"，因为这样的讨论并不能改变事实的情况——我们正在处理精神和我们时代文明的物质形态，以及它的建筑面貌和表现。

关于人类过去伟大作品的态度，不要弄错了我的意思。没人比我更尊重伟大的古代作品，更加认知并欣赏它们的美丽，它们的价值以及人类实现理想所体现的精神力量。但倘若我否认它们已经远离我们的时代，我便是在愚弄自己和这些伟大的作品，从而使我对于它们的认知和热情变得毫无价值。

我的小伙子，美丽从来没有真正远离过大地的儿子（Sons of Earth）。

崇高的思想从没离开，离开的是以往的记忆。

迷人的艺术从没离开。

人类的力量从没离开。

如果他失去了它们，在他的道路上，他只有呼唤：

它们会愉快的回答并到来。

他的精神将会复兴。

49. 表现的艺术

一在春季，当冰雪消融时我们向太阳欢呼，树木的汁液增多，种子苏醒，一种新生命的声音响起。在黑暗之外，在冬日的寂静之外，歌声响起。自然复活的景象重新出现。她歌颂着她的释放。

由此，沉睡中的人类灵魂在太阳的同情中苏醒，他引发了春天的开始——万物的表达经过了长久的生长、长久的隐藏、长久的昏暗，长久的无知无觉，现在开始晃动，向着光明，寻找着形式，寻找着成长，寻找着表现。

自然如此，人类发展的趋势也如此。

我的小伙子，也许你可能从没有以真正开放欢迎的目光看过春天！

我们应该在一起，立刻看见它！

现在我将说些最后要说的。

如果这春天变化的景象没有涌进你的内心深处，你将永远不能真正领悟我们艺术里的词汇是怎样的响亮；这更小的词汇是怎样的流畅，怎样的满足；这众多微小的言辞是怎样的甜美。

表现艺术必须从内心的蓄水池中流淌出来。它必须在寻找出口的同时集合并存储力量。它并不是一件衣服——不是可穿可不穿的东西——它是不可能与生活分离的，是生活的象征。

因此，表现艺术是应该最先建立的理论，它应该增加到一个完备的教育课程当中。它应该随着身体生长而生长，随着愿望进化而成熟。它应该是人类能力和可能性的证明。在最初的最初，它应该打开思想，打开心灵，去获得直接的印象。这些之于人类就像阳光、土壤和雨水之于植被。那么，当证明了这些是印象的时候，让它们立刻开始表达吧。在这之后，新的印象、接着新的表达——不断继续，不断呼应，不断拓宽，当然也组织着、展开着，在力量中不断成长，变得更紧密、更有创造力、更流畅；在接纳中不断成长，在激励中不断成长；在流动中不断生长，在平静中不断生长，变得更复杂——与生命的复杂同行；变得更简单——与生命的简单同行；在力量中不断收获，在脆弱中不断收获；在纷扰中不断收获，不断阐明这些如此精细却最有力的基本的力量——接受的力量，应用的力量！

然后，一个人将不仅仅看到事物的表面，而是深入事物的本质。对于所观察的人也如此。

然后，一个人将表现生活，因为他正在生活。

然后，一个人的作品将成为诗歌，因为他从生活中生出萌芽，关于它的需要和它的渴望。[1]

现在，我们的工作是扩展并聚焦于词语或短语的意义上。让它们摆脱偏狭的限制，在人的世界中自由行动。被称为"表现艺术"的短语摆在我们面前。它的应用被排他的限定在所谓良好艺术或者特别指诗歌和散文的艺术中。这就是说，它一直保持了一个严格的封建传统的意义，在这个意义上，它是一种自我的表达，一种有着极其狭窄的贵族含义的不充分的自我。我称之为偏狭，不是因为它事实上如此而是因为它在实际应用中如此。就像所有其他的封建词汇一样，它忽略了人类的需要，它集中在狭窄的自我主义上。因此，这个短语需要解放。它必须采纳大的扩张和象征的力量。它必须被提升成为一个普遍引领的规律和力量：否则它将不能满足和鼓舞头脑和这一民主工作的核心。简而言之，我们必须将它的意义从封建改变为民主。我们必须扩展它的范围，使它包括人类活动。因为这就是民主的功能，去解放、扩展、加强并关注每一个人的能力；利用每一个人现在尚未利用的、滥用的、浪费了的力量。这就是民主最大的功效。因为民主从其根本将会去除人类在曲折的徘徊中，在僵局中，在悲剧中，以及在"繁荣"这种虚幻的表达中所形成的浪费。它全部的知识和理解，将建立在普遍的生产和种族间的平衡。它梦想的第一个果实，就是人类及其力量的发现。它关于表现艺术的观点，建立在清晰的精神诚实和崇高的道德选择的力量之上。在工作者、探索者、思想者和梦想家们各种力量的锻炼中，它的目的是引领他，组织他。它知道并理解为什么封建的文明以垮台和灾害结束。它知道并理解封建主义的灵魂。它知道世界上人们的思想、感觉正在从精神地方主义的领域中走出，语言、思想和深刻的封建主义都确定的说明了这一点。它知道人类的心灵需要纯净，他的精神需要清洁。它知道人类已经长久的生存在孤单的恐惧中。在它的鼓舞下，民主将废除恐惧，将驱赶恐惧，将像驱除恶鬼一样驱赶它，它将推倒并摧毁恐惧后面那堵墙，并在人的清晰的视野前清晰地展现这个世界。

因此，生活在民主中的每个人（尤其是那些被看作精神领袖的人们），每一个都在自己的领域中，掌握包含一切对象的表现艺术，这是必要的。因为民主有着真正需要表现的东西，它坚持它的表达，这将确信它们已经被表现了。民主坚定的凝视穿透了所有封建的屏风，一切遮挡，一切借口，一切托词，一切伪善和一切谎言。它穿透并超越了他们，看到了封建的现实。然而，民主的愿望存在于它的希望中。用累积的力量，它正在寻找并肯定将找到在社会的功能和形式中的表现。它正在寻找并将找到一种持久的、多样化的、有组织的表现方式，一种由它思想本质中所蕴含的伟大逻辑：唯一一种代表了完整的心智健全（sanity）的社会思想，唯一匹配人和其力量的精神力。因此

1　作者在1918年全部重新写了这个观点。

163

民主艺术将发展成为一个完整的、简洁有效的伟大表现艺术。这是一种包含了所有艺术、所有活动、个人和集体的艺术。这是一种现代人作为创造者关注他的思想、专心于他的才能、锻炼他宏大的力量，并在过程中不断发展的艺术。

我没必要再讨论细节了。它的含义应该是清晰的。这伟大的普世需求就是心智健全。

164

关于你自己，我的目标是，首先，将建筑艺术作为一项特殊的社会活动单独来看，从而展现出建筑艺术与人的需求，人的思想，人的渴望之间的紧密联系。为了成为一种真正的表现艺术，它必须获得民主的鼓励，它必须在实际可操作的需求中寻找源头，并利用这些现代资源。接着只有它已经证明它进入到情感和诗意想象的领域、并为美丽这一目的服务，才能为人类的快乐作出贡献——为民主的诗歌作出贡献。只有这样建筑才有可能成为一种表现"艺术"。

我并不那么需要带你进入到艺术的技术化细节。自然提供了素材，你必须以你的智慧和感觉去使用它们。所有的几何形式都在你的安排之内，它们是普遍的；是你以智慧和感觉去利用它们，熟练的操作它们，改变它们。工程学在实质上可以解决一切关于建造的问题。工业艺术，即缩微的美术，机械的技巧，技术这些都在你的安排之内；语言也是如此。自然的多种功能和形式的表现在你的安排之内。你还需要的就是一种表现的冲动。剩下的都"由你决定"。

完成这些事情、这些手段，达到你的目标，造型是你的权利，它确实取决于你的工作。我小心地避免制定任何规则——它们仅仅为了限制和压抑。我在让潜在的规则发生作用，我已经告诉你了它们是多么的简单和普遍。我也告诉你了一些它们发展出的复杂性。

由于这些一般规律是从普遍的、从生活中而来的过程，用你的智慧和感觉，以你自己本能的方法，可以使它们按照你的意图发挥作用。

然而，由于你会遇到一些问题需要解决，让我给你这个建议：每一个问题都包含和暗示了它的解决方法。不要把时间浪费在"到别处寻找上"。在这种精神和理解中，表现艺术的具体设计就可以展开了。

50. 创造的冲动

165

—你有一种特别的习惯，认为每当你突然有了一段简洁的新奇表达，我可能可以立刻领悟它。举例来说，我依然困惑于你说的每一个问题都包含并暗示了它的解决方法；且在别处寻求解答是浪费时间这个观点。现在我就无法理解一个问题包含或暗示出其解决办法。

—我允许指责。通常是这样的，当一个人用很多年去思考一个特定的主题，他关于这个问题的观点会倾向于专注在一个对于自己简洁的陈述上，但对于他人则并非一目了然。

—这正是我所想表达的：它对于我来说不是不证自明的，我的训练不是这种方式。这个建议引起了我明显的好奇。如果我没有理解错误，它听起来很巧妙。

—我认为只有那些普遍的真理才是有价值的。有如此多真理是普遍的或者可能被扩展为一个普遍的应用，这令人惊讶。我并不认为真的有人可以在问题之外寻找到答案从而成功的解决它，并且这个假设无疑包含了无数次的失败。这些失败能够自证：这在世界上随处可见。尤其是这种理智（intellectual）的特征。天真的人通常能够更直接的触到问题的核心：通过一种感知的过程去感觉它的核心。现在介绍一个简单的例子：如果给你一个花生罐，现在的问题是找到花生，你简单的打开罐子，就得到了花生。这种情况极其简单，并且这是事实：并且这是一个很容易获得很多经验验证的事实，可以自证成立，科学家或者称其为定律：对于科学家来说，事实就是法则：从这个非常微小的词汇中你可能会顺便注意到宇宙的专制性概念。

如果我们逐渐扩大这个问题，我们会发现这个情况的外壳正在变得复杂，它所包含的解决方法的萌芽越来越不清晰。但当我们集中注意力，并解决了问题时，我们会发现"定律"运行得很好。当我们有了更深刻的经验，我们开始意识到限定条件的本质给我们提示的正是解决方法的自然特征和限定条件。如果你正在寻找一颗花生，以你的经验你会知道在栗子壳中是找不到它的。因此，一个问题会呈现出个性和共性的特征。你要开始意识到你的解决之道必须具备共性。如果你面临着一个没有共性的问题，你就会知道这个问题根本不是一个问题，而只是一个臆想。随着问题变得越来越复杂，了解所有的条件、掌握所有的数据，尤其是确定它的限制这些的必要性就越大。现在假设我们将一个问题扩展到人类的极限，并限定它是民主问题，条件看起来十分复杂和综合，并且严格限制在人类天性内，解决方法不仅仅是难以预测的，而且完全无迹可寻。那么，让我们使我们的"定律"生一场重病吧，可能在若干年以后，我们最终可以穿透这个人类虚构的巨大面具，发现解决方法的萌芽就是人类自身和人类基本的天性。在发现了一个人的精神和力量后，我们就可以发现所有的人的精神和力量。在发现了一个人之后，反过来想，就会呈现出一种新的、建设性的方面；一种局面和目的从创作的渴望中生出。所以，在这种需要出现时，我要让你自己对"定律"有独特应用，并继续讨论在我的心中什么是最重要的，什么将在你的探寻中自然地生长出来。顺便提一下，在你遇到我之前，当你还是之前那个你时，你（面对这种情况）将会提出什么样的问题？

我想谈论的正是关于这个问题：人类创作的渴望之下是什么？这其中肯定存在着许多本质问题。

首先，人最初具有制造的想法而非创造。他的想法是为他当前的使用，做一些事情，造一些东西；去满足他当前的物质需求。直到今天这种初始的认知，经过复杂的文明过程，依然借助其简单性而存在。因此我们可以假设，作为一个基础，制造的想法要早于创造。在生物的次序上，人先成为工人，再成为探求者、思想家、诗人——创造者。更进一步，我们可能证明了工作的力量和情感的力量同时作用在一个人身上时，它们并不是被同等的满足，在人的情感本质中存在一个萌芽，它在人及其探索外部现实的过程中逐渐自信的成长。这个萌芽是表现自己这种渴望的无法言喻的开端；最早关于表现艺术的需要的指示；潜在的创作冲动的开始。

现在，这特别的微妙观点涉及了以下这些内容：为什么人类希望去创造？是否因为他感到孤单吗？是因为他渴望感情的、精神上的陪伴吗？这种被压抑的、阴暗的焦虑，似乎逐渐形成一个问题，逐渐模糊了地推动答案的找寻？先人们是怎样解决这个独特的，突然产生的，未来将会屈服于现代思维的问题的？仍然是在本能情绪化的指引下，他找到了解决方法，并且准确的在他自己这儿找到了答案。在这个问题上他并没有形成定律。他简单地将本能付诸行动——他再生产的本能。他给他赤裸裸的工作注入情感的特征并在其中找到了他渴望的呼应——因为这产生于她自身。他的成长着的才智可能正在满足他的物质需求并且扩大他们的表现。本能鼓励了他双手和才智的工作，可以满足他心灵的诉求，他灵魂的欲望。这样，人以他自己的形象开始了无意识的创作。在冲动的力量、表现的力量内，他的作品慢慢成长。当文明出现，人类的工作表面上与文明不一致，表现了他性格的多样。在某些方面，理智的力量占优势，在另一些方面，感情的力量占优势。它们极少达到一个平衡。它们从没达到过。这种达到超越了封建思想的界限，它存在于心智的领域中。

在我们自己的时代，就像我对你说的一样，实在很可悲，本能不是在实质就是在形式上分离了。面对它美丽的变化的力量，我们没有意识到它们的来源，给它们起了许多美丽的名字；对于我们称之为本能的主要冲动，我们对其进行斥责和侮辱。我们之所以这样做，不是因为我们已经过度文明，而是因为我们处在文明进程之中。我们给予本能一个松松的缰绳，最终无视或忽略了这样的事实：最后它肯定会疯狂的运行并且试图去驾驭我们，就像是绵羊站在悬崖上或是陷入社会自杀的沼泽中一样。

因此，轮到我们遇到了前人的问题。我们有着同样的"去制造"的想法，对情感和精神的陪伴有着同样模糊、本能的渴望，同样无法言喻的去描绘我们自己未来的渴望。然而，当本能正在等待时机时，理智长期处于被压抑的状态。我们处在"现实"中已经太久了，以至于在不真实的精神标准中对于未来自身的认知已经变形，这只有二元论才能解释，而人的物质存在与精神本身是统一的。现代人压抑了一半的自己，是自己的叛徒。在一定程度上他认识到了这一点，进行一些努力的尝试，如他所说的：以虚弱的、混乱且盲目的自身力量去努力尝试达到他信仰的顶峰，这种信仰他称为折中。换句话说，他正在尝试一个不可能的任务：试图鱼与熊掌兼得。他持续不断地提出（投射出）大量自己理智的投影，而这些词语唯一的特征表明了他理性的状态。他并没有提出同等的基于本能的词语，这个事实清楚地表明了他的意图：理智将继续支配心灵：他是实际的。因此现代人尝试去解决这个生活基本的问题总是不成功的，因为他总是到处寻找答案或是解决方式的建议，除问题本身。

带有先入为主的观点或态度的去解决问题，这对于问题解决来说是致命的。这种思维是由这些观点所组成，那就是解决方案"将是，一定是，应该是，可能是"是某种样子。现代人总是会犯这种具体特定的严重错误。他以环绕包含了解决方法萌芽的外壳为开始，一个已经足够厚的外壳，以一种坚韧的超级外壳包裹着关于人，他的力量和他与其他人关系的理性误解。外壳烦恼着他，他的力量和关系给了他的同伴。换句话说，他正尝试以一种完全自私的方法去解决一个本质上完全无私的问题，所以，他总是处在表面。事实上，我们必须停下来，这种人在他的一生中，主要是在表面而不是在他应该在的内在寻找解决方法。这种心理态度准确的解释了这种现象：他将自己投影于阴暗无情的影像上，这种影像他称为命运。

古人已经向我们表明了在封建的状况下，他创造自己多种形象的力量。这些形象以现代的物质形式出现，或者作为其情感梦想的无形组织，他精神上对于友谊的渴望，直接来源于这种需求，创造的冲动。他还不明白（尽管他可能已经感受到了）他创造的这许多事物，许多体系，许多神，是诸多他自己在外部世界的许多支系的投影；这些他所知的创造，引起了他内心世界的反应；在同时存在的外部和内心世界中他找到了寻觅已久的陪伴；在他自己的诸多作为本身变体的投影中他感受到了家的气氛——他的文明，他所在的组织都是他们能力强的本能的无意识产出，自然之声宣布这些有形的光荣

167

168

象征属于人本身，而理智则告诉他在其清醒工作的时刻，他们的组织和文明来自上层社会结构。地位卑下的和出身高贵的一样都处在理智的统治之下，大多数人相信并同意了这一点。因此，从来不存在一个独立于被统治者意愿的政府（除去在那些极端压抑的时刻）。封建政府，不论是过去还是现在，都建立在人民的封建思想的基础上。我们的文明因此成为在理智和情感上的缥缈，而在现实层面坚实的上层建筑。

然而——特别注意到——当大多数人的想法改变了，由这些思想支持和支撑的文明、习俗，相应的也随之改变，因为没有一种文明一种习俗可以在创作的冲动、感情的渴望、大多数人理智的认同都消失后，长久的存在的。因为这种文明不再是(大多数人想法的)投影。它将不再反映到他们的梦想中。或者，他们的梦想可能褪色，影像也消退或被毁坏了。过去，这些改变通常发展得很缓慢。而在现代，出现了一种明显的加速倾向。同时，看得更远些，在过去所有的荣耀中，人类并没有解决这个关于人的问题。

现在，一种新的憧憬，新的孤独感，新的对陪伴的渴望在我们心中产生。过去的影像、过去的神灵、过去的方法不再令我们满意。慢慢地，现代人苏醒了，并唤起了一个新的愿望。一种新的、更宽广的创造冲动，一种新的本能运动。正是这些让我们今天的世界在新的解决方法、新的创造上变得如此动人、如此激动人心、如此有力。现代人的思想正在慢慢地，以自我推进的力量、在新出现的自我引力中心内塑造着它本身；理智与情感间一种新的联系，本能的一种新的坚持，一种新的集中的创造冲动，一种在新的组织中发现对自身反应的渴望，给了他一种新的满足，一种新的陪伴的感觉。现在全神贯注地看吧：在分析的舞台上，他将马上进入建设的舞台。因为创造的冲动，起初完全是主观的，在客观的现实中实现了它的功能。

所有这些看似跑题，但是我已经让它变得有目的，你可能要设置宽广的界限并且专注于简单的起点。你可能会看到这样的一天：当人们以开放的眼睛面对不情愿直面的影像，他将会不情愿的认识到这一点。以完全一样的开放的眼睛，他将会认识到他对于理智长期以来的保守和放纵，并且为了他自己的健康，他会感到羞愧。

更进一步，我所说的可能会使我们的艺术在比较中看起来渺小而没有意义。当我们的思想专注于此时，我们可能会很容易注意到，我们所做的是一个完整工作的一部分，这是一个具有综合性的，建设性催化作用的创造性过程。我们正在与人类精神所尝试过的最伟大的冒险相关联，来完成这项特殊的工作。

所以就让你的艺术成为我们时代的新的创造冲动的一部分吧，并为它而存在，依靠它而存在，可能会在未来产生人类自由精神的真实影像。

169

提示：本篇和接下来的，代表了全新的章节，写于1918年。

51. 乐观主义

—亲爱的孩子，现在，我们已经大体上完善了我们的论点。我们已经以一种简洁的，概括的方式完成了这件事。我们回顾了同时代美国建筑的现象。我们也对古人匆匆一瞥。当终于艰难地到达一个顶点，我们已经可以纵览今天人们的观点。同时，我们也找到了简单基本的解答。

我们已经接近了对你基本教育的终点，在你新的、自我创造的教育的开始，我们的谈话，可以部分地称为启蒙对话录。

这个任务在某些方面并不总是令人愉悦，而是使人遗憾的；那么，你觉得呢？情况就是这样的。

如果我们看了太多的悲观，那是因为存在着太多的悲观。而冷嘲热讽也是这样的。

如果我们发现了在许多方面的忽视，那是因为忽视确实存在于那许多方面中。对于学校的无能，对于理智许多方面的排斥，也是一样的道理。

如果在我们的探索、寻找中，我们有如此境遇，而其他事情与它同样使我们为难，那是因为他们就是这样的。

但是在下到这个否定的黑暗峡谷中，在穿越它并开始往上爬之后，我们开始遇到一些愉悦的事情，甚至当我们跋涉的时候，在向着山顶前进的时候，我们发现了一个又一个的真理，它们是有益健康的、是有着巨大的价值的，并且是鼓舞人的。当我们到达了最高点，人类无价的宝藏在我们面前显示出来，我们信任它——人是创造者！是救世主，是弥赛亚。

我向你指出了思想的薄弱但安全的基础，在这个过程中，你勇敢地坚持了你乐观的热情：一种心智健康的基础和良好的愿望。

让我看看，过去"乐观"这可怜的词在愚蠢的手中、在表面和轻率中、在上述所有、在专业的乐观主义者手中都遭受了什么。我们已经明白得够多，知道一种现代的乐观必须以对事物的一种信仰和可见的公平确信为基础，而不是一种不可见事物的模糊本质：并且在这些事物和公平可见的确信当中，人的力量是本质的有创造性的生产力。

同我们一同体会不可见事物本质而非笃信预言的人，在他增长的知识和理解以及他的力量中，在他的增长的对自然过程的领悟中，将会到达一种完全健康的乐观主义；利用这种乐观，可以作为一种理解的、创造的、建设的力量去建造他崭新的家园。这种乐观是真正值得做的。它的基础对于富于想象的探求的心灵来说是清晰的：它的用途对于富于想象力的建设的心灵同样也是清晰的。

在这个意义上，你乐观生涯的开端有了良好的基础，同时可能仍然会有一些小的危险存在，你可能具有乐观主义的意愿和敏感善变的心态。你肯定会遇到困难，但是以你的耐心和完全发展的专业技能，一定会克服它们。记住所有这些，不仅仅是你的艺术始于实用，并且实用是它在你手中变得美丽的唯一基础和保证。乐观的价值即如它在结果中一样存在于你揭示它的过程中。

现在当这个谈话已经开始注定的告别……

—哦，不要这样说，我将会永远继续……

—我想说一些拖延的话，让它不要这么的突然。所以在你思考和工作时，请记住并且在心中牢记：形式跟随功能，这是一个法则—— 一个普遍的真理。主要的功能，只要你去关注，集中在那些希望去建造的人的特殊需求上，这些需求都很易于变得充满情感，同时也是实际的，就像通常所认为的那样。你的任务就是以极度的小心去探索和吸收这些需求，在问题中，在他们形成的集合中，找到真正的解决方法；接着以一种真实的词语、以令人满意的美丽的形式来表现这种应该保持而非压抑的创造冲动。

这可能就是所有需要谨慎说明的了。如果你将我们各种各样的对话和经历的实质和精神放在心上，如果你已经将它们全部吸收，那么它们可能在你自己彼时的丰富表达中，如我所愿在成长中的观察力、经验和反思的作用下，重新出现。直到你完全相信建筑不仅仅是一种造型艺术，你更应该成为一位明智健全的大师，成为美的造型艺术的大师；一位有着民主思想和表达民主艺术的大师，这样你才是有创造力的！

—让我们不要只到这里。冬天已经过去：春季就要来临，我已经感受到她的芳香弥漫在空气中。

哦，让我们不要停下来，直到欢迎春天的到来！

她用尽全力，飞快地到来。

—旦想到她的问候，我们的以及她自己的重返青春与复活，心灵就会融化。我渴望她的陪伴，虽然我不知为何。

52. 春之歌

他们说爱是盲目的，但其实并不是这样——爱，明察秋毫——被爱的人是盲目的。

他们说许多的事，我的小伙子，但其实并不是这样——如果爱不存在，那什么都不会存在。

他们说——无论他们说什么，爱就是爱，它是力量中的力量。是我们生活的原因，是我们最后的庇护，最初的希望，是我们洁白的最简单的快乐。

这是春天，哦君主！
这是春天！
甜美的芳香弥漫在空中，
幽暗的香炉在摇摆，
这是春天，
这是春天！

这温柔的微风是如此柔情，
这张开的幼芽是如此有力，
初春的歌唱是如此轻柔，
这是春天！
这是春天中的春天！
它是新生的，
精美的，
无法言喻的。
它融化着、消解着；
它唤醒了爱；
它是唤起爱在花园中绽放着永恒的快乐。
它是春天，
它是黎明。

这个时候，
爱到了生活中——生活到了爱中——

他们两个是一体。
善降生了，
力量在辉煌中出现，
善就在这儿。

当春唱着她那明朗的歌时，势不可挡的快乐苏醒了；
我们听见了她的旋律，
听见了我们的钟声，
因为这是"我们的春天，正在歌唱的春天"，
正在聆听她回应的呢喃；
这是我们对春天感人的心绪的回答。

一些事物一定会融化；
心灵融化了；
灵魂融化了；
身体融化了，接着重新再生。
172　这就是春天——疲倦的、汹涌的春天，
这敏感的、有力的春天，
这诱人的春天究竟有没有，
行动的春天——热情呼喊的春天，
承载着爱，
承载着多产的激情，
承载着愿望，
过载着力量去做。

看！在那边松树的顶端，嘲鸫（mocking-bird）对它的爱人爆发出爱的歌唱。它在怎样随着树枝摆动，它怎样在微风中不断歌唱，在春天里歌唱——唱着爱的迷醉之歌。微风是多么了解这些呀，春天是多么了解这些呀。它的爱人站在那边的树上，渴望着爱情，在春日里渴望着她的甜蜜纯洁的心——一只嘲鸫的心。
哦，不要关上通往春天的心灵之门，哦，人啊。
那些逃避纯洁、面对繁育的旋律却堵上耳朵的保守派，为你们感到羞愧。

看！山茱萸开得多么鲜艳呀！
将来我可以像它一样开花吗？

当然！你可以——如果你愿意！

山茱萸在春天之爱中绽放，
爱的春天——然后绽放。
因为爱是生命；
因为爱是你；
因为爱是我；
因为爱是这样的春日。
它们都在生命中；
都在信仰中；
都在哲学中；
但是如果没有爱——哎呀！
野杜鹃没有告诉你吗？
需要我说吗？——我？
我是谁？
它是春天——不用我说。

但是我的春之歌在哪儿呢？它什么时候才会开始？
在这光辉之中我的高音是多么沙哑；
和这彩色对比我的希望、理想是多么苍白；
我是多么浅薄，除了爱情，这一切是多么空虚。
我的心中满溢着爱，我将要试着歌唱；
春天在心神迷醉中不断歌唱——我还在聆听——我听着并且再次为之着
迷——这样美丽，这样温柔，这样流畅，这样仁慈的骄傲。

看！这春天广大的荣光！
听她的呼唤！听她壮丽的声音回响在每一处！
哦，为了一种春天的艺术，　　　　　　　　　173
一种理解的话语。
哦，为了强大的灵魂去聆听和歌唱这春日之歌：
一个人在吟唱这颂歌中的颂歌。
我们是多么的不善辞令，声音是多么的嘶哑——同时一切自然都合着曲调。
哦，让一种响亮的声音去回答，去宣誓；
用这钟声般的颂歌去划破辽阔的天空；
一个心灵在这儿淹没了浸透了的光辉！

看！这就是猛烈的生命中的温暖，
复兴生长的强大力量；

一切热情的灵魂都在这里。
哦，为了一双眼睛去看，
一个人将要诞生！

她甜蜜的传播温柔地蔓延至我心，
她的力量如此迷人，寻找通往心灵的入口；
她的善良去往灵魂，如此宁静，如此温柔。
她轻轻地叩门。
是春天！一切都在欢呼！一切都在欢呼！这可爱的春！
在我心中你不是一个梦吧，去成形，去歌唱？
在我的至福（beatitude）中我要完全为你歌唱？
哦，带上我留恋的歌声，我渴望的歌声，我安静的歌声如果必需的话。
带着它吧，免得我就这样走过；
因为我爱你，温柔的春天，以我所有的精神，以我所有的灵魂，
带上我所有的苍白的付出吧。
我是多么可怜，带上我吧，带上我吧，为了我的爱。

海湾中的水波闪烁着多么明亮的光芒，
伟大的明媚的太阳，多么轻柔的照耀，是它让水波闪耀。

那么照耀我吧，你明媚的春光；
像照耀水波那样照耀我吧——我就会像水波一样跳动和闪烁。

南风多么轻柔地吹，从遥远的海湾吹拂我们，从宽广遥远的大海——吹拂我们，带进你的歌声，哦春天。

每一只昆虫都是怎样鸣叫作响；
每一只鸟儿都是怎样婉转歌唱；
每一朵花儿都是怎样散发芳香。

这就是春天！
这是所有春天中最甜美的春天；
因为它在我的灵魂中成功地升起。
在可怕的冬天过后，一首春之歌使我融化——使我重生。

哦这多情的春天！

在你的力量中为什么艺术变得如此温柔?

在醇美的精神中为什么艺术如此亲切:我的春天会像这样的醇美和亲切——像所有的自然一样的清澈吗?

上帝爱着你们,寻找着你们;所以你们为上帝歌唱吧。

174

上帝必会来到我的身边,我盼望他等待他。

接着他会让我的心灵欢喜,像让太阳使水滴和鸟儿以及每一种生物欢喜一样,它们用生命和爱代替了信条向他致敬。

春天正唱着快乐的歌,
听听,我的小伙子:
这是它的和声,
这是它流淌的高音:
永远记住它。
那将会有另一个春天到来:你会成功!
那将会有另一个春天来到心灵的花园:你会成功。

接着美丽将至,力量将至,
接着创造!你会成功!
不要害羞,因为春天不会害羞。
要有男子气概,直到最后!

发光的春天!振奋的春天!
光荣和她力量的温柔将会来到你这儿——
明智地使用,好行地使用:你会成功。
迷恋的和令人迷恋的春!
春天紧跟着心灵之冬:
心灵有这样的季节——比如人类。

所以期望吧,在春天——春天是期望时节;
所以我相信,春天——春天是信仰时节。

所以我们希望,在春天:
这是我们希望的时节!

现在开始。

第二部分 新增论文：1885—1906 年

1. 美国建筑的特征和倾向

这篇文章是目前所知的沙利文最早的正式文章，它是 1885 年于西部建筑师联盟（会议上）宣读的一篇演说稿。

我们国家许多建筑实践评论家关注美国特定风格的缺失，认为美国建筑不仅奇怪而且可悲；为了改善这一状况，他们发展了一些理论，讨论某种风格的本质与当下的实现方式，但是这种风格被证明并无见识，并且同样奇怪而可悲。这些理论很大程度上出于对旧世界（欧洲）艺术成熟美感进行沉思所唤醒的感触，它是一个嫁接和移植的过程。在漫长的时间里，它已经被证明（这一理论）是以经验为基础的；这一理论的拥护者忽略了复杂的事实，就像任何门类的一个新物种，一种国家风格应该是一个生长过程，这种风格可以慢慢地逐渐吸收营养，并且与障碍进行斗争，这些都是这一不为人知的成长过程的必要构成。这样产生的（新的）结构与其吸收的材料之间仅仅具有一种化学的或形而上学的相似性。

因此，本篇文章将放弃这些关于密涅瓦式（Minerva[1]-like）完美形式的辉煌建筑之梦，转而去追寻一种自发性建筑感觉的早期印记，这种感觉应该从对人们潜在或明显的感情产生同情（共感）的过程中产生。

我们有理由相信，一个从未被征服过的国家，其人民通过殖民和自然增长的方式扩张，将在他的青年时代或者此后的世代中繁育一个新的种族，这个种族与生俱来的权利，即指接受并且吸收各种印象的自由，将培育出有着独特品质的各种情感，以及一种能与不会衰竭的土地像媲美的丰硕。

在这种感情积累到足够大的程度以至于将所有约束冲破成碎片之前，就认为这种感情没有任何存在的证据，这显然是荒谬的。每个人都在寻找捷径，将他当前的环境转化为他各种愿望的实现。我们可以设想很可能作用于个人的原动力，在许多情况中已经造成了有意义、有价值的结果。这些结果，如果不是完全典型，也在很大程度上具有显著的特征，即具有内在源头的特征。

提示：图 12-17 以年表的顺序展示了沙利文作品的实例（图 12-16 是爱尔德和沙利文的公司所做），他们的主题和变化都反映了（沙利文）观点的变化。

1　Minerva，罗马神话中掌管智慧、发明、艺术和武艺的女神。

　　为了验证这个假设我们来看看我们日常生活中的建筑，并且在它许多复杂的快速转变的阶段中寻找这样那样的例子，其中一些甚至是几乎没有价值，但是在这些例子中，自然且特有的情感知觉的存在可能会被察觉。有时候我们会发现这种冲动，它体现为一种温暖的元素，带有一些学院式形式主义的特色；有时作为一种未开化作品中表面上矛盾的冲突出现。我们可以期待在色彩瑰丽雄辩的词语和音乐表象后遇见这些实例。然而，最重要的是，我们可以在那些有天赋的人的创作中找到它们，这些人的灵魂能够与自然和人性的动人之美相调和。我们可以使用类比来理解这些微妙元素。我们近来的美国文学恰当地使用了这种方式。类似于照相机聚焦的过程，专注于焦点之上，我们能够觉察到正在找寻的抽象图像，通过延长这一过程，我们可以确定它的形式与肌理，并且根据自己的意愿发展它们。

　　我们的文学是我国唯一一个在国内外都被给予了严肃的承认的国家艺术。它目前显而易见的特征似乎是：过分关注细枝末节，对于规矩保守情感中的羞怯与尴尬，对于痛苦的自我意识以及对待激情的默然假想；这些都依赖耐心、辛勤的工作来完成，并且根据外交技巧般的调整来变得便于理解。

　　优雅但不雄浑，我们近代的文学强调我们短暂且犹豫的文化特质。它在很久以前已经丢掉了那些树苗的叶子，随着内心的激情，活力将要注入生长着的根和茎中，繁茂的叶子会给将要盛开的花朵更多来自土壤营养的保证。我们的文学，实际上所有我们美国人称为艺术的东西，更多的是关于心和手，而非脑和灵魂的产物。一个人需要相信，这种奢侈的混乱将自然地被秩序所取代。为了达到这一目的，感性与情感所形成的印象需要逐渐注入知识之中，从而这一积累会随着增加变得丰富。这一增长将会是一个缓慢的过程，因为我们都被教育得依赖我们艺术的传承。

　　我们的艺术为了时代而生，适合时代的形式，它也将随时代改变而改变。变化是永恒的，相互协调是它的目标。获得并吸取新的印象，形成新的结论并以在此基础上行动，是构建新秩序的第一步。以之为据，我们知道一种运动已经产生了。通过如此的文学上的比较，我们能够跟随文学的变化，注意它力量和个性的增长：我们能发现每一个人都有的诗歌的萌芽，它们在生命中缓缓苏醒。我们能感受到一种美国浪漫主义的存在。

179

　　这种浪漫主义大部分也是感性的但并不强大。它追求用柔软的手去触碰所有的事物。在这种温暖感觉的影响下，坚硬的线条变成了优雅的曲线，外观的棱角在神秘的融合中都消失了。

　　外国的完整风格一个接一个的经过这只手，每一个都轮流悄悄地剥去它本土的风韵，然后给它披上我们情感和手法的外衣。同时，力量在哀叹，它匍匐现代翁法勒神（Omphale）的脚下，声音与时代嘈杂的声音混合在一起。

对这种浪漫主义之美丽的赞美在某种程度上依赖于其支持者的词语解释与评论。了解他们的词汇术语，能够有助于在许多权宜中发现温柔和优雅，在贫瘠的地方发掘出美丽。熟悉其他关联艺术中的当下用语能够帮助学生理解许多表面上难以理解的事物。隐喻和明喻常常出现在这个过程中，一个精心选择的词语能够用来让某种建筑上的荒谬变得正当。

虽然这种冲动与情感之间形成华丽与复杂交织，极为厚重，但当我们检查这些材料时，我们会发现它是杰出并极具价值的。

在这种感情驱动的作品中进行批判的搜索，我们会注意到在众多不同的案例中，或者是统一建筑的不同部分中，存在一种过分多愁善感的奇怪混合。一眼就可以分辨出一些部分过分简单，一部分过分花哨；更有甚者，我们能在掩饰或者是精神的热情洋溢之下，发现真诚的缺乏——这些或多或少地都受到顽固的常识的影响。在这样一番调查之后，我们也许可以高兴地确信在那些不确定的表象之下存在着一种伟大的本能。

国家的敏感性和自豪感，与丰富的资源一起，能够成为积极的刺激，促进本能向着更加理性和有机的表现方式的发展，渡过多种障碍，向更高的艺术领域发展。

我们现在正处于初级阶段，揣摩着试图通过自身的信仰形成一种新的造型语言。这个过程相当漫长并且成效甚微：因为我们所相信的仍然有着太多不确定和不自信，难以成为信仰。而缺乏信仰就会缺乏一种根本的创造力。一套基本的语言系统和最基础最简单的短语组合，都很重要；在这个领域中复杂的思想严重阻碍了简单的进步。简单并清晰地观察事物是很容易的，直到相反的影响在工作中出现；然后一种为了生存的斗争出现，这种斗争偶尔会胜利——结果会成为我们基本形式积累的累加，尽管它很小。

以有机的方式发展基本理论的能力在我们的专业中并不显眼。在这个方面，建筑师无法与商人和金融家相比，一旦确定，他们可以将一个简单而受欢迎的观点扩展为微妙、多样而且持续的分支，这种能力令人钦佩。但这个重要的范例经常被我们忽视，仅仅留下一种不受人欢迎的印象。

180

这个观点使我们仔细考虑力量的要素。除非这些要素广泛进入我们的作品，赋予它光辉的印记，以及直觉与深厚感觉，在此之前我们的作品，全面地看来，只能是短暂的权宜之计。

这种力量，作为一种心理特征，在人民中的一个阶层中存在，很好地预言了这种信仰将会在我们自身的阶层当中扩张。获得力量的起始通常是粗鲁和严酷的，以至于有悖优雅的成熟品味，因此被人本能地回避；但当它一旦趋于精细，充满感情并由清晰的理解指引，它就成了奇迹的作者；自然将对热烈的追求予以响应，将她诗意的秘密显露出来。

我们当然有着伟大艺术的萌芽——世界上没有人比我们自己拥有更多天

生的诗意感觉，更多的想象力，更伟大的能力去崇拜美丽；但是作为一个职业阶层的建筑师，相较于传播伟大的思想，有着更有利的条件去保持他们文化的传统。在这儿我们是软弱的，并且如果感情获得了显著优势，我们可能会继续软弱下去。

在我们身上有一部分责任，另一部分责任是公众的。我们总是寻求个人领导公众，而如果我们更明智些，就应该追随公众，而如果我们已经经常这么做，就会导向有益的结果。我们有时可能会妥协，加入一些本土的适应性变化，没有一种建筑风格可以成功，如果它与大众的感觉背道而驰。想同时跟随和领导公众的愿望，应该是我们职业走向一种国家风格的形成的最初态度。当我们进行技术操作时，整个形成和控制过程实际上主要是在公众的手上，他们使我们一直受到约束。当我们没有一种可以完全代表公众愿望、同时美观、实用的国家建筑时，我们无法完全逃脱这种控制。这显然不能立刻实现，因为公众自身只能部分且不完美地表达它的需求。然而，通过对于那些对这些需求作出预测的直觉感受作出回应，公众会一年又一年地积攒它们所获得的某些满意答案；所以，一方面我们承认，在寻求永恒满足的过程当中，一种又一种新的风格通过我们的手去进行试验并最终被拒绝，每一种风格经过改造的剩余物无疑会被加入代表了我们情感和精神财富生长的储备中。这种生长过程指向了国家风格与需求的圆满，这牵涉了许多代人的生活，却没有得到任何本应获得的实践关注。我们在很短时间内，为了即时结果而工作。但也许，在我们的职业中将会注入一种永恒的集体精神（esprit de corps），如果我们希望关于这一主题与其他相关问题的思索，能够导向对我们所处的状态，趋势和政策的实质性共识。

如果本文阐述的结论能够被接受，那么显而易见，正在进行中的国家风格的起始成形，应该是我们目前最大的兴趣所在，这部分是出于爱国主义，另一部分是因为这样的预测，那些在项目实践和管理中能够更接近我们民众的内在品质，更接近于国家风格的潜在可能的人，也会无比接近我们人民的内心。

建筑师们可能会因为他们日常生活中的关注和责任而疲倦，然而，在这个混乱中间，他身上存在着一种压抑不住的对理想的渴望。这些精细的念头应该被保护和培养，如同一颗埋在土地中被太阳温柔的激发打动而生长出来的植物，因为人类感觉的温暖，它们可能在路边不时绽放，为辛苦旅行的人散发出清爽的香气和彩色的快乐。

一轮明月柔和的光线感伤地抚摸着世界上沉睡的生命；当黎明来临，她结束了温柔的守夜，当白天红润的预兆自豪的召唤工作者时，她融化在苍穹中。恰如灵魂看守着它伟大的理想，直到这使人激动的力量光辉使它们苏醒。

完美的思想和有效的行动组成了我们作品生动的本质。这些建筑与我们同时或在我们之后，成为我们适宜的纪录，是我们所做一切美好事物的纪念碑。那么，在充裕的时间中，当蓬勃的新绿在起伏的思想田野上茂盛生长，从自然的仁慈和民族的能量中结出硕果，一种国家风格的自发性成熟，带着它充沛、完美的成果，将从自然宝藏中生出来。

提示：芝加哥会堂设计（图13、图14）反映了这篇随笔的许多观点。

2. "在建筑设计中，什么是细节与体量间恰当的从属关系？"

这是在伊利诺伊建筑师联盟 1887 年 4 月例会上的一个讨论，以学术报告会的形式由路易斯·沙利文、克利夫兰和皮埃斯讨论，并由路易斯·沙利文做总结。

路易斯·沙利文：

通常理解一个主题的两面是比较困难的。想象这个面数可能会多于两个或甚至于上千，更是有着成比例的困难。因此，当我仍处在平静柔和的思想状态中时，再加上远距离总体考虑的保护，我可以坚定地承认，像本次会议主题这样的粗糙宝石能够被打磨出无数面来；我更加承认每一面都能反射它所拥有的光芒。我还承认作为一个整体的宝石可能会被切割成适合于切削者爱好的样子；利用这个前提，它也适用于其他所有人，我将以我自己的爱好继续加工这块石头，即使它是我所渴望的那块宝石。更进一步：如果这个问题是绝对的，要求一个相似的回复，我只能说，我不知道。因为谁能说什么是可能的什么又是不可能的呢？谁又能理解创造艺术的无限深奥呢？谁能喝光海水，然后说"现在一切都是干燥陆地了？"我不能做到；我也不相信有任何人可以或将会办到。因此，我相信在这点上这个问题是个开放的问题，并将永远保持开放。假设下一个问题不是绝对的，而是总体性的和乐观的，我能够将它限定在已经做了什么、此刻的回忆中什么是最重要的，以及考虑可能会做些什么的潜在好奇心这些范围之内。这自然使得关于气候、地点、温度的考虑凸显了出来；气候，是物质性事物的主宰；地点，有着各种偶然性的变化，再加上季节的变化，这二者都是气质创造者，进而成为艺术的创造者与裁判者。所有这些造成了一个总体合格的答案："要看情况。"暴风雨
和霜冻将会使细部变得柔和而融入整个的实体当中；地点，或多或少是有利或不利的，将加强或减弱这种影响，同时气质将发挥它公平或可怕的控制一切情绪的影响力。相似的，有的国家拥有阳光和花朵，或者是峡谷、高山、海滩，广大的平原，强烈的热或冷，湖、河、贫瘠或富饶的地区，冰雪的地区，或闷热的南风，它们每一个都会根据其自然的节奏，简单而有效地唤醒内心相应的同情。这种同情如果没有被扭曲的理论所干扰，将会自发进化为总体和细节的相互协调，如此普通，如此天然，以至于它将被本能被认为是在字面与诗意的层面都是合理恰当的。

因此，这个部分的讨论可以用一个宽松的情感来结束，只要总体的倾向遵循本土真实结果的方向，那么一切都是自由和开放的；当我们变得富有同情心，避开外来的和不相关的影响，并且付出重要努力去达到这个真实而严肃的结果，我们很可能在某一天找到一个本土的答案——一个没有人可以否认的答案。对于我来说，我并不知道这个答案是什么，但是我相信我会和大家分享关于它的特征的一些预兆。

最终，假设这个问题是地域性的，并且是特定的，并且仅仅要求获得一种个人观点的表达，来回答今天在芝加哥，从细节到总体什么是恰当的附属关系这一问题，那么我很乐意做这样一个解释。

坦白地说，如果"从属"这个词蕴含了地位或等级的含义，以及一种较强大的力量镇压了稍弱的力量这样的暗示，那么我并不认同细节是处于这样的从属地位；但是我的确相信细节和总体有所区别（从属的概念由此产生，丝毫没有控制的含意），因为这个词在我思想里象征了一个与它十分相似的理念：在一个建筑中，一个单独、原始的冲动或概念，有着不断扩展以及有节奏的生长，将以同样的精神充满这个建筑的总体和它的每一处细节，在这种程度上，的确这将很难决定（并不是在算术上的比例上，而是在旁观者所有复杂印象这一因素意义上）哪一个更重要，哪一个实际上是次要的，细节还是总体，这就像说我们通常的印象里的一棵树，"哪一个印象更多些，是树叶还是树？"一样困难——这个问题我相信从没被问到过。因为我不知道有任何人曾经问过一棵树当中什么是树叶对实体的恰当的从属关系？对于树叶、枝条和树干来说，什么是恰当的比例？像在一棵七叶树中，树叶应该更多、枝条应该被隐藏吗？还是它们应该是琐碎优美的事物，而妖娆的展示枝条？在骄傲悲哀的南松树上，树干应该占优势吗？还是像在橡树上一样，树干应该是短而坚韧的，同时有着有力扭曲并伸展的枝条，在暴风雪中变得光秃和冷酷？如果有人可以发明一个树木生长的精确公式，那将是很有意思的，这样我们就可以立刻指出任何一棵树哪一个生长有了变化，并且这个断定是全然直接并缺乏圆滑的。对于我来说，我发现他们的上千种生长方法都具有魅力，都充满寓意。我和蔼的认同它们应当随自己愿望生长的，并且以无穷的尊敬看待它们。就我所知他们就是简单的树；它们不会不安，在自省时或隐蔽或暴躁；因此我信任它们，并且把它们视作永久的爱和尊敬。

有可能会说，我把生物的和非生物的东西拿来比较是错误的；但是这正是这个神秘主题的核心；我努力坚持，一个建筑应该以强烈的，或者是静默的生命生活着，因为它来自建筑师的生活。没有任何一个基础可以获得这样具有永恒价值的结果。

我越多地考虑这个主题，我越觉得没有一个准确的答案；各种可能性，即使有着气候的限制，实在太繁多、有太强烈的本地特征。但是目前我偏向于一个非常简单的范畴，特别是屋顶，这是一个最容易受到各种因素影响的部分。

在这个简单原则的基础上，我愿意将这种总体细分成细节，它被严格称为为了建筑的功能需要；这样它们必须与它的体量、位置和目的相称。建造原料在很大程度上决定了特殊的细节形式，综上，从一个复杂的结构中将流泻出一个单独的情感，这将是先前对所有信息进行完美理解与吸收所产生的精神结果。

克利夫兰的评论

皮埃斯的评论

由路易斯·沙利文总结：

总结这次讨论会的结果，我对我合作者的独立性和谦虚印象深刻，同时也对他们的陈述证实了我初步的理论这一事实印象深刻，即从宝石切割出来的每一面都可以反射它所拥有的内涵和建议。

皮埃斯先生的观点，一个具有灵魂的房屋就是一件建筑作品，以及克利夫兰先生所强调的事实，即建筑讲述了一个无言的故事，我都格外赞同，这些都是在言语中包含了真诚目的的陈述。

我非常同意这些绅士们的发言；尽管我自己总结出皮埃斯先生将首要的重要性归于机械的和抽象解释上，比如以辐射、重复、变化的统一等词语。他对于这个论点的权利我没有异议，但是我不接受他的最终结论。他的"男性"和"女性"的比喻，对我来说在它隐含的类比上意义深远；甚至让我回想起斯韦登伯格微妙的"一致性"。

当呼唤对诗意丰富性的需求，以及对德鲁伊特教僧们严肃而至关重要的工作给予克利夫兰先生站在了天主教和仁慈的基础上——的确这些故事的魅力已经安静地隐藏在许多年代的石头下面了。我和他一起翻回头仔细阅读了神秘感人的历史卷册；就像他所做的一样，将它和衷心的希望留在一起，我们可能会依次讲述我们的故事就像过去的他们一样，用一种简单的语言和庄严的热情。

我们讨论会的主题似乎与风格的普通和特殊的风格相联系——它的原因的表现形式——足够自然地包括了一种关心我们建筑艺术未来发展的情感。

为了这个原因，我愿意增加一个单词作为总结，以更有力地强调在我们三个人看来，具有内在建设性的主题。

185

要做这样的结论我承受了比做简介，或者是说些机智的话更为强大的压力：

我只重视精神结果。我说过精神的结果先于其他一切结果，并提示了其他结果。我看不到在精神或心理的基础之外处理这个主题有任何有效的方法。

我说过目前艺术理论都是没有价值的。我说过一切过去和未来的艺术理论都是或将要是空虚的。在所有垃圾、灰尘和科学的－分析的－审美的蜘蛛网都被刷去之后，仍然留存的事实，每一个人都自己看到，那就是：我与我们同伴都沉溺于自然；我们正在争取某种现在还没有拥有的东西；有一种不可预测的力量渗透了一切，也是一切的原因。

我也说过所有我们看见的、感觉到的和知道的，在我们之外和我们身体之内的，都是一首强有力的奋斗的诗歌，一出宏大而微妙的悲剧。在这种纷扰和希望、悲伤、光明、黑暗交织的情况下，保持镇定和宁静，是灵魂最重要的位置和可以实现的现实，是有限和无限之间唯一的永恒联系。

我将站立在这块岩石之上。因为我将要站在这儿，我会说我只重视精神结果。正是由于这个原因，我说所有一切机械的艺术理论都是没有价值的，最好的规则是像花朵在埋葬着惊人冲动的坟墓中生长，它们华丽的生活着，并且随着拥有这些冲动的个人去世而死亡。这就是为什么我说只有和个人灵魂一起，艺术才能达到顶峰。这就是为什么我说每一个人都是他自己的定律；并且他是一个伟大或渺小的定律取决于他灵魂的伟大或渺小。

这就是为什么我说这种渴望是人类情感最深的渴望，谨慎是它的关联词；它是一切别的事物的先驱、创造者和裁决者。这种伟大的渴望和伟大的谨慎必须先于伟大的结果。

这就是为什么我说自然和人类的沉思是灵感唯一的来源；这就是为什么我说如果没有灵感就没有总体和细节的协调。因为可能会有无数极其重大的灵感，所以，可能会有无数关于总体和细节不可说的协调一致。这种物质结果由他们包含的灵感衡量；并且这些结果会使二者一致就像灵感使它们一致一样。

我认为，对于细节和整体从属关系的整体的探求，如果所暗指的是得到一个确定的原则，就不过是为了教学树立起一个稻草人。

这些并不是呼吁放弃任何规则。相反，灵感，就像我已经指出的，有着太多同情的力量，太多面对自然神秘衰落时的冷静，以至于它不会允许遗忘，这个深刻的信念，那就是一种理念完全根据它的力量与审慎同死亡之间所形成的妥协而生存。

如果刻意培养的平庸是我们想要的，那么对于任何一个历史风格，这个题目中的问题都可以轻易地解答。但如果行动文明是所需的，那么我们确实需要完成一个任务才能去寻找答案，这个答案在最好的情况下也都需要痛苦与辛劳才能获得。每一个问题对于我们都是未解决的；我们仅仅是在原始森林中的先驱。但是，即使我们答案可能是相对的，它们仍可能是伟大渴望的果实，也因此可以诉说着伟大。

因此我说每一个人都必须自己解答这个问题；并且他的答案是深刻还是浅显取决于他的灵感到达何地，以及亲切和同情的力量；在他的作品中，可

186

以以实在的形式找到这个答案；因为就在这儿他记录了他的生活，并且通过他的作品而不是语言，他可能被评价；因为在这儿他无法隐藏任何东西——就像一个赤裸的人一样向着精神站立着。

因此，我再一次说，我只重视精神结果，并且认为其他一切都是无价值的。

我相信，说我的脚站立在大地上这是没有必要的；尽管皮埃斯先生似乎将这个讨论建立在心理基础之上是某种胡扯。在这儿我与他完全不同，因为我认为精神或心理事实是仅有的永久和可靠的事实——唯一坚固的基础。并且我相信直到我们安全的在这个基础上行走，我们才能拥有少许的力量或直接的目的，少许的洞见，少许的热情，以及对物质结果的微小信念。

3. 建筑中的装饰

这篇文章发表在《工程学杂志》上，1892 年 8 月。

我认为这是不言而喻的，一座建筑，如果十分缺乏装饰，可能会通过整体和比例上的优点，传达一个宏伟威严的情感。这并不能向我证明装饰可以本质的提升这些基本品质。那么，为什么我们要使用装饰呢？有了高贵与简单的庄严不是就足够了吗？为什么我们还需要更多？

如果我很坦率地回答这个问题，我会说如果在几年的时间中完全避免使用装饰，将会带来巨大的美学上的好处。这样我们的思想会准确地集中在设计那些有着良好的形式以及赤裸但是适宜的建筑上。这样必然会避开许多令人不愉快的事情，并且通过对比可以学会以自然、活泼的和健康的方式思考是多么有效。做到了这一步，我们可以安全地探寻修饰性地运用装饰将会在提升建筑物美观上有什么样的扩展——它将会给它们什么样的新魅力。

如果我们在纯粹而简单的形式上建立良好的基础，我们将推翻装饰使用；我们将本能地克制住破坏行为；我们将不会愿意去做任何可能让这些形式少些纯洁、少些高贵的事情。然而，我们将学到，装饰是一种心理上的奢侈，而不是必需，因为我们辨别清楚了限制和未装饰实体的巨大价值。在我们心中有一种浪漫主义，并且感受到一种表现它的渴望。我们直觉地感受到，我们强壮的、健康的和简洁的形式会自然而然地穿戴上我们所梦想的装束，我们的建筑物如果穿上了诗意想象的外衣，半隐藏在纺机与矿石所造就的精心制品之后，将会使其吸引力翻倍，就像洪亮的旋律之上添加悦耳的嗓音一样。

我认为一个真正的艺术家将会以这种方式进行理性的思考；并且在他力量的顶点，他将会实现这个理想。我相信以这种精神完成的建筑装饰是可取的，因为它们美观和具有启发性；以其他任何精神完成的装饰，都缺乏更卓越的可能性。

这就是说，一座真正是艺术作品的建筑（我认为没有其他情况），在它的本性、本质和物理存在上是情感的表现。事实如此，并且我深信的确如此，几乎可以从字面上理解下面这句话，它必须有生命。它产生于这一生命的原则，即一个装饰的构筑物应该具有这种品质作为特征，也就是，同一种感情冲动应该和谐地涌动流入它多样的表现形式中——当总体布局更厚重时，装饰就会更强烈。二者都必须源自同一感觉来源。

　　我意识到一座以这个原则设计的有装饰的建筑，将会要求他的创造者内心中拥有高昂而持续的情感张力，在理念与目的之间具备有机的整体性，并且维持到最后。最终完成的工作将展现这一切；并且如果它以充分的感觉深度和简洁的思想进行设计，它被构思时内心越炽热，它就会越多地永远保持宁静和高贵，成为人类雄辩的纪念碑。正是这个品质表现了过去伟大纪念碑的特色。也正是它开启了对未来的展望。

　　然而，在我认为，一座建筑的实体构成和装饰系统只有在我之前提到的理论上，或者是分析研究的目的之下，才应该是分离的。我相信，就像我所说，一座杰出美观的建筑可以被设计得没有任何装饰物；但是我也同样坚定地相信，一座装饰的建筑，经过和谐构造和仔细考虑，不可能去除所有的装饰而不破坏它的个体性。

　　今天的流行观点，不是过于草率的话，是将装饰视为某种可以根据具体情况附加上或者是忽略的事物。而我认为恰恰相反——装饰的存在与否应该在设计之初决定，当然是指在一项认真工作中。这可能是辛苦的坚持，但是我在这里会证明它是正当的并鼓励它，理由是创造性的建筑是一种艺术，它如此精美以至于它的力量通过极为微妙的节奏展示，就像音乐艺术一样，这是与它最接近的艺术形式。

　　因此，如果我们艺术的节奏——作为一个结果——是有意义的，我们先前的沉思——关于它的原因——也应该是重要的。非常重要的是，什么是思想中优先的倾向，这就像开火时大炮的倾向一样重要。

　　如果我们假设我们预期的建筑不需要成为生活艺术的作品，或者至少是为了实现这一目标的奋斗，我们的文明也不需要要求这些，那么我的呼吁就是无用的。我只有在这样的假设下才能继续，那就是我们的文明已经前进到一个新阶段，模仿或者怀旧的艺术已经不能全然满意，此外还存在着一个想要自发表现的真实意愿。我还假设，我们不是通过对无法说话的过去关闭我们的眼睛和耳朵的方式开始，而是在理性的同情和与子女般的尊敬中，对我们时代的声音敞开心灵。

　　我并不认为这是合适的地点或时间去探索是否真的有创造艺术这样的事物——是否最后的分析并没有揭示伟大的艺术家，并非是创造者，而是阐释者与预言家。当那个时刻真的到来，这种奢侈的探讨变为重要的必需，我们的建筑也就接近了它最终的发展阶段。这样就足以说出我所构想的优秀美术作品：一件创作出的作品，或多或少有着吸引力，随意的观察者可以看到一部分，但是没有一个观察者可以看到全部作品内涵的东西。

189

　　这肯定是显而易见的，如果一个装饰设计看起来像表面或者是实质内容的一部分而不是像是"粘上去"，那么它会更加漂亮。通过些许观察将会看到，在前者的情况中，装饰和结构之间存在着特殊的通感与同情，而在后者中是没有的。结构和装饰显然都从这种同情中获益；每一个都提高了对方的价值。我认为，这就是所谓的有机装饰体系的预备基础。

事实上，装饰是通过在建筑内部或表面上切入，或者是其他的方式来使用的：但是当完成时，它应该表现为，通过某些仁慈的主体的外在工作，它从材料的实质中生发出来，就好像一朵花处于同一植物的叶片之中一般，有着同样的权利。

因此通过这种方法我们有了一系列的联系，使总体具有活力的精神可以自由涌入装饰——它们不再是两个事物而是一个。

如果我们现在进入密切和反思性的观察，它将变会得多么不言而喻，那就是，如果我们想要一个真实的、诗意的整体，装饰不应该是接受结构精神的某种事物，而应该是以不同生长状态的方式表达那种精神的事物。

自然而然，依据生长的逻辑，接下来一种特定的装饰将出现在特定的结构上，就像一种特定的树叶必须出现在一棵特定的树上一样。榆树叶不可能在松树上"看起来不错"——松针看起来更加"一致"。所以，适合于一种由宽广厚重线条组成结构的有机的装饰或安排，并不能与一个精致优美的结构产生通感同情。没有任何一种建筑装饰系统的种类可以在这些建筑中互换。因为建筑应该拥有一种个性，就像存在于人类中使人们相互区分开的标记一样，无论这个种族或家庭有着多么强烈的相似性。

每一个人都知道并能感觉到人的声音中个性是多么强烈，但是很少有人停下来去考虑这种声音，或是其他方式，在每一座存在的建筑上表达着。这些声音的特征是什么？他们是沙哑还是圆润，高雅还是粗俗？它们的演说是散文或诗歌？

外观形式的区别并不能构成个性。一个和谐的内在特征才是必需的；就像我们说到人类的天性，我们可以将类似的表述用于建筑。

一个简单的研究可以使一个人很快分辨并赏识更加清晰的建筑个性；更深入的学习，并比较不同印象，将会看到最初隐藏着的形式和品质；一个更深入的分析将产生一系列新的感觉，通过发现此前从未设想的各种品质来获得进一步发展——我们已经找到了表现的天赋，并感到了它的价值；这些发现引起的心理情感的满足将引领去往越来越深入的寻找，直到在伟大的作品中，我们完全懂得了显而易见的东西无足轻重，那些被隐藏的，几乎就是全部。

190   极少有作品可以经受得住严密的考验、实事求是的分析——它们会很快变得空虚。但是也没有一种分析，不论怎样富有同情心，无论怎样持久和深刻，可以详细论述完一件真正伟大的艺术作品。因为使它们如此伟大的品质不仅是心理的，而且是心灵的，也因此意味着个体性最深入的表达与体现。

现在，如果当这种精神和情感的品质在建筑总体上出现时，是一种高贵的特征，那么它必须运用在一种雄壮的综合的装饰方案中，将它立刻从平凡的层次提升到戏剧性表现的高度上。

在这样的考虑之下，装饰的可能性是不可思议的；就像一幅场景，它在我们之前展开一系列概念，如此丰富、如此多变、如此富有诗意、如此无穷无尽，使得心灵停下了它的飞行，而生命看起来像是一个短暂时段。

现在完整自由地考虑这个观点的光芒，同时想着实体的构成，这种意象是多么严肃、多么动人、多么有启示性，这种戏剧性的力量是多么高贵，它将让我们未来建筑变得崇高。

美国是唯一一块可能实现这个梦想的土地，因为在这儿传统没有束缚，人们的灵魂自由生长、成熟、追寻自己的目的。

但是为了这一切我们必须再一次转向自然，倾听它那优美的声音，像孩子一样学习它那有节奏的旋律音调。我们必须看到太阳和梦想一起升起，看到黎明有着希望；那么，当我们的眼睛学会了怎样去观察，我们将知道自然的简洁是多么伟大，它在平静中带来无穷无尽的变化。我们将从此中学到如何思考人类和他们的道路，最终我们将看到灵魂在它全部的美丽中揭示展现，并且知道我们世界的花园中将会再一次飘满生活艺术的芳香。

4. 情感建筑与理智建筑的比较
—— 一个关于主观与客观的研究

这篇文章于美国建筑师学会的年度大会之前被阅读，纽约，1894 年 10 月；"古典"这一词语在题目中出现代表着"理性"。

正在实际发生的教育似乎经常意味着压抑，这是多么奇怪呀：不是将头脑导向白天的光明，而是将各种事物加诸其上，使它们变得黑暗和倦怠。当然教育的真正目标无疑是发展头脑和心灵的能力。因此，拥有一个健全头脑和敏锐心灵的人是值得启迪引导的，能够受到教育的影响。

现在让我们想象一个单纯的青年，具备各种素质，如此拥有天赋，我几乎不得不说，这是一个没有被教导过，没有进过学校的，天生的诗人，他过着一种开放的户外生活。他与阳光、空气以及其他生物一起亲密地生活着，对他来说，这些似乎，也的确是，像日常生活一样普通。

这些生命组成的社群，孩子、植物、动物在天然的、简单的、纯真的、未受玷污的状态下所感受的相似经验——我们也许只能做作地将这种状态称为自然——这种状态让他与它们十分贴近。

与它们呼吸着同样的空气，成长在同样的阳光下，生存在同样的令人满意的湿气中，他和它们并肩扩展生长，亲密地在相互之间定义自己；这个这样成长的男孩，在一段时间之后会感觉他自己不仅仅和它们在一起，而且是他们中的一部分。他是树木的兄弟，是让花朵变得温柔的渴望的眼睛；他和它们的所有都有着美丽的友谊。

他知道年轻的树叶爱着露珠，植物的卷须轻轻地触着嫩芽可能到达的地方。他见过蕨类植物展开它的棕色和螺旋形，在不久之后变成了绿色和规则的。他曾在深及膝盖的沼泽里行走；他清楚地了解潮湿的味道；他与他的朋友们分开，各自急速前行，为他的眼睛展开道路，去寻找他们能吃的东西——他的眼睛有着敏锐而无穷的食欲。他的双手触摸到温暖的水：嗅到活泼的气息，

他以一个孩子才可能拥有的方式生活——他生动的敏感性总是与他周围环境有着实质的接触，总是在他五种感官的完整并压抑不住的快乐享受的状态中。

这五感只存在于他和自然之间。正是它们理解了自然之爱；也正是它们所有的语言使他与一种自然的同情轻易地保持了紧密的接触，他一刻也没有意识到他正在做的事，如果换做是所谓的教育，将首先令他麻木，然后在多年之后，即使他是个诗人，再经历最大的困难才能重新获得的力量。

这种他正在经历的和它所指的身体心理的状态，我们称之为"触觉"：意思不是指画家的触觉，不是雕塑家的触觉，不是单纯手指机械和技术的触觉，不是他们忽略的与事物的接触联系，而是微妙的感性触觉，温暖真实的身体触觉，一个健全头脑和敏锐心灵的触觉，一种天生的、诗人在户外与自然自发交流的触觉。

所以让我们的年轻人自然简单地开始，在没有预先计划和引导的情况下，独立走向知识的道路上，去寻找领导才能和力量。因为这种感觉，这种健全，这种触觉，这种理解防线，这种自然的清晰目力，是早期心灵斗争分析的第一个实质的先决条件：它是通过作为才智抽象分析基础的感觉和同情进行的完美具体的分析。

让我们不要忘记我们的孩子，因为他将在精神上陪伴我完成这个讲演。我相信他存在于某地，在他的呼吸中真正的建筑灵感将会在某天被公认为是我们艺术的救世主。因为他有着很早获得的，确定的理解，这是通过眼睛获得的，而且进不会受到未来头脑的不确定性的影响。他拥有那种能够分辨出通往隐藏知识道路的卓越的动物直觉；这种在客观事物中敏锐持久的嗅觉引导了我们称为"直觉"的主观事物。

这种身体天赋，这种触觉，不管在哪儿出现，都是自然仁慈的恩赐，但是它只有在通过某种欲望或愿望的激励成为持续与坚定的行为，才可能转化为结果。

这种愿望，这种坚持，这种无法否定的紧迫性；这种不舒服的渴望，这种不安的寻找，这种深重的不满，噢！它们是如此之深；渴望更多；这种食欲，这种向往，从不满足，它们并不仅仅是身体的，也是灵魂的，并且不论在哪里，任何时间和任何地点，高或低，只要被找到，它就是人类在自然中的显赫地位里决定性的特征——它是一部分人在人群中显得更为杰出的正当原因。

在自然状态中，食欲并不仅仅意味着一种热切的愿望和一种获取食物的寻找；它还是对其他一切的抵制，由此在才能确保一种奇妙的目的单一性，行动的专一性，最终结果目标的确定性，这些都是为了为一种品质选择养料。这种品质，一旦吸收后，将通过第二种同样伟大，同样强烈，同样持久的欲望，也就是行动的愿望，转化为思想与表现。这种行动的愿望我们成为想象。

这两种伟大的与愿望，它们实质上是吸收的愿望与放射的愿望，了解的愿望和检验的愿望，聆听的愿望和发声的愿望，它们不仅仅是真正的有效的教育基础，不仅仅是艺术健全的身体和迷人的声音，比这些更伟大的，它们是被我们称为诗的有着更高目的与重要性的艺术形式背后的驱动性品质。 193

现在，这种行动的愿望跟随着所吸收的营养，只有通过三种因素来明确地、完整地肯定自己，这些因素是拥有养分的力量、依靠其给予生命的品质所带来的。所有这三种因素必须轮流合作以得到完整的结果。第一个，是想象力，它是行为的起源，因为这是生活在我们的感觉和理智中的一种同情——在过去与未来之间的闪光，从自然到艺术的生命链条中间的一环，它深深地存在于情感和意志中。正是这种非凡的因素，在思想创生的闪亮瞬间、在那伟大的时刻，从开始中揭示了结果；作为人类的孩子，它激活了此前在不知多少世纪中沉睡着的，虽然静谧但具有潜能的，自然心灵最内在的部分。这是最终极的危机时刻。这是灵魂的顶点，精神的丰富触觉，自然慷慨的微笑——灵感的瞬间！其他一切从此刻开始，都来源于这个此前的结论，一种主导性头脑的绝对确定性：当然是一项任务，但并不是一种怀疑。

三者中的第二种因素是思想，它质疑并探求，它认识时间和空间以及物质的限制，它逐渐系统化，以微小的进步和累积的方式工作，它系统表达、集中凝练，它工作再修改、再回顾，缓慢谨慎地前进，它非常坚固和稳定，并最终达到一种逻辑论断的科学，这种科学将塑造和定义相应的方案与结构，并将奠基、穿透或支持一件艺术作品的形式。这是坚硬的、骨骼般的结构，坚固、腱质状的纤维；它有时可能会像嘴唇移动那样柔软，但它从不需要微笑——从不微笑。

第三，最后的也是最迷人的，在生活和运动中充满活力的、在演说中广泛存在的一个因素，是表现，它是开放和自由的，柔顺的，活跃的，生动的，多变的，美丽沉思的，有说服力的并且奇妙的。正是它给艺术结构穿上了美丽的外衣；因为它是物质的完美表现，它是物质自身，以及最大限度的情感的获得。这里有无穷的温柔，令人崇拜的甜美魅力。在它的陪伴下，想象的思想，经过长久的寻觅，找到了它自己，并且开始了全新的不朽的生活，这种生活充满了敏感，以及完全圆满才具备的仁慈温暖的血液。

这样艺术进入了生活！这样生活进入了艺术！

由于通过了一个精心阐释及生长的过程，以及这些养料的产物自然存储与累积，并且不断提升得越来越高，直到成为某种组织，我们生命的身体与精神体验，在寻求繁衍的过程中，将会在它们自己的图像中，在思考的和谐体系，以及同样和谐的表述思想的方法中，找到充满想象力的声音。

因此，当我们的营养是自然的，我们的想象就会是肥沃的、强烈的、有洞察力的；当我们的思想和言说将成为自然的过程；由此，当这个宇宙的不可见及无限流畅的精神，从它在可见事物中的神秘居所里传导到我们身上，就会使我们的舌头变得雄辩，使我们说话的方式变得平静，那时或者不用到那时，作为一个人，我们将会拥有一种伟大风格所必需的因素。

194

如果不是这样，没有这种整体的冲动，即使我们的表达精美如一朵花儿，即使我们的思想像风一样抽象，即使我们的想象如黎明一般光亮，一切都是无用的，无助于创造：它们可能会解释，它们不会创造。

人类通过其身体的力量、机械的资源、心理的独创性，可能可以安排事情。

一种构成，就是这么称呼的，其结果将不会是一件伟大的艺术作品，事实上甚至不会是一件艺术作品，而仅仅或多或少是野蛮力量通过原材料帮助的提炼展示。它在可能作为一种噪声来减轻冒犯的强度，但它绝不可能成为一种音乐的曲调。尽管在变得复杂的过程不再那么粗俗，它还是会坚持开始的样子直到最后：无力去启发——死亡，完全的死亡。

艺术作品是活着的，在它的生命中唤醒我们，迟早通过它的目的启发我们，必须以一种灵魂的力量去鼓舞，必须被精神呼吸并且呼吸着精神，这一点不可能有一刻去怀疑。它必须代表着真正的、创造者们重要的第一手经验，它还必须代表其深刻的印象，不仅仅是身体的天性，更特殊和必要的是其关于伟大精神所完成的工作的理解，这种伟大的精神使自然变得容易理解，它不再是幻觉，而是一种甜蜜的、庄重的、令人信服的现实。

他的作品应该像他自己生活那样真实使人信服，这完全应该是艺术家的决心和能力：像他自己的目光看到所有其他事物那样具有启发性；同时也是不真实的、易变的、难以理解的、主观的，就像解释一朵普通花朵的开放的原因一般。

正是这种非现实的存在，使得艺术作品变得真实：它正是通过这种安静主观性，一首艺术歌曲的客观性声音才变得洪亮和动听。

除非主观性渗透进了一件艺术作品，否则这件作品无法追求伟大；无论它拥有什么样的想象、思想和表现，这些将仍然保持三个分离的状态——而不是一件事物的三个层面。

因此，一位艺术家必须是或多或少经过教育的手工工作者、或多或少聪明的诡辩者、或多或少的折中方案的成功制定者。除非，当他一出生，他就有着对于精神的渴望，而其他的欲望对他则相当于零；除非，当他还是一个孩子时，具备只有孩子才能拥有的非凡本能，他能听到自然在森林或田野或海边呢喃的声音，此后听到的任何声音都无法与此相匹敌。

就是这样的主观性和客观性，不是作为两个分离的因素，而是作为一个推动力中两个补充的和谐的要素，它们总是组成并将一直组成艺术的精神体现。

对于人类心理的研究者来说，人类本性的发展阶段中，没有什么比客观性与主观性时好时坏的相继发展的历史更有兴趣了，这一历史是自然的、政治的、宗教的以及历史的。它们是人类努力的两个控制因素。在它们两败俱伤的战争中，它们引起了悲惨和混乱。通常它们看作和称为理智的和感情的，但是它们所展现的要比这些深刻得多：它们存在于自然的心灵中。当它们进入到人类的存在当中，它们变得敌对，因为人类天性中的狂热和片面，因为这狂热与片面的固执。因为，早在一开始，人类就被漂亮的、卑劣的幻觉所迷惑。因为一组人相信他们看到的，而另外一组人相信他们看不到的。因为，能以外向的目光看见的那些人就不会以内向的目光观察，这种事情常常发生；

195

因为另一些人通过清晰的忠诚洞察力狂热地创作，他并没有任何对这个世界的思想认识。这二种人互不相信对方的优点。他们都不会从对方的存在中推断一种平衡性隐藏力量的存在必要性。经过漫长的时间，它们偶尔在一个人的内心中同时出现——在此人的头上，时代为他佩戴上不朽的花环。

这种伟大适当的平衡的主观性是多么广博、多么无法抵抗的力量呀，它大量地吸收精神营养和存储世界的活力，它很快使它们枯竭，并且仍旧渴望着，人拥有它，受它驱使，径直去往不衰竭的自然，在那儿，依靠他充满热情的崇拜，穿越客观性的门口，他进入了一种特别的交流，神圣的作家们被称之为"与上帝同行"。

人们心灵中的绝大多数深刻的愿望，绝大多数真诚的希望，都是希望与自然、与不可预测的精神和平共处，这是毋庸置疑的；最伟大的艺术作品最能代表这种热情、有耐性的渴望的现实，这也是无法怀疑的。身体的一切努力，心灵的一切承诺，有意或无意的，都趋向于这种圆满，趋向于这种终极的宁静：完美平衡的宁静，绝对一致的静止，完全视为同一的安静。

当我们将沉思从这一点上移开，当我们将自然充满生机的进程所产生的结果与经受过教育与文化培养的普通人的所谓创造性活动相比较，我们会惊愕于它们的不一致，我们会寻找它的原因。

当我们愉快地观察到，自然给予她的孩子们同一性和单一性，当心中充满升起的期望，当有着强烈的感觉，认为丰富、完整与多样化能够或者应该来自人类的大脑，那个渗入了自然富饶的冲动的大脑时，我们开始寻找——我们吃惊于没有在这个人的作品中发现这样的东西。

在我们曾经希望找到富饶的整体时，却突然出现了混合和枯燥，我们感到深深的苦恼，我们被粗鲁地震动了。

我们为此感到沮丧：人类，自然最高级的产物，独自走了弯路，同时保持着惊人的倔强，他迷了路——简单明显地说，他应该替换掉做作的、人造的东西。

这个原因并不需要很长地寻找，它几乎已经在我们手上了。它精确地存在于那个获得过多赞誉、过多滥用的词语——教育——当中。

在我看来，在英语词汇中，没有一个词像可怜的"教育"这样包含了如此多的悲情的力量，如此多的悲剧，因为它代表了一种人类灵魂基本的任性，196 一种在心灵上自愿的盲目，一种内心的贫穷。

如果说教育能够刺激和加强一个头脑，那它同时也使数千人变得畸形、麻木或气馁。只有最顽强、最有力的人可以掌控它，并且回到对自己灵魂的拥有和驾驭。

　　因为这是教育的罪行，使我们远离了自然。当我们还是柔弱的孩子时，它用严厉的词语让我们离开，温柔的自然母亲的面容在无法言语的过去中慢慢消退，但她还不时地关心着我们，微弱并迅速地引起了我们心中不安的困惑的情感。

　　因此通过一种粗野低劣的引导系统，通过我们所呼吸的浓厚的大气，我们不同于我们的后代可以很轻易就达到的样子：一个除了丰富的物质财富外，也充满了精神富足的民族。

　　幸福的人民，拥有美丽冲动的、具备开放视野的自然之子，这些都被取代了，我们是迷失在黑暗中的民族，乌云遮住了阳光和清晰的蓝天，我们在这样暗沉可怕的天空下摸索前进。

　　我们黑暗时代阴暗的唯物主义——凶猛的客观性，狂热的自私——这意味着所有黑暗时代中最黑暗的时刻，是如此强大，如此奇异，如此畸形，以至于它的自身就包含了变化的因素：依靠自身的强度，自己的无节制，复杂的斗争，提前控制了世界的黄金时代。

　　所有国家的人，他们的心灵已经到了其能力的极限，占有其的征服品，从此前黑暗时代中脱离出来，通过自我肯定，变得自信傲慢，他们现在接近了一个新的阶段，一个属于自然与事物命运内在性质的阶段。

　　人类心灵，像蠕虫一样，被自己丰富的积累压迫着，逐渐慢慢地旋转自己的茧，这个茧最终通过它的丝线隔绝了外面世界的光明。但是这种黑暗产生了蛹，同时我们在这样的黑暗众感受到了阵痛开始。这不可避免的改变，在几个世纪的准备之后，终于开始了。

　　人类的发展，经过一系列巨大的诱惑和动荡，现在达到了一种唯物主义，它是如此深刻，如此高贵，被证实是最适合作为即将来临的精神辉煌时代的基础。

　　为了预见这种必然性，稍稍考虑一下我们历史遗产的丰富，它整齐的序列，提升的力量，它对力量的保持。

　　想想几千年前印度人吧，他们折叠着双手，在沉思中翱翔——想想他留给我们了什么。想想那些来自迦勒底的乌尔的希伯来人，为我们发现一种伟大的精神。想想那些忧郁的埃及人，那些勇敢地与命运抗争的大力士们——想想那些他留给我们的稳定性。想想那些以色列的星辰，在清晨拂晓时歌唱。想想那些孤独的拿撒勒人，他们呼吸着世界从未听过的温柔的精神。想想那些优雅客观的希腊人，他们是自然的爱人，是精准的思想家，美的崇拜者。想想沉睡的东方，它已经获得了新生。想想哥特人，正是因为他们，我们所知的情感产生了。想想现代科学，它教会了不要恐惧。想想现代音乐，在光荣中出现，就好像心灵插上了翅膀——太阳下的一种新事物。好好想想法国大革命和民主——自由的表达，个体的开始。现在想想我们自己的时代，它　　197

的机械，它的蒸汽动力，它的多种交流方式，它对于距离的消除。想想我们今天的人道主义。想想，现在我们站在这里，在一块新的土地上，一块最终属于我们的希望之乡，想想它有着多么丰富的潜在热情，凝视多么不可思议的地方——美国，我们的国家。想想，命运已经在判定，人类解放这出戏剧的最终章节将要开启——他灵魂的拯救！

想想这些事情，想想他们所代表的，想想他们承诺我们的，然后作为建筑师想想，它特别适宜我们去回顾我们自己的过去，展望我们的未来，认识我们的现状。

在一个公正开明的法官面前作证，唉，除了一个可怜的工作描述之外，我们还能给别人什么呢！我们该如何解释我们的贫乏？我们当然需要探索，因为我们必须要解释在丰富的资源中，我们的艺术却如此衰弱的原因，解释它在力量中脆弱的原因，解释在充裕中像乞丐一样的穷困的原因。

要用怎样的迷人或特别的词语我们来说服的激愤判断转向善意？如何让索然无味的记录变得对我们具有吸引力？

我们是否应该呼唤目光清晰、理性的希腊人或感性内省的哥特人来作证，我们是代表他的大使——我们自然会受到批驳。

我们是否应该呼唤相信命运的埃及人或是活跃精美的亚述人——他们一个蔑视我们，另一个嘲笑我们。

我们到底是谁，我们将如何诠释我们险恶的情况、我们的存在？

我们是否应当宣称我们是欧洲的表兄弟，或者在我们能自己掌握真理前，是否必须把头垂入尘埃之中，以承认我们伟大而光荣的 19 世纪末期是建筑最初的私生子与不谨慎所造成后果的直系后代？

或许，在我们世纪末的口袋里，仍旧寻找申辩的理由，我们是否应该用神话的语言来辩护，我们的艺术像布琳希德（Brunnehilde）一样沉睡着：她等候着一个自然之子，一个没有恐惧，能够刺穿火焰之墙，举起她的头盔的儿子？

因为畏惧暴风雪，我们是否应该在这样的申辩中寻找庇护，即诗人是天生的，而不是人工加工而成的；如果自然在所有这些世纪中没有在建筑艺术中带来伟大的大师精神，它肯定有着很好的理由——与那些对她自己有节奏的运动有益的因素相互纠缠的理由？在她没有止境的多产中，对这种贫瘠肯定有一个深刻重要性的原因。

那么，我们是不是能简单地说人类转向了其他神灵，他们忘记了古代的神灵？

在我们的土地上出现了一个新的国王，他不知道约瑟；他作为我们的工头，以重担折磨我们。

所有这些辩护都可能是真的，但是毕竟他们并没有解释为什么我们把简单的事情变得复杂，为什么我们采取了人造的而不是自然的过程，为什么我们在后退而不是前进，为什么我们以斜视观察而不是直视，为什么我们指挥着我们的思想而不是让它们独自工作；他们并没有解释为什么在我们的艺术中我们自觉如此的庸俗，如此害羞，如此笨拙，如此乐于解释，如此不确定我们是否知道什么，或者是什么特定的人，尤其如此缺乏特征，如此平淡没有滋味。他们并没有解释为什么当正确的事情完全可以做到的时候，建筑思想的理性或感情阶段准确地做了错误的事情。

198

不！我假装去倡导我的这一代、我的艺术的真正原因。我并不希望贬低他们，除非他所爱的反过来指责惩罚他。我知道我们脆弱的秘密不仅存在于我们过多的消化不良中，在我们的缺乏渴望之中，在我们进取心和道德勇气的缺乏中，而且首先存在于我们所接受的完全无目的的教育中。

我知道建筑学院教授的是某种艺术或学习方法，依靠这些，一个人可能会对建筑的客观层面以及形式有部分的熟悉。就它目前进行的情况，我知道这已经有意识全部完成了。但是我也知道这是值得怀疑的，在我看来，是否可能有一个学生在学校里从一千人中出现，他有着一个关于什么是真正的建筑的确定观念，我是说在风格上、在精神上和真理中；同时我认为，这主要并不是学生的错。我知道在他进入建筑学校之前，他通过了其他许多学校，而当他进入学校，就开始了这种伤害：他们告诉他语法是一本书，代数是一本书，几何是另一本书，地理、化学、物理和其他所有也是一样；他们从没告诉过他，从不允许他为他自己思考，这些事物是如何成为真正热情的象征的，复杂的比率是如何代表了人类与自然及其与他同伴的关系；他们从没告诉过他的数学等等，是作为人类呼吸中亲近自然的愿望的反应才出现的——人类眼睛中的满月比想象中的圆形出现得更早。

我们的学生知道，这样的教学结果是希腊人建造了某种确定形式的建筑，哥特人建造了某种确定形式的建筑，其他人也建造了其他形式的建筑。他也知道，如果他成为一个负责的木材砍伐工和水彩画家，有一千零一种特定的事实是关于建筑总体和局部的形式尺度和比例的，并且他们可以干净熟练地画出它们去测量。此外，他已经阅读了哲学书籍或听了有关哲学的讲座：一定时代的建筑给予人们那个时代的文化的杰出表现。

概括地说，这些就是他所受教育的全部，同时他听取了关于建筑的教导，就像从孩童时代起，他听取其他所有形式的教导一样——因为他一直被告之应该这样做，因为他曾经被告之建筑是一种复合的、真实的、特殊的、确定的事物，这些都已经完成，这些都已经为他所知，整齐地编排进书中。他被允许相信，尽管也许并不是很明白的教导，无论是何种意图和目的，当轮到他时，如果他希望为美国人或这个家族建造一些伟大的建筑，他可以将书中的知识取出，就和食品店从一个罐头中取出豌豆是一样的过程。依据事件的逻辑，他被教导建筑实践是一种商业行为，就像有专利权的药物，并不清楚它的组成，但是却在这个名义之下销售给大众。

在学校中，他被严肃的告之，并且获得了有文化的人们的认可，他被鼓励去相信如果他拥有了学术研究的品质和勤奋，那么他可以学会关于建筑的一切。这里的建筑一个体系的代名词，这个体系是一个关于公认的历史事实所构成的，像一本商业住宅书籍一样好用、易得，并易于理解。

199

在他的天性中，每一种遵循字面的、形式的和漂亮的念头都被鼓励——而早期情感与敏感在塑性方面的闪光却被忽略了。

他被教授了许多冷的、死的东西，但是没有一个是温暖的、活着的事物，他没有学过并且绝不可能学到庄严的完全理解的真理，即无论建筑在哪儿出现并在哪儿到达了自然产生的顶点，它都不是我们愚蠢的称为现实的东西，相反，它是一种绝对复杂，一种发光的、光辉的象征，在太阳下所包含的是其他任何形式的语言都不能有的，即一个种族纯洁、干净和深刻的灵感，它像一溪活水，从源泉流向大海。

他并没有被教导说一个建筑师，作为这个时代的真正发言人，必须首先、最终、一直拥有同情和一个诗人的直觉；这是一个人真正的重要的规则，它在任何地方任何时代都存在。

这种在我们的生活、我们的想法、我们的沉思、我们的感觉中对一种自然表现方式的寻找，是我所理解的建筑艺术：正因为我这样理解它，忽略了过去的恶意，我高兴地呼唤人类本性中的美好的事物——心灵的善良和头脑的公正，灵魂明确与自然回应，对于它一直相信，并且将继续相信。正是为了这个完备而健全的品质，我呼吁一种持久的艺术真诚和高贵。正是这种男性气质，我要唤来在裁判席之前为我们作答。

我非常清楚地知道，我们的国家将会拥有了一种最有趣、最丰富、最有特点、最美丽的建筑；无论何时我们开始关注建筑少数简单的因素而不是它复杂的形式，这个时代都将立刻来临。我们的年轻人一旦抛弃这种做作教育的重压，因为教导僵化的影响使他们与富有生机的大自然隔离，这个时代将立刻到来。一旦那些管理他们的人，了解事实的全部，意识到仅有一点知识或有偏颇知识，以及害怕对迟缓的人以及本性发展并不完美的人承担责任是一件多么可怕的事情，一旦他们意识到技术或理性的训练是多么必要以一种完备、丰富、纯洁的感情加以补充，那么他们就会告诉年轻人他们是自由的，他们可以从发霉的学校中飞往开放的天空，飞向太阳，飞向小鸟、花朵，在他们自己的想象中飞向繁茂的快乐，与自然的整体面对面，他们应该将学校的随意规则替换为自然的、对有尊严人格的轻松自我控制，最终不是书本而是个人感受、个人性格和个人责任形成了他们艺术的真正基础。

唉，在几个世纪内学生们都被教导说理智和感情是两种分离和对立的事情。大家深信不疑并坚决按照这种教导生活。

意识到这一事实是多么令人沮丧啊，学生们原本可以被教导说以上二者是两种美丽的相似和谐的事物，并且是我们所说的灵魂的单一整体性的内涵！缺乏了二者中任何一个，自然本性的发展都可能是完整的。

200

因此，古典建筑（指希腊建筑）是片面不完整的，因为它几乎完全是理智的。情感建筑（特别指哥特建筑）也是片面不完整的，因为无论它感觉方面的发展的如何伟大和美丽，它几乎缺乏理智。在这个世界上历史中并没有出现过完整的建筑，因为在这种艺术形式中，人类一直在顽固地寻找单一的表达自我的方式，或头脑，或心灵。

我认为建筑艺术没能到达它最高的发展阶段，实现它想象力、思想和表达的最完全的能力，因为它还没有找到成为真正的造型艺术的道路：它还没有对诗意的触碰予以回应。今天，它是唯一的一种艺术，在其中外在自然多样的节奏与人类内心的多种波动起伏都缺乏重要性，没有地位。

希腊建筑，至今为止仍然没有错误——并且它在一个方向上已经走得很远——是多种可能的表达之园里仅仅一种半径的圆。尽管它的视野完美，它的愿望明确，目的清晰，但它在形式上并不是丰富的：它缺乏灵活性和人性，去回应心灵各种各样的持久变化的愿望。

这是一种纯粹的、高尚的艺术，因此我们称之为古典的，但它毕竟是一种并不完美的艺术，因为当它拥有平静时，它缺乏了个人灵活性的因素：希腊人从没抓住过季节变化的秘密，他们的节奏是有序完整的序列，在一年的流动中保持平静。同样的希腊人并不知道我们现在知道的自然的慷慨，因为那个时代音乐还没有诞生：这个可爱的朋友，接近了一个又一个人，还没有像一朵玫瑰花一样开始绽放，也没有散发出它令人惊奇的香味。

哥特建筑，有着昏暗迷人的眼睛，有着高高在上的天堂的耶稣的精神，从下方能看见的很少，狂热且过度兴奋，在园艺和植物生活中享受快乐，与自然显明的形式一起深深共鸣，发展为一种表达方式丰富的偶然性的表现，但是却缺乏整体性理解，对纯粹形式的绝对自觉和掌握，它们可以独自带来晴朗平静的沉思，有着完美的静止和心灵的宁静。

换句话说，我相信希腊人懂得艺术的静力学，哥特人懂得艺术的动力学，但他们都不懂得去猜想它动态的平衡：他们都没有看穿自然的运动和稳定。因为这样，他们永远都有着不足，所以当真正的诗意的建筑到来时，他们必须死亡——建筑应该有着清晰、修辞和温暖的语言，有着和自然、和同伴的最完备的交流。

此外，我们知道，或者在这个时刻应该知道，人类的天性现在变得过于富有，有着过多的装备，接受了过于华丽的捐赠，迄今为止任何建筑，都可以说仅仅暗示了它的资源，却并没有在预测中掌握全部这些资源。

在这个如此动人的美丽国度，正是这种自觉，这种骄傲，应该成为我们
的动力、我们的朋友、哲学家和向导。

在这片土地上，学校会找到他们长久以来寻找的目标，会教会学生们率直，
简洁和自然：他们将会保护年轻人，防止明显的错觉。他们将教会学生，当
一个人曾经发明了一个称为构成组合的过程，而自然则永远会带来她的有机
性。他们将鼓励在每一颗童心中涌现的对自然的爱，并且不会压制，也不会
抑制年轻人想象力的萌芽。

经历了他们自己痛苦的经验，他们将教会学生有意识的理智，以及有意
识的情感，在孕育形式方面并不是好的伴侣，真正的分娩来自一种深刻的、
本能的、潜意识中的愿望。这种从自然中产生的真正艺术，必须拥有一双能
够观察的眼睛，一个能发出各种声音嗓音，以及拥有各种生活内容的生活，
它也应该依照这样去生活。

自然是强壮的、慷慨的、全面的、富饶的、敏锐的：在生长和衰落过程
中她持续不断地创造人类生活的戏剧。

于是，贯穿在这些变换的季节，年复一年的过程，一个又一个世纪的前
行中的，是渗透了一切、支持了一切的一种平静细微的声音的呢喃，它属于
一种力量，将我们把握在他空空的手心中。

5. 基于美学／艺术考虑的高层办公建筑 *

这个时代，这片土地上的建筑师正面临着前所未有的新状况——即社会环境的演进与融合，这些条件组合而成对高层办公楼的需求。

我不想讨论这些社会环境；我把它们当作现实接受下来，并当即提出，高层办公楼的设计应该一开始就作为亟待解决的问题进行认知和对待——这是一个至关重要的问题，迫切地需要正确的解决方案。

让我们以最清晰的方式把这些情况摆出来。概括如下：办公室对处理生意业务必不可少；高速电梯的发明和完善使过去痛苦乏味的垂直交通现在变得方便舒适；钢材料的生产开启了新的道路，走向完全、坚固、经济的高耸的结构；各大城市持续的人口增长、由此而来的高密度市中心和地价上涨则刺激了建筑楼层数目的增加；这些因素——通过作用和反作用、相互作用和相互反作用——成功地相互叠加，并且对土地价值作出反应。由此产生了所谓"现代办公楼"的高层建筑形式。它的出现响应了一种需求，在其中，一组新的社会条件找到了自己的居所与名称。

迄今为止，所有这些的证据都是物质性的，一种力量、决心和头脑对世界敏锐感知的呈现。它们是投机商、工程师和建造者的共同产品。

问题是：我们如何能赐予这毫无生气的高楼大厦；这粗糙拙劣、野蛮无礼的堆砌；这对于永恒冲突的直白刺目的惊呼，以那些建立在低等级强烈情感之上的更高等级的敏感性和文化所具有的优雅？我们如何能站在这奇异、古怪的现代屋顶令人眩晕的高度上，来宣讲体现了情感、美以及对更高生活尊崇的平和福音？

这就是问题所在；我们必须在与其自身进步相似的过程中寻求这一答案——其实是它的延续——即通过一步步由抽象到具体、由粗略到细致的考虑过程来实现。

我相信，每个问题在本质上都包含和暗示了自身的解决之道。我相信这是自然的规律。然后，让我们仔细地检视那些要素，找出内涵的暗示，问题的本质。

宽泛地说，实践性的条件如下：

需要——第一，在地下有一层，容纳锅炉、各种不同的发动机等等——

---

* 该论文于 1896 年 3 月的《Lippincott's》杂志首次发表。

简而言之，是电力、加热、照明等设备。第二，所谓的地面层，用来开设商店、银行或其他需要大空间、充足照明和便利交通的场所。第三，能够便捷地经由楼梯到达的二层——这里通常被分割成一些大空间，便相应地在结构布置、使用大面积的玻璃和外立面开洞的方面具有一定的自由度。第四，在这一层以上有不确定数量的办公楼层，一层层相叠，彼此相同，办公室与办公室之间也相同——每间办公室都像是蜂巢中的一个格子，仅仅是隔间而已，别无他物。第五，也是最后一点，大楼的顶层有一处空间或者一层，它与大楼的活动与功能相关，本质上是生理性的需要——也就是阁楼。在这里，这个循环系统才变得完整，并且实现了重大的转折，上升然后下降。这个空间装满了储罐、管道、阀门、槽轮和支持和补充位于地下室的动力传送设备的其他机械部分。最后，或者不如说是开始，在地面层必须设有一个主开口或是主入口向所有的户主或主顾开放。

这张表格，大体上，刻画了这个国家每座高层办公楼的特点。至于采光庭的必要设计，与问题本身并不紧密相关，就像很快会看到的，我并不认为又不要在这里谈论它。这些要点，以及其他诸如电梯设置等要素，必须严格根据大楼的经济条件进行考虑，而我假设它们将根据纯粹满足功能和金钱的需要，得到充分的考虑和安排。只有在极少的情况下，高层办公楼的平面或楼层布置具有美学价值，而这通常发生在采光庭成为外部元素或成为至关重要的内部要素之时。

由于我在此寻求的并非某个个别或特别的方案，而是一种真正普通的类型，因此必须集中关注大体上来说，在所有的高层办公楼中频繁出现的情况，而每一个偶发的情况则应不予考虑，因为它们将有碍于主要探讨的清晰性。

实际的水平划分和垂直划分，或是办公单元，自然而然地产生于一间面积和高度舒适的房间，而这间标准办公室的尺度则将是结构单元的先决条件，也大致上决定了开窗的尺寸。然后，这些纯粹随意设置的结构单元以同样自然的方式形成了外立面的美学设计。当然，位于一层或商业层的结构空间和开窗必须最大；而位于二层或准商业层的也有着大概类似的性质。而顶层的空间和开窗则无论如何无足轻重（开窗没有任何价值），因为能够从屋顶采光，而结构布置则无需对单元划分作出直接回应。

205

由此不可避免地产生了最简单的可能方案，如果我们顺从自然本能，抛开书本、规范、先例或此类教条的包袱，就会产生自然而然和"通情达理"的结果，我们将以下面的方式设计高层办公楼的外立面——总结来说：

从一层开始，我们给它设计一个能够吸引人们注意的主入口，这一层剩余的部分则以多少有些自由、昂贵、奢华的方式进行处理——一种精确地基于实际需要，但也拥有宽敞和自由的感觉的方式。我们将二层用相似的方式进行处理，但通常稍为低调一些。在此之上，数目不定的办公室楼层，我们

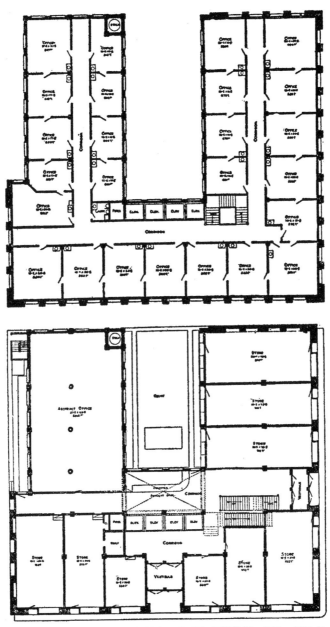

图 12　韦恩赖特大楼，第一层与第六层平面图，圣路易斯，1890—1891 年

基于单个办公室单元设计，每一间办公室都需要独立的窗，窗间墙，窗台和过梁，而我们无须大费周折就能使它们看起来完全一致，因为它们本来就是完全一致的。然后我们进行到顶层，这里没有划分成办公室单元格，也没有对采光的特别要求，使我们有能力通过其宽阔的墙面，以及主导性的重量和特点，来展现这一事实——也就是，办公室的层叠到此彻底结束了。

也许这看起来是个单调的方案，以及一种缺乏生机、悲观主义的表述方式，但即便如此，我们也肯定在由投机商、工程师和建筑师共同制造的有害建筑之外，达到了最有特色的阶段。建筑师占据了至关重要的位置，越来越清晰地展现了一种完全坚固、合理、连贯的对各种条件的表现。

当我提到建筑师的作用时，我并不一定指那些颇有造诣、训练有素的建筑师。我指的仅仅是一个对于建筑具有强烈兴趣的人，具有这样的性情来根据他未受影响本性以直接与简单的方式来塑造建筑。他将可能从他的问题出发，沿着一条纯净的道路抵达答案，在那里，他将展示出令人羡慕的逻辑天赋。如果他有一些关于细节形式的天赋，一些对形式仅仅作为形式的纯粹而简单的感觉，以及一些对此的热爱，那么他对于解决问题的方案，除了其简单明了的自然和完备之外，还会有些感性的魅力。

然而，至此为止，这些方案最多只是局部和试验性的；相对真实的，但绝不是肤浅的。我们的直觉无疑是正确的，但我们还必须为它找到更完整的的论证，更加令人满意的赞许。【见图 12、图 16】

我假设在我们对问题的研究中，已经经过了各种不同的阶段，包括：第一，高层办公楼需求的社会基础；第二，其明确的物质需求的满足；第三，把问题从仅仅对设计、结构和设备的考虑上升到了更基本的建筑的高度，在这里，建筑是稳固的、合理的建筑物直接生长的成果；第四，通过增加一定品质和数量的情感，再次将问题从基本建筑提升到了真正的建筑的表现。

206

然而，我们的建筑可能在相当程度上具备了这些要素，但仍然与我所尝试去定义的问题的完整答案相去甚远。我们现在必须留意强烈情感的那不容抗拒的声音。

它要求我们回答，什么是高层办公楼的主要特征？我们立刻回答，是它的高耸。这种高耸是其艺术家本质中最令人激动的方面。这种开放的、管风琴式的调子正是它的吸引力所在。由此，它必须是建筑师表现中的主调，是他想象中真正激动人心的部分。它必须非常高大，每一英寸都必须是高大的。其中必有高度的强势与力量，也必有极度兴奋的光荣与骄傲。它的每一寸都必须是充满自豪和高耸的，在全然的欢欣和狂喜中拔地而起，这一个整体没有任何、哪怕一根存在异议的线条——它是对最单调、最不详、最令人生厌的各种情况所道出的崭新的、意想不到的、富于雄辩的结束语。

以这种精神和对同时代人的责任感进行设计的人，必定不是懦夫，不是一味拒绝之人，不是学究，也不是浅薄的涉猎者。他必然过自己的生活，并且为了实现最完整、最饱满的生活而活着。他也必定抓住灵感并立刻认识到，高层办公建筑的问题，是自然之神慷慨赐予过人类自豪精神的、最为巨大惊人和最为壮丽的契机之一。

这一点还没有被觉察的情况——确实，它被人们断然地否认了——正展现出人类的刚愎自用，这让我们踌躇不前。

还有一点需要考虑。让我们现在把这一问题上升到平静的、哲学的观察领域中去。让我们寻求一个全面的最终方案：令这个问题彻底消解。

某些评论者，一些心思缜密的人，形成了一种理论，认为高层办公建筑的真正原型应该是古典柱式，包括柱础、柱身和柱头——有线脚的柱础如同建筑的底层，光面或刻槽的柱身如同单调连续办公楼层，而柱头则体现了顶层令这个建筑完整的力量与奢华。

还有一些理论家则提出将神秘主义的象征作为指南，他们引用自然和艺术中的许多三位一体元素及其在协调统一中的艺术性和决定性作为依据。他们断言素数之美，数字"三"的神秘以及所有具有三部分的事物之美——例如，一天被分为早晨、中午和晚上；肢体、躯干和头部组成了人体。所以，他们宣称，建筑也应该被垂直分为三部分，在实质上与过去相同，但动机不同。

一些有着纯粹理智气质的人们，认为这一设计应该具有符合逻辑的特征；它必须有开头、中部和结尾，每部分都得清晰地表达——因此，一座建筑，如上所述，再次具有了垂直方向的三部分。

另一些人，在植物王国追求范例和论证，他们提出设计应该首先是有机的。他们引证于相应的花朵，其叶子在地面之上，其优美修长的花茎支撑着一朵艳丽的花。他们指出松树有巨大的根系、柔韧连续的躯干和一簇簇高高在上翠绿的叶子。由此，他们提出，高层办公建筑的设计应该由垂直的三部分组成。 207

更有其他，对于单一个体的力量关注更甚于三位一体之优雅的人士，称设计应该一气呵成，仿佛是铁匠或强大的主神朱庇特的作品，或者需要经过深思熟虑，如密涅瓦的作品，充分成熟。他们对三分法的概念颇为接受和欢迎，却不认为必不可少。对他们而言，这是整体的次要划分：整体性并非来自三部分的联合；他们毫无抱怨地接受这个概念，只要它不妨碍建筑的单一性和平静。

所有这些批评家和理论家都积极主动地、毫不含糊地同意，无论如何，高层办公建筑不应该、也绝对不能成为对建筑知识进行百科全书式展览的场所；在此，过多的学识与过少的知识都十分危险且令人生厌。汇聚不同的（建筑）风格对他们来说是可耻的；16层的建筑绝不能包含16座逐一层叠直至顶层的相互分离的，相互区别，彼此无联系的建筑。

对于后面这个怪念头，我不想举例说明，事实上 10 座建筑中 9 座正式用这种方式设计的。这不是出自无心，而是建筑教育造就的。事实上，当面对这样的设计问题时，受过教育的建筑师，在每层，至多是每三四层的设计中就会受批评，被一种歇斯底里的恐惧指责，以免他走向为"恶劣的形式"；或者以免他在设计中没有充分地引用那些建造在其他的地点，建造于不同时间的"正确的"建筑；以免他没有充分的展示他的设计；简而言之，以免他泄露缺乏资源。要松开这只痉挛并不安的手，使紧张恢复平静，使头脑恢复冷静，平和的反应，自然的推理，似乎超乎了他的能力；他的生命和以前一样，正处在一个充满"神圣碎片"的噩梦里。这中奇观并不具有启发性。

对于前述有思想有分辨力的批评家的观点，虽然很遗憾，但我并不同意它们，因为我要证明，这些观点对于我来说只是次要的、非本质，完全没有触及重要的地方，没有触及整个事情的关键，没有触及建筑艺术真正的、不会变迁的哲学。我所陈述的视角带来了对于此问题的一个便于理解的终极解决方案。

自然中的所有物品都以自己的形态，也就是说，一种形式，一种外观形象，他告诉我们它们是什么，使它们区别于我们，也区别于同类物品。

自然界中，这些形状表现了内在生命，动物、树、鸟、鱼的天然品质，它们呈现给我们东西；这些形态如此有特点，可识别，我们说它们"天然"如此。但是当我们探寻表面之下，当我们穿透表面上反射出的我们以及天空的云朵，深入到洁净，流畅，深不可测的自然深处，就会感到这是何等神奇的静谧，这是何等神奇的生命之流，这是何等吸引人的神秘。事物的本质不停歇地在事物的实体中获得形态，我们称这个不可言说的过程为诞生和生长。当事物和它的精神一同衰落，我们称之为消逝，死亡。这两个过程相互结合，项目依傍，如同一个肥皂泡和它表面反射的斑斓色彩一般融为一体，被缓慢移动的空气携带、托举。这空气就是过去积累起来的全部知识。

对于站在事物一旁坚持观察的人来说，当他专注而愉悦地查看阳光照耀的一面，感受到生命的美好，他的心灵从未如此喜悦，为美、为精致的自发性，为生命借此寻找并获得它的形式来对自身的需求作出完美相配的回应而感到喜悦。看来，永远如此的是，生命与它的形态是绝对的整体，不可分离，彼此契合，如此完全地实现了自身。

无论是天空飞翔的鹰，或是盛开的苹果花，漫步的马匹，欢快的天鹅，生长的橡树，蜿蜒的溪流，飘动的云朵，天际移动的太阳，形式永远追随功能，这是法则。功能不变，形式也不会改变。巨岩、森然的高山岿然不动；闪烁的生命，进入形体，转瞬中死亡。

这是所有有机体和无机体，所有人类的与超越人类的，所有头脑、心灵、灵魂的真实呈现都遵循的不可抗拒的法则：生命可以从它的表现形式中被识别，形式永远追随功能。这就是法则。

我们是否每天都要违背我们艺术的规律？我们真的如此颓废，如此愚蠢，如此弱视以致无法了解如此简单的真理？它真的是如此透明的真理以致我们的视线可以看透它却无法察觉它么？它真的非常神奇，抑或是极度寻常，触手可及，使我们无法体察这一点：高层办公楼的形状、形式、外观表现、设计或者是表达或者是其他什么我们选择讨论的方面，应当根据事物的本质，追随建筑的功能，当功能没有改变，形式也不应当改变？

难道这些没有很清晰、很确定、很完备地显现出（高层办公楼）的底部一两层为了满足特别的需求而应当具有特别的特征；标准办公室的结构因为具有相同的功能，而应该保持不变的形态；同样地对于阁楼，出于它特别且确定的本质，它的功能不该同样有力、特别、持续、肯定地表达出来么？这样就自然地、自主地、自发地形成了一个三段式的结构，而不是出于任何的理论，象征或是幻想的逻辑。

高层办公楼的设计由此产生，就像其他那些在建筑仍然是一种活的艺术时——每隔许多年就发生一次——所出现的建筑类型一样。例证如同希腊神庙、哥特教堂以及中世纪城堡。

因此当自然的习惯和感觉主宰我们深爱的艺术；当形式追随功能成为为人所知，受人尊重的法则；当我们的建筑师不再在外国建筑学校的"难民营"中痛苦挣扎、在束缚下呓语或是目中无人；当这一点被真实感受并愉快的接受：²¹³即这一法则开启了绿色土地上空灵的阳光，并给予我们一种自由，使得这一法则在自然中获得展现而产生的美与华丽将阻止任何明智的、敏感的人转向放纵，此时，人们会明白我们只是用一种引人注目的美国口音诉说一种外语，而这片土地上的每一个建筑师，在这一法则的仁慈影响下，将以最简单、最谦卑、最自然的方式来表达他想说的；建筑师将可能真正、确定地发展出他自身的特征，从而他所阐述的建筑艺术将会成为具有活跃形式的演说、一种自然形式的发言，给予他自身休憩，并且为这片土地上发展中的艺术贡献一份小而伟大的珍宝；当我们知道，并且感受到自然是我们的朋友而非我们不可阻挡的敌人：在乡间的一个下午，在海边一个小时，一天从黎明、中午到星光闪烁的观察将会给我们很多关于建筑艺术的有韵律、深刻、永恒的启发，它们是如此深刻、真实，从而所有学校的形式主义、金科玉律和绞索都不再对我们有效；我们将驰骋在高速路上，奔向自然、圆满的艺术，奔向成为最真最善艺术的建筑，奔向属于人民、为了人民、来自人民的艺术。

图 13　芝加哥会堂大厦，东侧视角，芝加哥，1887—1889 年

图 14　芝加哥会堂大厦剧院，舞台以及"黄金拱门"的照片

图 15　戈蒂墓园，入口拱券以及铜门，格里斯兰德墓地，芝加哥，1890 年

图 16 韦恩赖特大楼，外立面

图 17　卡森皮尔斯科特商店，芝加哥，1899—1904 年（后侧五个开间由伯纳姆于 1906 年加建）

6. 建筑界的年轻人 *

我以为，美国建筑联盟正处于一种对现在美国建筑界的玩忽职守不满的状态；深感不能从这一代毫不尽忠职守的、代表了这种状况的建筑师那里得到任何帮助；并本能地感到，无论他们的感受有多强烈，通过联合在一起，这些暂时含糊不清、混杂不一的感受可能产生出强制力、判断力和一致性。

若不是我相信这一陈述本质上体现了事实情况，我丝毫没有兴趣为各位的福祉进行考虑。我也会毫不关心各位做了什么、没做什么。

各位有很多不满的理由，这一点无须证明；任何一个路人都能够感受到。

你们不满的原因也显而易见。你们感到的不满正给人一种令人愉快的、愤世嫉俗的震惊，以及一种新生的渴望，去相信善、相信真、相信美，以及相信年轻人。

建成的美国建筑物，有百分之九十的非正常部分，百分之八的无足轻重，百分之一的贫瘠和百分之一的"小伯爵"[1]（欧洲古典建筑语言）。你可将这一组合套用到任何百货大楼，或制帽企业的建筑上去。

既然，我想从建筑应当作为一门艺术而非仅仅是一种商业手段来实践的角度展开演讲。我也假设，你们同意我的这方面设想，我现在不妨恳切地询问，美国建筑究竟在何处与以往的建筑有所不同。

除开几个伟大的时代，就会发现在各方面其差别均微乎其微。

自从人类同时是大白熊的猎人与猎物开始，人类并无甚改变。

过去，通常人只想到的是，战争，威胁到他的生命的战争；宗教，威胁到他的灵魂的宗教；饥饿，威胁着他的肚肠；或者是爱情，关乎他的后代繁衍。

在一些神圣的时刻，人类暴风雨般的天空得到了平静，而人类的光辉普照着富饶的土地。随后，狂暴的因素再次来临——太阳成为过往。

简而言之，这就是人类有史以来、循环往复的历史。你可以调整公式中的参数来符合不同的时代、世纪或者是世代。

百年中的九十九年里，千人中的九百九十九人的思想，都是污秽的。一直就是这样。为什么我们期待它有所改变？

在普通人的所谓思想中（若他曾有过思想），百分之九十九是幻想，仅有余下的百分之一则是不断变化的。

---

* 该文章于 1900 年 6 月在芝加哥美国建筑联盟年会上宣读。
1 指同名美国小说中的主人公，为英国贵族的末代。

过去有些时候，这些幻想改变了他们关注的重点，并成为现实，而百分之一的变化无常则成了压倒一切的渴望。

这些改变创造了时代。

而这些时代，被称作"镀金时代"。

在这些时代，降临了有着洁白羽翼的神智的天使。

伟大的风格呼之欲出。

倏忽之间，明亮的眼睛，混浊了。

现实的理性，失落了。

跟随其后的建筑正像今天的美国建筑学：

在这里，如盲人演说色彩。

如聋人讨论和声。

如心灵干涸之人闲话人的神性。

如智力残缺的人在逻辑的斗兽场上奋力拼杀。

由此，最近的六百年那白翼的天使始终在远方的路程之中。

现在，在这一刻必须强调，尽管存在着登记约束，因为这缺席的带有白翼的天使是位女士，我恳请各位密切注意：

让容光焕发和循循善诱的青年将她引诱回地球吧!

她正悬浮在天堂的蓝天中，我可以毫不迟疑地指给你。

她等待着，她的耳朵渴望着青春、春天般迷人的声音，渴望着来自纯净心灵、清澈甜美的晨音，渴望着来自光明和胜利精神的自然与欢乐，还有谦逊而充满敬慕的眼睛!

她等待着。

她等待已久。

她无法来主动结识你——

唉，她的无形与无声正是其魅力所在!

也许这已经足够诗意了——

不妨说，与当今流行的不和谐一样足够多了；譬如

庞大成群的狂人（Bedlamite，伦敦著名的精神科医院）之呐喊。

拉斯金主义者之呜咽。

爱默生追随者之喘息。

斯宾塞推崇者之锉磨。

丁尼生（Alfred Tennyson，英国诗人）风格者之呻吟。

216

唯美主义者之悲嗥。

改革家之声嘶力竭。

艰难生存者之吵嚷。

奋力者之奋力。

催促者之催促。

纳税者之怒吼。

还有手推车之叮当作响——

所有这些，我们文明的"标志、征兆和预言"。

我们必须了解，在所谓的建筑风格中，有许多的神秘和奥秘。在所谓的"纯艺术"中有着摩登时代不可亵渎的神圣性。

所以。

让我们作"猫"。

让纯艺术作"国王"。

我们将看一看纯艺术（正如猫也有权看国王[1]）。

我们还将看一看伟大国王的伟大儿女——各种伟大的风格。

还有他成群的私生子——所谓的"其他风格"。

有一种，至少据说是有一种，思想的才能，根据你选择的思想或才能，一方面能够将事物分解为它的各种要素；另一方面又能将这些或类似的元素组建为同样或相似的事物。这一过程，我相信，被称为"逻辑"——前者称作分析，后者名为综合。一些人具有一半的分析能力；另一些则有一半的综合能力。只有当这一才能恰当、完整地居于某人的思想中时，他就被认为有些天赋。当他具有高度的完整能力时，他被人们称作天赋异禀。而当其能力体现为最高限度的时候，人们就称他是天才或者具有大师的思想。而当一个人连两种能力的半数都不具备时，他在智力上就毫无造诣了。

我担心现代建筑师们因为他们偏离正道的作为，而被放到这一体系中进行分类。

让我们假设我们自己是具有中等天赋的人，并将我们的分析运用到伟大的风格上去：

很快（Presto）—溶解（dissolve）[2]

我们拥有的残留，就剩两根竖线和一根连接它们的横线了。

我们有两个庞大的体块，还有跨接其中的拱券。

旋转你的体块和拱，就形成了穹顶。

以其他的"风格"同样如此几次三番之后，就得到了"建筑的元素"。

若以大师的精神同样再来一次——所有的元素转瞬间全部消失——只剩下不可分解的"欲望"。

建筑元素，以它们最赤裸的形式出现，即心灵最原始的、动物性的欲望，就是建筑的基础。

1　此处引申自西方谚语 A cat could look at the king（猫也有权看国王），意为地位再低微的人也有自己的权利。——中译者注

2　意大利语。——中译者注

它们如同尘埃和有生气的精神。

所有伟大的作品不过是这些元素华丽的综合。

书本的逻辑，最多，就是枯燥的阅读；并且，几乎就是死水一潭，因为它是间接的。

人类的理智，思想中的理智，才是原始的文献。

217

要尽力去读懂它。

如果你现在认为，它太困难或太晦涩了，那么尽力去研究一棵植物，从它还是微小的种子开始成长，直到开花结果。这其中是一个过程、一幅景象、一首诗，或无论你愿意称作什么，都不仅仅因为其在本质上绝对具有逻辑性，展示了一致性和分析与综合的整体性以及品质的最高形式；更是因为它的重要性、关键性和不可避免性：在这一特别的现象上，我尤其希望得到你们最密切的关注——如果这是真的，而我真切地希望这就是事实，即你们想要成为真正的建筑师，而非模仿的品牌。因为我希望能够让你们看到，或至少向你们表明，如果它在正常和天性的运作中没有受到折磨和阻碍的话，人类的理智将如何自然顺畅地进行思考。

某一天，去看看太阳升起，转过天际，并落下。

注意此时，你所在的那部分土地发生了什么。

思考这一简单、独立的事件所导致的复杂结果。

某一年，去观察四季如何有节律地追随着太阳的节奏。注意它们永无止境、自然而然的逻辑；它们精巧的分解和综合；它们至关重要的、不可避免的平衡。

当你有时间或者机会，抽出一点时间，去观察一只野生鸟类，飞翔；看一轮海浪，被冲击到岸边。尽力抓住一点，即尽管它们都是平常之物，却绝不是平淡无奇的。

注意任何简单的事物或行为，无论什么，只要它是自然的，而非人工的——离未经干扰的自然越近越好；若在荒野，则更为理想，因为那里完全远离人类破坏性的影响。

无论何时，只要你们专心致志地做了这些事情，且心无旁骛，亦不存先入为主的观念，全然地虚怀若谷，你们的脑海中就会闪现出单纯质朴的闪光的思想，以及关于结论性的、有机的、同样富有启发性的想法。它们将共同构成你们建筑教育中很有意义的第一步，因为它们是韵律的基础。

你们的脑海将逐渐得到启蒙，有一些至关重要的、有机的、基础的东西开始觉醒，通过它们的美、它们独特的韵律促进你们的想法，而保持着完美的平衡。

再过一些时间，你们将惊喜地意识到，同样的本能开始在你们自己的思想中进行运作，而在此之前，你们从未想到过它。这将成为你们建筑教育中的第二步。

随后，你会欣喜地发现在你的灵魂实践与自身本质之间将会愈发一致，愈发协调。

当这一感觉成为一种确定的意识，它将为你们合上建筑教育的第一篇章，并同时打开其他所有的章节，因为你们将已经具备了有序思想的基础。

你们将确定无疑的是，到目前为止，当我正努力引领你们掌握健全、完整的建筑艺术基本概念时，我没有就书本、照片或图片提过一个字。我有意如此，因为我相信，除了有些怀疑的阴影之外，你们从书本或类似的地方，将永远不能得到任何其他的东西，甚至，对于究竟是什么形成了真实、自然、建筑艺术的可能概念都没有。一代又一代人早已疲于这毫无改变的结果了：那就是沉闷痛苦的失败。

要想欣赏到一本书该有的价值，你必须首先知道哪些言语具有意义，哪些人至关重要，还有事物的哪些本质意义重大。

书本，总体来说，有一项开诚布公的目的，一个正当的功能：就是，为"人"与他的同胞、与自然的关系做记录，同样也为这两者，与无所不在的"深不可测之精神"的关系做记录。

就这些关系，人类，在作出巨大努力，想要给自己定位的过程中，已经给出了成千上万的名字。

这些名字就是所谓的词语。

每一个词都有一段自然的历史。

每一个词都不仅仅是它看起来那么简单，而正相反，是高度复杂的有机体，内心里带着比你能想象到的更多欢笑、更多泪水、更多胜利、更多失败、更多浸血的汗水、更多民族的痛苦。

有些话已经是老生常谈——

他们仍然如我们种族的婴儿时代一般发出哭泣的声音。

因此，倘若我以塞一本书到你们手中或类似的事情作为开端，那么，我将，根据我的哲学，将在智力上犯下罪行。

将像我现在那么真心实意地将许多事物认作建筑艺术的良师那样，远离正确的道路。

我就像我之前的那些人一样，鲁莽粗暴。

但我将不会像他们那样对此全无意识。

所以，我要强调，从观察开始。

追求将你们的头脑沉浸在对自然的——而非深奥的事物、直接和个人的接触之中。

奋力形成你们自己的判断，从微乎其微的事物开始，逐渐放大。如果它完全在你们能自己形成判断的范围之内，就不要依赖其他人的判断。

于是，尽管，你们可能经常感到困惑和彷徨，这些经历将因其个人化而十分有价值；在你年轻的时候得到它们，将大大好于许多年以后再这样做。渐渐地，依靠与事物的这些接触，你们将获得对物质现实的确定感，它会成为你们独立思考生涯所必需的第一步。

但是，我警告你们，不要拼命追求所谓的标新立异。一旦如此，你们就踏上了错误的路线。我明确地期望能给你们留下深刻的印象，即我的主张和我同样努力向你们指出的事实，是你们心智发展的正常过程。如果思想得到了适当的培育、合理的训练，并能自由自发地进行思考，独立的见解之于你们，就会像花朵之于植物一样自然而然——因为这是自然的规律。

当你们开始感到思想的流动和刺激，它是能力得到适度锻炼后的结果，你们可能就会开始阅读书本。要仔细地、谨慎地阅读，而不要态度傲慢。

要记住，那些书本，一般来说，主要的组成是诡辩、假想、借鉴、抄袭、对真理的论述不足或故意歪曲。

219

而作者，会过于经常地，装腔作势、乔装打扮、突然袭击。他的目的全在于给你们留下深刻印象。他本人最清楚不过，他的话语中，严格意义上能被归为真理且仅属于他自己的观点，是多么稀少。

你们很快就能毫无困难地洞悉那些例外的作品——而那些例外之作，将以其价值，毋庸置疑地证明这一法则。

随后你们可能会从被称为书本的文献转向被称为建筑的文献，而你们也将发现我针对书本的一席话能同样适用于建筑物和它们的设计者。很快你们就会具有分清良莠、去芜存菁的能力。

于是，逐次之后，你们会浏览过各种称为音乐、绘画、雕塑、农业、商业、制造业、政府等等名称的文献。

你们会发现，对你们而言，它们彼此之间相当类似。

不久，倘若，如我所建议，你们能与自然保持联系的话，你们将对这些文献的内容充实与否略有所见。

当你们对人类心智的所知，胜于目前所知的时候，（如果你们跟随我的主张循序渐进，这一天的到来也不会过于长久），回首今日，你们就不会感到丝毫惊讶，今天身居高位的人们似乎相信或声称他们相信，果实本身无须与结果的树木有任何关联。

看到一位建筑师以严肃的口吻宣告他冷漠无情、缺乏逻辑的大厦是逻辑思维的产物，这一心灵的讽刺，会令你们与我一样感到可笑。

当你们回忆起，"有其父并非必有其子"的道理，正是现在被广泛传授或碰巧传授的知识；而你们却早就知道，大自然在其不计其数的岁月里，时时刻刻都显示着"有其父则必有其子"的道理时，你们就将莞尔一笑：

符合逻辑的思维必然产生符合逻辑的建筑。

毫无逻辑的思想必然产生毫无逻辑的建筑。

有悖常理必然产生有悖常情的事物。

思想的孩子将揭示其父母。

而将来，当你们回顾到，在你们的青年时代，人们并不认为功能和形式之间必有联系，功能是功能，形式是形式的时候，你们还将再次莞尔一笑。

诚然，要是一棵松树长着响尾蛇一般的外形，直直地用尾巴矗立起来，还能长出松果；或者一条响尾蛇，反之亦然，有着松树的外观而蜿蜒于地面，啃咬行人的脚后跟，有些人就会感到十分古怪难受。

然而这个假设并不比现在充斥着建筑观点的事物更古怪，譬如，钢结构的框架被包裹在石材的外形之下——

想象一下，例如：

形如马匹的鹰。

形如南瓜的青蛙。

形如青蛙的豌豆藤。

220　形如蜘蛛的马铃薯。

形如鲸鱼的麻雀，在大街上啄食面包屑。

如果这些组合看起来毫不协调、不可思议，我严肃地保证，它们绝不比当今学生们面对当今建筑时、如此频繁地引起的奇怪感受更加夸张。

这些差异，因为其相似之处主要是思想上的，绝不能对那些从未在思想上变得敏感的人留下足够的印象。

你们将记得，人们曾经认为，一种民族的风格必须历经几代人的时间才能形成——你们从中得出的结论是个人无须为他的自然发展担忧，因为这是徒劳的——因为，正如其所然，它会是一个不恰当的假设。

我要告诉你们的恰恰相反：要全神贯注地思考个人的发展，它完全在你们的控制范围和能力之中；还要让民族特征作为思考后必然趋势的结果，在适当的时候出现。

如果有人告诉你们，在人一生的时间中不可能发展和完善出一套完整的、个性化的表达方式，一套相当成熟、尽善尽美的个人风格，那么你们要告诉他，你有更高明的见解，并将用你们的一生去证明这一点。要态度随意地告诉他，无论他是谁，都对基本原理十分无知——他活在蒙昧之中。

有人宣称，过去的伟大风格是当今建筑的灵感来源。这实际上是那些"崇拜"它们的人持有的极为武断的观点。

你们会相信吗？真的，你们会相信吗！

所以，才出现了无论怎样都"有其父不必有其子"的现象。而一种高尚的风格也会通过一颗不高尚的头脑，产生出不高尚的建筑。

也许的确如此，一个血统优良的男子，会通过血统不纯的女子，生出低贱的后代。但这一真理在上述提到伟大的词"灵感"的例子中的应用，在那些以险恶目的使用这个词的人那里，意味着粗暴地歪曲事理和令人可悲的堕落。

　　灵感，在我看来，是上帝和人之间沟通的媒介，是具有完美天性的灵魂纯洁的果实，是高贵思想的致意。

　　把这一词语用作为建立一种联系来使用，使当今的建筑能够成为过去最高贵思想的产物，在我看来，这一诡计多端的努力是对它的亵渎，而你们也应会如此理解。

　　实际上，今天的美国建筑是非法的商业与以往风格之杂合的产物。

　　你们一刻也不要这样自欺欺人。

　　这是一项严厉的控诉。

　　却是有事实可以作证的。

　　然而，我们也不要过于苛刻。让我们牢记并尽可能宽恕由不幸的教育带来的、令人沮丧、徒劳无功和阻碍前进的影响。

　　毕竟，每个美国人都曾上过学。而所有除了三"R"之外的教学内容都大体上要为他在精神上的无所事事负责。

　　我不可能就这一令人不快的事实做太多的强调了。

　　而这一切的原因，唉，是如此明确，如此有说服力，如此现成——正如你们将看到的。　　221

　　我们生活在一种叫作"民主"的政治体制之下。并且，我们，美利坚合众国的人们，成了历史上最大的案例，想要验证自治就是人类自然规律这一基本真理。

　　个人在身体和灵魂上都拥有自由正是"民主"的精髓。

　　由此可得，他必须统治或约束他自己，既体现在身体行动上、又体现在头脑思维中——简而言之，他必须在自己的个人之内建立起一套负责任的自我管理体系。

　　它暗示了最高形式的解放——即在生理、智能和精神上的自由，当人留意到了自己灵魂中的神性时，就需要依靠众神来做判断。

　　"民主"的理想正是个人应当以独立自主、自我管理——成为一个独立的最高统治者、独立的神。

　　现在谁会断言，特别是，我们目前的建筑高等教育体系与这一主旨是吻合的？谁会断言这一形式，即"教育"，除了与"民主"的目的背道而驰之外，还有其他的本质联系？

　　否定的答案正是我们的不幸。

　　我们作为一个民族尚且过于年轻。我们在世界列强之中尚为初来乍到。我们太稚嫩了。我们还没有足够的时间来准确地发现问题，尽管在我们心里感到有些事出了麻烦。我们一直以来太忙了。

　　因此产生了不和谐的景象，年幼的"民主"向苟延残喘的"专制"吸取着精神的养分。

为了从我们的角度进行理解，让我们检视：以下这些本质要点：

我们必然尊重权威。

我们得到的都是间接经验。

我们必然相信手段高于思想。

我们被建议不要作出思考。

我们被警告没有可能进行思想，正如我们的前辈那样。

我们不能分析、不能尝试、不能证明。

我们不可将自己视为精英，因为，千真万确，我们是受到精英指导的。

我们必须顺从。

我们不可进入表象背后。

我们得做别人告诉我们的事情，而且不允许问愚蠢的问题。

我们被教导，有一条一流的道路通往艺术。

我们被教育为英雄的崇拜者——

而未被传授英雄崇拜的是什么。

我们被教导，自然是自然，人是人。

我们被教导，上帝是上帝，人是人。

它与"民主"的理想相一致吗？

它是能与世界上最伟大的戏剧相称的序曲吗？

我们甚至部分地幸免于其中，这难道不奇怪吗？

222　我们的建筑索然无味、荒谬愚蠢、傲慢自负、悲观厌世，这不令人惊讶吗？

显然，你们不可能在学校里得到真正的教育。

由此，你们必须自我教育。

因为我这一代的学校并未有何改变；恐怕，它们在你们这一代也不会有什么变化——很快，对你们而言，一切都太晚了。

要努力，因此，要努力，当你们还年轻、充满渴望的时候，要努力地将物质发展的原理应用到你们的智力发展中去。

训练你们自己，我可以这样说。

努力发展你们的头脑，使它像运动员一样敏捷、灵活、精确、平衡、具有耐力和判断力。

为思想寻找简洁、完整、富有营养的粮食。

你们会对结果感到惊奇和喜悦。

处于自然状态的人类大脑，而非因适得其反的教育而变得昏昏欲睡、愚不可及的头脑，是所有自然界中最为不可思议的活跃因素。

如果符合完整的条件，你们就可以有保留地相信这一结果。

头脑将必然地使滋养它成长的思想得到再生。

若头脑以污秽为养料，它也将再生出污秽。

若以尘土为养料，也将再生出尘土。

若以自然为养料，也将再生出自然。

若以人为养料，也将再生出人。

它将绝对无误地再生出任何它作为营养的东西。

这是绝妙的装置——除了死亡，什么也不能全然地组织它的活动。它可以被放慢或加速——却不能被停止。

它可以任何想象得到的方式被滥用，但它不会停下，即使在错乱之中，即使在睡眠之时。

所以，要小心你如何干预这一不可思议的机制，因为它所有的成果，将不可避免地记录下你对它的任何作为。

人类的心智是所有时代的总和。它被赋予了过去所有的智慧和愚蠢。

小心你对它的所作所为，因为它将善有善报、恶有恶报——

这一机制多么精致和复杂。

人们在生理上的幼儿期常常不能得到足够的营养。

他精巧、脆弱和无助的小小身躯，在父母之情引发的全然地悉心关照之下，得到了温柔的呵护。

确实，在法律上，他直到二十一岁都仍是个孩子。

可他的智力呢！谁照顾他的智力？

当他在母亲的膝下受过简单、美好的照料，谁来保卫这一难以言喻的精巧、脆弱的有机体？

噢，这多么可怕！

噢，众神啊，公正何在，慈悲何在，爱意何在！

想想所谓的政治经济科学是多么徒劳无用，多么沉溺于封建主义，它竟然尚未注意到这是骇人的浪费，这是对人类家庭幸福的不合理的中断，我们的教育中乍然刺目的不协调。

223

在它对财富资源的研究中，并没有感到人类富有天赋的头脑、人类理智中具有实践潜质的巨大财富、对于可能产生的庞大效益的清晰标注的暗示——对公众福利具有关键而稳固的巨大效用：对一门将人类视为机器单元的科学来说，这些东西实在是太多了。

我们在学习的方法上，像穿错衣服一样不得要领也很是典型。

你们完全有理由庆贺自己尚且年轻——因为你们没有更多的东西需要消除，却有更多的热情可供利用。

这个伟大的机遇是你们的。机会就在你们面前。未来在你们手中——你们会接受这份责任还是逃避它呢？

我不要求现在就有答案。

提出问题就已经心满意足了。

因为把这个问题端端正正地摆在你们面前，这是第一次。

我只请求你们考虑这些：

你们想要还是不想要，你们希望还是不希望，成为这样的建筑师，在你们的关怀下，逐渐展开的"民主"能托付给你们来阐述它在物质上的要求、在精神上的渴望？

在适当之时，毫无疑问，你们将以自己的方式回答这个问题。

但我警告你们，用来正确回答问题的所剩下的时间，其实极为短暂。

因为你们现在是年轻的，却不如昨天那么年轻了——

那么明天呢？

明天！

7. 教育 *

长夜过后,更长的黎明过后,我们想象着一个清晨般的时代:在这个时代,传统的次要法则将让位于更伟大的创造法则,压抑的精神将不复令人消沉。

人终于得到了解放,现在能够自由地思考、感受、行动——自由地向着终点前进。

人道主义正慢慢消解功利主义的影响力,而一种启蒙的无私,也正前进在取代蒙昧贪婪的路上。而所有这些,作为深埋于自然界中的力量,觉醒了的力量,赋予了民主,成长与进步的生命。

在这力量的仁慈影响之下,对幻想和压抑的执着正在消散;现实的驱动力正在有力、广泛和具有穿透力地赫然耸现,而个人现在有了自由,能够成为一个人,一个最高意义上的人,只要这是他想要的。

对他的想象并无不可反悔的约束。

对他头脑的运作没有丝毫限制。

对他灵魂的高尚也毫无歪曲。

类似于教会和国家的暴政已经得到了限制,真正的权力现存于它必须永存的地方——在人民手中。

很快,我们正从经验的转向科学的态度;从一种不成熟的思维转向有组织的思维。必然地,我们正在向生命的更重大意义和个人与那种生命更强大的关联转变,正如在人们那里体现的一样。

我们真的在与伟大的事物直面相对。

年轻人的思想正应该被引向这些现象。当他关注它们的时候,应该告诉他,他能够得到这些自由,是经过了多少艰苦漫长的跋涉和挣扎。

应当使他的思想准备好遵从那些正在进行中的、影响深远的变化,这些变化在他看来将具有庄严的朴素、宽广和清晰度,那时,民主的太阳将在民族的上空更加高悬一些,比现在更加坚定而深刻地照亮个人的思想和意志,
百万民众的思想和意志——他们自己的思想和自己的意志。

应该向他展现,作为一种景象、作为一出伟大的戏剧的广阔生命的波澜,他在其中是一个单元、一位演员;至关重要的是,基本原理必须滋养他毕生事业的根基,并渗透入它的枝叶,正如它们也必须滋养邻人的工作和生活——

---

* 该文宣读于美国建筑联盟年会,多伦多,1902 年;于此首次出版。

这是为了总体的和谐，为了所有人的福祉。

应让他看到，历史的真实已经表明，乐观是人们内心经久不变的感情：是一种来自抱负远大的民主、在自我追寻的持续压力之下的感情。

他必须沉浸在那种自豪感中，那种对尊严的确定品质，它们是自我管理的伦理结果和道德责任感。必须明确地教导他对同行的责任。

应该教导他，理想上空洞的头脑就是一个空洞的头脑，并且会要求他，即使不是自我牺牲，也至少是自我约束，自我否认，而最高的理想就是民主的理想。

为此，必须向他阐明历史，而他自己时代的故事，也必须被澄清。

为此，必须首先激发他的灵感，并总有清晰、完整的概念，知道民主的真正含义、它对人类的解放曾经具有的意义和现在的意义；知道它（曾经）的代价，流血和痛苦，可能产生于人道主义的条件；知道它作为一项遗产有多么无价——是最为珍贵的遗产；并且知道作为与它一同施善的伙伴，应该多么勇敢、多么高贵、多么审慎地珍惜它庄重宏伟的完整性。他生而享有民主，并因此，尤其容易认为民主微不足道。因此必须以坚决的训导、警示和称颂，孜孜不倦地教会他，民主的出现、维持、发展，对生命完整的必要性，一如他呼吸的空气一般。

而自然界的美则尤其应该带着许多的爱意展现给他，并鼓励他崇敬和赞美这种美。

应该告诉他，他和他的同胞都是自然不可分割的部分，而他的力量只能来源于她的慷慨。

应该向自然的启示，打开他的头脑和心灵，向无限和未知的边界指引他的视线，大自然会把他所知的人类之伟大和人类之脆弱这一深沉的思想引向那里；于是，他会发现生命中至关重要的平衡。

应该教他懂得，人完整的一生只是用来完成一些有价值的事情的、短短一段时间；然而还要让他知道人们做了什么，一个人可以做什么。

表达的艺术应从儿童时期开始培养，而对母语清晰熟练的应用是其中典型的部分。

一开始就要强调现实感，然而无论如何，也不能以那些我们称为爱国主义、崇敬心和爱的高尚幻想为代价。

应该教导他，崇高的理想使人强大。

226　理想衰落之时，也是堕落来临之时。

应该教育他，文明的可及之处高于物质的目标，而它的巅峰则取决于人的头脑和心灵。

应当教他具有基本的诚实，让他懂得诚实只有唯一的标准。

应当教他蔑视伪善和伪善之辞。

这，在我看来，就是教育的基础，因为它直指大丈夫的气概，因为它有利于人类道德和精神的活力，因为它能导致人性的持续发展，因为在它的保护下，真正的艺术能够蓬勃兴盛。

我不是那种笃信慢条斯理方法的人。恰恰相反，我提倡精神饱满、彻底、真正的智力训练，它将使头脑适应发展、能够把握大事情的需要，同时又能恰当地掌握小事情的意义——在质量和数量上精确地区别对待——并由此发展出个人的判断、能力和独立性。

但与此同时，我又是那种坚信温和的态度比强制更为伟大、确定的力量的人，坚信同情心到目前为止是比聪明更加安全的力量。所以，我会训练个人的同情心，在他们敏锐的热心和脆弱上小心翼翼，正如我会在机敏、均衡和安心的方面发展他们的头脑。

而我也不是那种轻视梦想家的人。因为要不是梦想家们的存在——无论是过去的还是现在的——这个世界将仍在零点。在那个遥远的专制主义世界，梦想民主的人，确实是英雄的，而我们现今才醒悟到他梦想的奇迹。

这个梦想家多么能够直指人心！

我也会这样照顾梦想家的梦，因为在他那里，当人类在沉睡的时候，自然在深思。

我也会这样教授做梦的艺术，就像我教授思考的科学，就像我教授行动的价值。

谁只知晓梦想的空洞，同样的，谁就永远不能获得说服思想去采取行动的力量和可能性的高度。

谁不做梦，谁就不会创造。

因为要下雨，空气中就要先升腾起蒸汽。

行动上最伟大的人，是最伟大的、持之一生的梦想家。因为对他而言，梦想家以长远的眼光、有力的思想、强大的意志和坚定的勇气抵御摧毁。

而这样则能毁灭诚恳的梦想家——欺骗或平庸。

一个民主国家不应该让它的梦想家毁灭。他们是它的生命，是它免于衰落的保证。

如此，我将这样发展年轻人的同情心。

如此，我将解放和规范所有思想中的建设性才能，并鼓励真正的洞察力、真正的表达力、真实的个性。

如此，我将把意志的力量集中起来。

如此，我将形成个性。

如此，我将教育出优秀的公民。

并且如此，我将为一代真正的建筑师打下基础——真正的人，因为的确如此，教育出人和行动中的梦想家。

8. 什么是建筑学——关于今日美国人的研究*

目前的理性趋势是简化。现代科学思想的全部力量，在人们的共识下，正在向研究人们认为隐藏在"自然"的复杂性之下、极少的、简单原理的方向发展，而这样的研究正持续稳定地揭示出，在所有人和事物背后隐藏的单一推动力。

这一分析方法揭示了"人"有趣的一面，即他如何思考，就如何行动；以及，反之，你可以通过他的行为判断他的思想——他的真实想法，为人所知的、而非他承认的想法。因为所有人都思考，所有人也都行动。说一个人不思考是不恰当的；真正的意思是他没有以准确、适当和有力的方式进行思考。那么，如果，能够肯定，因为一个人思考，所以他就一定言行一致，那么确实，作为许多个人之集合的社会，也必定精确地按照它的想法采取行动。由此，一群人的想法能够从他们的行动中被读懂，正如读懂印刷纸张上的单词一样。

如果，以类似的方式，将这一分析方法应用于复杂广泛的历史和当代建筑之上，我们感到，在他们的简洁背后，清楚地隐藏着三种基本形式，即柱、梁和拱。它们是三个词，仅有的三个词，从中发展出了作为一门伟大庄严语言的"建筑艺术"，一代代的"人"以此表达了其思想的流变。于是，古往今来，每座建筑都是一次社会行动。在这一行动中，我们读懂了不能逃出我们分析的内容，因为它被永远地刻在了建筑中，即那些想象出或曾经想象出这座建筑的个人或人群的思想。

也许，我不应该如此草率地提出这三要素：柱、梁和拱。对读者来说，与之相关的真理可能看起来不如我所表明的那么清晰简明。他可能会想，例如，埃及建筑与希腊建筑显著不同，尽管两者都仅以梁柱为构建基础。它们的确曾有显著的区别。区别存在于埃及人和希腊人的思想之间。埃及人以其思想赋予梁和柱子生命——他别无选择；而埃及人的神庙也因埃及人的行动得到了它的形式——它别无选择。希腊人也如此，我已说明清楚，这样产生了希腊神庙的形式，也已说明清楚，而希腊神庙也明明是作为希腊人的行为而存在的。尽管两者都是简单的梁柱结构，如将一块砖置于另两块之上，正如我对梁和柱简单说明的原理一样。

同样，罗马输水道和中世纪教堂同为柱加拱券结构。但罗马的思想和中世纪的思想相差多么遥远！而思想上的差异在它们各自柱子和拱券形式上的

---

* 这是一篇论文的修订稿，首次发表于《美国承包商》，1906 年 1 月。

体现又是多么明显！因为每一座建筑都是当时代人民行为的代表。这些建筑如此雄辩地向我们诉说着罗马思想的征服力与简洁性、诉说着中世纪思想的神秘倾向。

但是，你会说，这些建筑并不是人民的行为，更像是，在一个例子中是皇帝的行为，另一例中又是教会的行为。非常好；不过皇帝其实也是人民的行动——表达了人民的思想；而教会除了同样也是人民思想的实践之外，还能是什么呢？当罗马人的思想改变了，庞大的罗马构筑物分解了；当中世纪人的思想改变了，教会的活力衰退与支持它的人民思想的离去成正比。于是，每一种统治的形式、每一种社会制度、每一项事业，无论它们多么伟大，或多么渺小，启蒙或倒退的每一个标志，都曾经或正在从人们的生活中涌现，它们已永远形成了，并仍在确确实实地形成着他们思想的图像。渐渐地，许多世纪、许多代人、许多年、日、小时过去后，人们道德思想改变了；他们的行为也相应精确地改变了；于是思想和行动已经也正在永远向前流动，永不停息地向前，参与到了"生命"强大的力量中去。贯穿人类生命、思想和行动的这股溪流，人时刻感到有建造的需要；由这需要又产生了建造的力量。因此，他们如何思考，就如何建造；因为，尽管看起来可能很奇怪，他们却没有其他的建筑方法。因为他们建造房屋，他们便创造、利用和留下了他们思考的纪录。然后，经年累月，新的人们来了，带着改变了思想，所以产生了与思想的改变相一致的新建筑——建筑总是思想的表现。无论这思想有什么特点，建筑就都会具有这样的特点。柱子、梁和拱券在形式、目的和表现方面都改变了，忠实地追随着"生命"，追随着"人"不断变化的思想，它产生于他向着目的地前进的过程中——好像永远被一股不可见也不可知的流水推动着一样——而这一进程现在也仍在流动，并同样不可见和不可知。

而这股建筑的流水就是我们所谓的"历史建筑"。它绝不也从未是任何除了人们思想流变的索引之外的东西——它发散自人们最秘密的生活。

也许你会想并非如此；也许你会想到封建地主建造了加强防御的城堡。他是建造了城堡，表面上看。但他建造城堡的需要和力量从何而来？来自他的扈从。而扈从的力量又从何而来？来自人民。人民怎样思考，就怎样行动。于是，封建地主的力量便建立在人民的思想和信念上；建立在他们的需要和权力上。在他们的想法开始改变的一刻，建立于其上和得到其授权的力量，就在那一瞬间开始衰减了。由此，旧事物的腐蚀和新事物的形成是一个原因同时产生的效果。这个唯一的原因就是：思想。于是，我们认识到，所有的人类活动中最简单的方面就是变化。

要分析哪个原因造成的改变和影响，将使我现在离题太远。只要说，思想一旦开始产生变化，就再也不同了——无论时间流逝。因此，只有永远的新生，而永远没有再生。

对我的读者来说，现在可能这就很清楚了，即我们应该在观察历史建筑的过程中，不应再于表面的风格类型下认识它，如当下一般承认的方法，而应（以更自然、更理性的方法）将每座建筑当作过去和现在、各个文明时代的产物和线索，以及当作那个时代和地方的人们思想的产物和线索来看待。这样，我们将在脑海中对贯穿各个时代的、真实生动的建筑流变，形成一幅广阔得多、清晰得多的全景；也将获得清晰、简明、准确的概念，即建筑一直都是并仍旧是简单的推动力，而它不同形式的表现方式则在不断地变化着。

我需要补充的是，也许，提到人民，我并非以令人不快的方式指那些低等的阶级。我指的是所有的人民大众；而我尊敬所有这些组成社会有机体的人们。

我相当清楚地意识到，这些观点并未在建筑师中得到广泛的接纳。的确，你在书本上或学校里找不到这一类的论文。目前流行的建筑观点竟然既不真实又毫无用处，正如目前美国关于任何全民福利的观点一样。也就是说；在我们的民主国家，目前的观念、思想，不可思议确实具有破坏性的不民主——这是我们目前文明的一个方面，稍后我将提到。

所以，我请求读者，至少在目前，对我所说的话抱有足够的信心，可以搁置他目前的建筑概念，它们必然十分传统，是学到的思考习惯，并未得到他亲自的分析；并由此使他的观念保持开放，以接受我文章中简单、自然的观念，最后，他可能认识到我们与建筑的自然、真理和整体有多么背道而驰，如此才能形成一个真正的民主民族的性格。我这样要求，是因为民主的福祉是我生活中的主要关注的问题；也是因为，我一直认为，并仍然认为，建筑仅仅是一个民族的一项活动，并同样必须与其他活动取得协调。因为，当一个民族考虑到建筑的时候，它也考虑到所有其他的事物；而当它考虑到其他所有事物的时候，它也会考虑到建筑；因为一个民族的思想，无论它看起来有多复杂，却都是一致的，并且当时代表遗传与环境的均衡。

我相信，更进一步地说，一篇长论文并不必定要表明，我们今天的人对过去建筑形式的模仿是值得自由民族来做的事情；并且，学校的教条，认为建筑学已经完结了，这对每个活跃的头脑而言都是侮辱，并且，因此，实际230 上，用真正民主的思想来衡量，也是幼稚和谬误。这一教条，以高傲的姿态，向健康的人类经历说谎。总而言之，它说的是：美国人民不适合民主。也许他们不是。若是这样，我们将看到如何和为何。我们将看出，这一所谓的不合适是真正正常和自然的，还是以反动思想的传统体系、强加于人民之上的封建条件。我们将看到，我们将教育的领导权交付与他们的这些人，是否已经误导了我们。我们将看到，在更宽泛的意义上，我们，作为一个民主的民族，是否不仅背叛了自己，还辜负了信任，这一信任将民主的世界精神置于我们手中，因为我们，作为新生的民族，在一个新的、广阔的国家里产生了。

所有的这些，我们都将不久于我们当代的建筑中读到，而且，我们也将以对美国人民的思想和活动的简要分析中，来测试这些感受的准确性，正如它们以其他方式得到的表达一样。因为，可以肯定，我们将在自己的建筑中找到的东西，我们也一定能在其他地方和每个地方找得到。

如果我们假设，阅读的艺术被限制在印刷的纸张上，我们就不能前进得很远。但是，如果我们扩展和刺激阅读的理念，直到它在我们看来，以其更有活力的一面，成为一种科学，一门阐释的艺术，我们将能探索得十分深入。事实上，我们的旅程将永无止境；因为自然、人类思想和努力的广阔领域将像一本生命之书一样向我们打开，在那里，最大和最小，最坚定和最短暂，都将展现出它们真正的价值。随后，我们的头脑就不再成为"词汇"的奴隶，并获得自由，在现实的自由空气中，自由、充分地处理"事物"。

确实，我们大多数人，或多或少，都有阅读事物的天赋。我们自然而然获得它；但是，奇怪得很，许多人羞于承认，以为它没有得到权威的认可，因为它不具有那个十分受到误解的词"学识"的官方印章，一个标记，顺便提一下，它使那些反对我们正常思考能力的概念大行其道。正是这同样的学术崇拜，同样，在理论和实践之间造成了不合逻辑的鸿沟。在正确的思维方式下，这鸿沟是不可能存在的。所以，一种真正的教育方法，应该存在于一种对我们正常的、自然的思考能力，谨慎和完整的形成之中，事实上，这一思考的力量比通常假设的要伟大得多，在无法估量的程度上更易受到发展的影响。确实，我们习惯性地低估普通人心智的潜在力量，这一顽固的想法令我们十分不齿。实际上，它等同于一种迷信。一种迷信，其来源可以毫无困难地追溯到在过去几个世纪中的循规蹈矩，追溯到社会等级的顽固观念。这毫无疑问，是现在十分普及的现代和启蒙思想的对立面，即民主教育的真正精神，其中包括寻找到、解放并发展普通人，尤其是他们孩子的杰出而尚朦胧的力量。

我们十分不安地注意到，我们如此慷慨、甚至浪费地给予投资的教育系统，已经变得不能完成真正的民主目的；而尤其是在所谓的高端，它的倾向于变得日益反动、日益封建。

而这些反思也不能令人心满意足，看到我们如此多的大学毕业生缺乏受过训练的能力，不能够清晰地观察，简洁、精确、建设性地思考；还有可能，玩世不恭的表现要多于正确的信念，看起来对人们的不信任要多于信任，此外，仍不具备完全解读事物的能力。

231

相反的是，我们有思维活跃却"未受教育"的人，他在我们的领域中发挥着很大的作用。他能很好地阅读那些他认为与之息息相关的事物。他的思维是活跃的、实际的、微小的；并且，无论他处理的是小事还是大事，事情的本质在所有的情况下几乎都是相同的。他的思想几乎总是直来直往。他的反思能力尚未得到发展，因此，他会忽略身边那些简单、至关重要的事物，而这些事物，命中注定，他有一天必须对它们进行判断，而那时他将发现自己毫无准备。这些人建设性的思考力量、富有想象力的影响、敏锐的直觉、坚强的意志，常常令我们感到惊喜。但是，当我们仔细考察的时候，我们会发现，这全部只是一种杰出的上层结构，而其隐蔽的基础则十分薄弱，因为我们发现，其基础的思想并非在人文学科中形成的博大精深而准确的思想。由此，我们通过思考得到了两种类型的人，他们都相信为涉及现实的事物，而实际上都是幻影；因为他们都只学习了除了人们真实思想和真实心灵之外的所有东西。他们并未对真理进行足够的考虑，并仅从社会稳定和社会变迁中吸取养料。如果，及时的话，这些思想的分歧剧烈地扩大，将导致痛苦的再调整，而其自然和无情的结果，作为致命的误解的结果，是我们思想系统中的致命缺陷的产物，正在导致我们距离同僚们渐行渐远。

如果我说，我们思想的这些方面在我们的建筑中可以读到，我不是想说得太多，因为行为准确地指向其起源的思想，并且，在人们做的每件事中，他们都留下了自己思想难以磨灭的痕迹。如果将这一建议贯彻下去，它将变得出人意料的清晰，即每一座建筑对观察它的眼睛而言是如何暴露无遗的；它的每个方面，从最小的细节，到手部最轻微的动作，如何揭示了建造它并在我们看来为它负责的人们的思想。每件事物都有待我们去阅读、去阐释；而我们可以用闲暇时光来做这件事。建筑不能够移动，它不能隐藏自己，逃之夭夭。它就在那里，并且会伫立在那里——告知更多比在愚蠢的想象中更多的、关于建造它、传授它的人的事实；揭示出他的思想和心灵，恰如其分，无一丝添加，也无一点减少；明白地讲述他想的谎言；以几乎残酷的真实性，告诉人们他的卑劣信念、他薄弱摇摆的思想、他的厚颜无耻、他的自私自利、他在精神上的不可靠、他的冷漠、他对真实事物的轻蔑。这样清晰地分析这些是否太残酷？如此一步步地追踪、一点点地揭露，一次次、一遍遍不动感情地探查和测试和量度，跟随建成房屋的思想的每一次迂回转折，不断审视和判断它直到这座建筑告诉我们："我不是一座真正的建筑，正如造我的也不是一个真正的人！"，这样做又是否类似是活体解剖呢？

如果这样，那么，它必须，相应地，就是一项愉快的事和诚恳的善行，去认识和注意到，另一些建筑是一个诚实的人之诚实的努力，注意到有一颗诚挚的头脑在表达简单、直接、自然的想法，并建成一座如他自己一般真实的建筑、其中吻合的甘心情愿和真诚坦率。

那么，自然，它难道不是有助于认识并注意到在另一座建筑中有一颗尚未得到良好训练的头脑，也许对自己也并不十分确定，却依然富有勇气地在寻找一种方法；那座建筑表明了思维在哪里被绊倒又再次尝试，表明了思想在哪里是无所不在、混沌不清、并非自我中心的呢？

它难道不是智慧的一部分，去欢呼、去鼓励这颗头脑，而非嘲笑奚落使他气馁吗？要对它说：要学会思维在其被允许自由运转的时候，调整到最佳状态；要学会当你把问题降到最简化的程度时，要做它所暗示的事情；你将由此发现所有的问题，无论如何复杂，都会变得从未想到过的简单；接受这一简单性，完全地接受，并充分地自信，不要丧失了耐心、离它而去，或者感到迷失，因为你正处在人们不谨慎地称作天赋的地方——尽管它势必十分罕见；因为你正处在大体上无人能及的地方，所有真正伟大的思想都寻觅着的地方——具有至关重要的简单的地方——这一观点如此启发了思想，以至于表现的艺术变得自然而然、充满力量和毫无过错，并获得了确定性；所以，如果你能够寻找并表达出自己内心最好的东西，你必定能够找出你的人民心中最好的部分；因为他们就是你的问题，你不可避免地是其中的一员；你需要去肯定他们真正想要肯定的东西，也就是，他们之中最好的部分，而他们也同样真正地希望你能够表达你内心最好的部分；因为人民看似几乎毫无信念，那是因为他们一直以来都受到了蒙蔽；他们厌倦了欺诈不忠，比你所知的还要厌倦，而在他们的心中正在寻找诚实和无畏的人，拥有简明清晰的头脑的人，对他们自己和对人民都十分忠诚的人。美国人民正在昏迷之中，并即将觉醒。这头狮子现在陷于网中，或像未破茧的幼虫——无论你喜欢哪种比喻。

但要使思想简明易懂，事实上，并非易事。每件事物都在同你作对。你被一层传统的雾霭包围，而你必须独自驱散它。学校不会帮你，因为它们同样也在这层迷雾之中。所以，你必须尽可能发展自己的头脑。唯一安全的做法就是对任何事都不要觉得天经地义，而要去分析、尝试和测试所有的事情，为你自己，并确定它们真正的价值；详细审视，去芜存菁，并将所有的思考、行为都减少成为最简单的对诚实的检验。也许，你将对此感到诧异，但你看到，曾经坚信不疑的事物是如何土崩瓦解的；而你曾经认为不合逻辑的事物是如何展现出新的重大意义的。但是，少许时日，你的思想就将得到澄清和加强，而你则需转向智力力量的领域，在那里，思想以公正和清晰区别那些对人民健康有利和不利的事物。当你完成了这些的时候，你的思想将达到它的均衡；你将有些话要说，也将说得公正直率。

根据前述的观点，目前建筑批评的手法主义一定常常显得微不足道。因为当真正的问题是：这整个设计是否卑劣的借口，或一种寄生，这个时候说起这个太小、那个太大、这个太厚、哪个太薄，或者引用这个、那个或其他的先例又有什么好处呢？如果整个思考方法、建筑所代表的内容是虚假的，为什么对这个、那个或其他小事情进行夸大，并在人民的面前放上面具，而他们想要真正的建筑，却在长久以来建筑师们以建筑术语背叛他们的情况下一无所知呢？

233   为什么我们没有更多重要的建筑评论呢？是因为我们的专业评论家们缺乏洞察力吗？因为他们缺少勇气？因为他们应该是自由的，却并非自由的？是因为他们应该知晓，却未洞察到吗？他们没有看见，或他们即将看不见这些？他们知道这些建筑是谎言，并避免这样说吗？或者他们也是思维迟钝吗？他们的思想也同样被文化麻痹僵化，并因此，他们的心灵也昏晕了吗？

人们如何能够知道，对他们而言，真正的、合适的建筑会意味着，如果这不是第一次令他们清楚地知道，目前被承认的建筑，用来迅速歪曲他们思维的建筑——对他们来说都是虚假的！如果不能指望我们备受信任的评论家们，我们又能指望谁呢？而如果他们令我们失望，然后怎么办呢？

但是——愤世嫉俗者也许会观察到——如果他们真的令我们失望了怎么办！他们仅仅撰写时髦的东西。因为每个人都背叛其他人。我们所有人都是虚伪的；那么为什么虚伪的民族要不可期待的、虚假的建筑呢？一个民族总将得到他们应得到的，不多不少。选择权在于人民，无论如何。如果他们想要真正的建筑，就让他们成为他们真正的自己。如果他们不想遭到背叛，就让他们也停止背叛。如果他们真的想要忠诚，让他们变得忠诚。如果他们真的想要思想者，让他们也这样思考。如果他们真的不希望有欺骗性的建筑，就让他们自己不再自欺欺人。在这一令人气馁的观点中存在着那么多真理，我将稍后进行阐述。

此时此刻，无论如何，应该顺便注意到，考虑我们建筑的周期性也是很有意义的。它们毫无目的地,四处漂流,在商业主义毫不谨慎的潮流中飘荡——它们的书页写满了建筑的观点，建筑，像"词语、词语、词语"。这种、那种或其他"风格"的建筑；总是虚假的，现在和过去、这里和那里都时时接受，在时常留下"风格"的地方，以及，结果，真正的建筑市场出现的地方；或者建筑师，在"强迫"下，不得不放开"风格"的地方——并有理智地做些事情；或者，极为罕见地，在建筑师遵从自己自由的意志、设计简洁，或以充分的感受、简洁、直接的修辞表达自己的地方。出版商不妨说：造些建筑出来，我们将使它们付印；我们只是时代的镜子。我们出版评论家写的作品，正如它所是的样子，出版建筑师写的东西，也同样如此。我们给我们的读者，大多数都是建筑师，以他们给我们的东西。如果他们想要更好的东西，必须让我们知道。我们是十分愿意的。

还有一个关于"建筑手册"的词。关于它们，所有需要说的就是，他们是盲人指路。

关于更多雄心壮志的作品：当他们包含了肯定，或是不肯定的内容，以及在哲学上的尝试时，这些讨论就成了空气中的水蒸气一般无足轻重；它并未被浓缩成重要的、现时意义的作用。

于是，想要寻找建筑现实的研究者找不到空气去呼吸，也找不到舒适。

他被引入了一片丛林，在那里他的向导也不知云深何处，而他则被留在那里，没有指南针也没有星星。为什么是这样的呢？答案唾手可得：因为我们自诩的导师长时间以来、不言而喻地认为，建筑艺术是一本已经合上了的书，"完结"这个词在几个世纪以前就已经被写上了，并且显而易见，留给我们现代人的就是一些卑微的权利去挑选、抄袭和改良。因为他们认为"所有的"建筑都已经被建起、矗立着，并作为人们精神状态的物质象征矗立着了。因为从未在"曾经是"和"现在是"之间作过区分。并且——最为令人沮丧的是——这一精神失常的状态在针对强大的事实得出的简单、开放的观念中持续着它摇摆不定的路线，这一事实就是，现代科学，以研究的虔诚耐心帮助我们，已自由地参与、正在完善并赋予了我们已知的最综合、最精确和最有力量的有组织推理的系统。这些方法和力量，这一对所有生命进程至高研究的广度和生产力，这一民主最丰富的功能，在那些与建筑艺术和它的教学有关的人看来，今天都是空虚无用的。奇怪的是，他们低估了对我们所有人而言、在所有的真理中、在人类希望的平静安详中，为整个民族预告了日出的事物的价值。诚然，多产的现代思想，带着其所有良好愿望的影响，是诗、是导师、是先知，在它们的国家中尚未为人所知。

与此相对的是，我们曾经信任的那些不光彩的漠不关心，让我们假设，如果在想象中，一个"自然"和"人"的正常学生。让我们假设一个精力充沛的评论家，有同情心和仁慈心，对一切都十分敏感，并意识到了这一现代的破晓。他将成为对真实世界的终身追寻者。他的罗盘将永远指向中心事实，它们就是生命；他饮用的水和他赖以行动和思考的知识，命中注定都是一样的；他营养丰富的粮食，是对纯粹的民主既是人类意识中最模糊的欲望、又是最坚定的中流砥柱的信念——如此装备之后，他将穿越高山平原、从极地到赤道、经过富饶大地的所有经纬线，这是属于受到压制但也渴望行动的人性的世界。他将把历史作为一根拐杖握在手中。他将把"现代人"放在一个公平的秤上进行衡量，在这把秤上，他将使人与他对全人类的责任相平衡。他，将心平气和地，称量人民，共同地，衡量他们对孩子和人的明显责任和义务。

让我们假设，现在，在他漫游的时候，来到了"我们的国家"。他审视我们的建筑，称量它，估量它；然后，进行思考，抬头看着我们，作为一个民族，分析我们，称量我们，测量我们，评价我们；然后他将"人民"和"建筑"放在"历史"的天平上，并仔细地称重、小心地评价；然后将人民，和所有他们的活动一起，放在新的"民主"的天平上，再次称量、再次评价；随后将我们和我们自封的"常识"放在"自然"安详的衡器上；最后，在决定性的"所有周围的生命"上称量"我们"和"我们的所有"——并作出最后的评价！什么，是你认为的，他对我们对事物、对思想和对人的再评价？什么，在详审中，将成为精华，什么，在称量中，将具有实质，什么，在这个精炼机的火焰中，

234

将成为炉渣？在他沉思之后，他会说什么？他会说什么，在将我们与我们河流广博、空气良好而富有激励性、美丽宁静、广阔、肥沃的土地进行衡量之后？当他研究我们的头脑和心灵时，他将如何解释我们呢？因为我们将无处可藏！他会说什么，当他仔细地计算我们在这一天赋方面的工作，即"自由"，这一世界为了将其传播到我们身上付出了巨大代价的事物之时呢？

他可能会说的话，将成为一段新的和最为戏剧性的民主历史。

但是，可以肯定，他可能会，部分地，像这样说：

你们是怎样的，你们的建筑就是怎样的；并且，你们的建筑是怎样，你们也就是怎样的。你和你们的建筑是相同的。彼此是对方忠实的写照。要读懂这个就要去读懂那个。要解释这个也要去解释那个。两者的产物都形成了235　不良的影响：多么虚假！如何背叛了现在和过去！两者的产物都成了最惊心动魄、最穿心刺骨的重复，成了群体的低声怨语，我听见有人叫喊着："有什么用呢？"那喊声由轻薄而始，过渡到愤世嫉俗，而现在，则沦为悲观主义。那喊声在所有的时间、所有的民族那儿都成了死亡的呐喊或改革的呐喊，而从轻浮开始、却已被悲观主义吞没——成为绝望的言辞！你们的建筑，无论好的、坏的还是冷漠的，面对所有事物的时候都成了发出告诫的影响——因为它们就是你们。要注意！你们可曾认为"建筑学"是书本上的东西——早已过时了？不！永远不会！它曾经，一直以来，都属于它的时代和人民！它，现在，也属于当代，属于你们！你们的"建筑"羞于自然的，却不齿于谎言；所以，你们，作为一个民族，羞于自然的，却并不羞于说谎。你们的"建筑"羞于诚实不欺，却不羞于剽窃；所以，那么，根据"生命"不可辩驳的逻辑，你们也羞于诚实不欺，而不羞于剽窃。你们的"建筑"充斥着伪善的言行。所以，同样的，你们也是这样，可你们声称自己不是。你们的"建筑"是神经衰弱的；所以你们也毫无节制、过度浪费。那么这就是"民主"吗？你们的"建筑"说明，啊，多么直白，说明了"民主"的衰退和新一轮的"封建"产生了——这是一个民族变得危险的明确信号！你们的"建筑"毫无平静可言——这是一个民族失衡的明确信号。你们的"建筑"显示它毫无明晰的指导原则——你们也还没有发展出一套明晰的指导原则，尽管你们现在非常需要它！你们的"建筑"表现出对"自然"毫无热爱——你们轻视了"自然"。其中也没有生活的乐趣——你们不知道全部的生活意义——你们不快、狂热且惴惴不安。在这些建筑中"美元"得到了庸俗的夸大和崇敬——而你们将"美元"的重要性置于"人"的重要性之上。你们每天二十四小时都崇拜着它：它是你们的上帝！这些建筑显现出了在你们的建筑师中缺乏伟大思想者、真正的人；而且，作为一个民族，你们拥有的伟大思想者和真正的人少得可怜——尽管你们现在，智尽力竭地迫切需要伟大的思想者、真正的人。这些建筑显现出，你们对国

家毫无热爱，对人民毫无感情。所以，你们对彼此也毫无热情，却暗自相互
诋毁，其激烈程度可与你们对金子的热爱程度相比，你们会肆无忌惮地不仅
背叛你们的邻人，也背叛你们自己和你们的亲生儿女，仅仅就是为了金钱！

然而，某处，还会有一座建筑证明了诚实完整——你们诚实的程度也就
如此了。并非所有的皆为虚假——你们也同样并未完全虚伪。在你们的建筑
中发现的潜移默化的影响——也存在于你们中间。一次次称量、一次次测量、
一个个标志——都在你们的建筑之中发现了，你们也同样如此！

在你们的建筑中有一股庞大的活力，但不是真正的力量——在你们中间
也有狂热的能量，却不是真正均衡的力量。这是控诉吗？除非你们自己控诉
自己，否则就不是。建筑物矗立着，不改其面。看！观察它！由此，这就是
一种阅读，一种阐释。

各处都有一些建筑物是谦逊、真实和诚恳的：它们是你们中存在的诚恳
态度的产物。它们对你们感到羞耻之处，并未真正感到羞耻；在你们表现自
然之处，它们也表现自然；在你们民主之处，它们也有民主。它们肩并肩地
反对虚假和封建——两者彼此混杂。你们的思想和行动也以一种奇怪而邪恶
的方式，同样如此混杂着民主和封建。

你们的建筑显得毫无基本原则。你们也同样没有原则。你们假装了一种
常识性的哲学。一旦用你们的行为进行衡量，你们的常识就显得荒唐愚蠢、
不足一提：好比秘方的药品、掺假的食物、消化不良、你们诚实中的污秽烟雾，
不计其数的日常愚昧，与你们设想的明确、稳定的常识恰恰相反。你们吹嘘
出一种"成功"的哲学。它长久以来成了你们每天的长篇大论。但是，一旦
用"民主"来衡量，你们的成功就只是大体上过于明显的封建主义了。它们
是悲观主义，而非乐观主义。你们不曾想过去计算代价；可现在却开始想要
抓住其面纱的一角。而当面纱完全降下，呈现出清晰的面目时——对其真正
的全部代价的一瞥将使你们变得跌跌撞撞！你们预见不到危机，但危机几经
预见到了你们，现在正在降临你们。

你们理所当然地设想，哲学是空洞的词语，而不是重要的需求；你们不
曾探究；并如此蒙蔽了自己的头脑，使你们已步临深渊。

因为"健全的哲学"是一个"民主民族"的"救世主"！它意味着，非常简单，
一套思考的系统，它要考虑到一个民族的重要联系。它的实际意义十分广泛，
无可比拟。因为它避免浪费。它回溯深远又极有远见。它对"危机"先发制人。
它滋润、节约并指引了一个民族的生命力。它独自坚持住了目标，即他们的
均衡，以及由此而来的幸福。

于是，缺陷和愚昧侵占了你们的头脑，篡夺了"智慧"空置的地方。于是，
你们的"美元"出卖了你们，它也必定如此。于是，并没有给予这个世界那
个曾经是也仍然是你们所能获得的最高的组织机构，以及以你们最高尚的特

236

权所能给予的，作为这个世界所赋予你的，属于你的自由的回报：对"民主"的健全和纯粹的论述；在"人"的基础上建立起的哲学——因此以清晰和人性的话语提出了个人的正直、责任和义务——简而言之，就是新的、真正的"人民的哲学"。

亡羊补牢，为时未晚。

让这一哲学成为你们的市场和辽阔大地的初次精神收获。因为你们现在必须明察秋毫、专心致志、简单准确、鼓足勇气地快速思考你们迄今为止轻视和否认的那些事物的必要性。你们有一项伟大的力量和储备存在于你们受到危机迫使、感到悲伤时所激发出的足智多谋之中。你们的"建筑"以其实际的许多方面暗示了这一点。你们在这片大陆上的历史也证明了这一点。要立刻运用这股力量！

再次，你们的"建筑"，广义地说，毫无诗意；然而，它的面貌中竟然朦胧地包含了潜在的暗示，预示了引人注目的、诗意的、生动感人和有魅力的可能性。最后，它模糊地表达了你们作为一个民族拥有的大多数人类的品质，而这就是你们精神上感到羞怯的尴尬之处，你们羞于承认，更不用说声明了。一个人会渴望着洗掉它具有怯懦、自卑装饰的肮脏脸庞；渴望剥去它疏忽傲慢的褴褛外表，渴望看到在它孤独凄凉和令人同情的表面之下，是否的确有着毋庸置疑的真正灰姑娘般的脸庞和外表。

237　我推测——或者它是不是一个诞生于即将实现的可能性之下的希望？是不是一种不可忽视的可能？因为，的确，除了美国人的心灵，还有什么别的事物，在最后的分析下，无论如何变化无常和时而任性残暴，对所有人来说都更甜美的呢！

在这个基础上，如果我是你们的话，我将比你们猜想的更加深入和坚定地建立起新的上层结构，它比建立在聪明过头和基础性的谎言之上、现在正在崩裂的结构对你们自己而言，真正更加真实、更加长久。

所幸的是，的确，对你们而言，是你们的堕落如此粗劣；因为你们仍然能够从它的清除手术中幸存下来。

正是在这个坚强的心灵基础上，和它尽管尚未成熟、也为被你们自己所意识到的那些更加良好的部分基础上，我将重新进行建设。

谁了解"人类"，哪怕诚恳地承认仅有一点，谁就会知道这个真理：心灵比头脑更伟大。因为，在心灵中，保存着"渴望"；而且，由此产生了"勇气"和"崇高"。

固然，你们已经假设了诗歌就意味着有韵律的词句；而阅读这些，对人类的头脑和从事实际工作的人而言，是毫无价值的弱点。你们紧紧抓住一个虚构的事实，它来自你们滑稽可笑的常识，即情感应与事业无关。你们又一次没有探究清楚；你们作出假设，认为天经地义——以你们掉以轻心的方法。

你们还没有观察自己的内心。你们仅看到习惯的空洞之处，而事实已经离去久矣。仅有破壳后的茧衣留在了那里，就像树皮上甲虫留下的外壳。

你们尚未充分深入地思考过，认识到你们的心灵其实是男性身体中的女性。你们对自己怀疑有女性气质的地方进行了嘲笑；然而，你们早就该知道它的力量，珍视并利用它，因为它是"直觉"和"想象"的隐蔽源泉。离开了这两者，大脑如何能够取得成就！它们是人的两只内在眼睛；没有了它们，他就全然成了盲人。因为思维会将它们的力量彼此结合。一者带着光亮，另一者便负责搜寻；在两者的配合下能发现珍宝。它们把这些财富带给大脑，它迅速地精心处理后，对意志说，"行动"——行动便随之产生了。

理想地考虑，只要你们"建筑"巨大、无序的结果仍存在，那么"直觉"和"想象"就不会去启蒙和寻找人民的心灵。那么，它的作品仍是盲目的。如果这些作品被称作有男子气概，这个词就会被证明是对中性词的错误使用。因为它们缺乏繁衍的力量。它们不能激发有思想的头脑的灵感，却常常使它们压抑；它们被口齿不清的叫喊弄得窒息，这喊声激起听众的痛苦。

考虑一下，现在，诗歌并不只是有韵律的词句——尽管有些含韵律的词句可能是诗歌。考虑一下，现在，诗歌离开了词语，成了事物、思想和行动中的居民。因为如果你们坚持将印刷品或语言作为唯一可读或可听的内容——你们就只能，的确，成为"自然"之声的迟钝解读者，也是古往今来人类行动和思想的迟钝解读者，对它们各种各样、却基本相同的活动反应迟钝。不；诗歌，在正确的意义上，应代表智力范围和活动的最高形式。诚然，这在过去，称之为精神活动更为恰当，只要人们了解那个词语面具背后的真实内涵。

而且，我要顺便提到，大多数词语都是面具。习惯使你们适应这些面具的陪伴，其中有些十分美丽，另一些则令人心嫌，而你们却极少拉开一个词语的面具，为你们自己，看看它可能掩盖或揭示的真实面目。因为，正如我已提到的，你们并未深究，你们倾向于理所当然地接受事物。自孩童时代起，你们就见过这些面具，并已经和仍然假设它们是真实的，因为，自孩童时代起，你们就被那些过去、现在都怀有自私利益、要使你们迷惑的人所告知，它们是，现在仍是真实的。最后，无论如何，你们终于足够清醒了，揭开这个戴着面具的词的"体面"。 〔238〕

你们深深地热爱着这个面具词汇，"大脑"，它意味着生理的运动；而对"智力"一词嗤之以鼻，而它代表了清晰并十分具有建设性的反思。所以，因为这就是你们的想法，自然而然，你们成了自己冲动行为的受害人，也是你们对长远、必然的，是的，无情的结果无动于衷的受害者。

诗歌表现的是现实，这极为重要。但你则声称它不是；所以这便解决了问题，在你看来——至少你认为它得到了解决——而实际上是它解决了你——它使你被束缚。

你说诗歌仅仅与演说的比喻和修辞有关。而你的日常谈话除了演讲的比喻和修辞又是什么呢！每个词语，在诚恳的使用下，都是一幅画；无论是用在谈话中还是在文学创作中。精神生活，实际上也是物质生活，几乎完全就取决于一个人的眼界。

现在，诗歌，在正确的理解下，意味着精神视野最有效的形式。也就是说，正是看和行动的力量向"人"的内在自我揭示出了"生活"的全景和微妙力量。

诗歌，作为活生生的事物，因此，代表了人能给予他的思想和行动的最为明显的品质。经过这一试验的判断，你们的建筑是沉闷的、空洞无物的场所。

再有，这些建筑物显示出缺乏真正的表现艺术——而你们作为一个民族也未能真正地表达你们自己。你们同样对此嗤之以鼻；因为你们愤世嫉俗，非常鲁莽，也非常独断。你们眼中恶意的目光并未消失多久。你们基本上这样说过："我们要从表现的艺术中得到什么呢？又不能用它卖钱！"也许不是这样。但你们能够也已经出卖了自己。

你们做过假设，一门表达的艺术是虚构的，远离你们自己的事物；正如你们对所有事的假设一样，认为真正值得保留的价值是捏造的，远离你们自身的——是可以忽略不计，可以像衣服一样穿上脱下的。

因此，看看你们的法律体系——复杂、奇异和缺乏效率，钉挂着"无耻之徒"，正如同样钉挂着枪支。看看你们的"宪法"。现在它真的表达了你健全的生命，还是那里也有一个"无耻之徒"，令你窒息吗？看看你的生意。它除了成为同类相残者之间的灭绝战争之外，还是什么呢？它表达了"民主"吗？你们，作为一个"民族"，现在还是真正的"民主体制"吗？你们仍然具有民有、民治、民享的自我管理能力吗？或者它是否已经腐坏，正如你们的亚伯拉罕·林肯，在盖茨堡的土地上，曾经希望它但愿不会如此那样，正如一个疲惫苦闷的民族，在艰苦斗争的最后阶段希望的那样，他们要保护"民主"完好无损，保护表达的基本艺术。凭借着它，一个民族可以毫无阻碍地对他们生命、希望的灵感发出声音和创造形式，正如他们簇拥向前，向着享有他们与生俱来的权力、每个人与生俱来的权利——幸福的权利！

239   你是否注意到了你们建筑中表现出来的麻木有多么尖锐了吗？它们，也同样，代表了表现艺术带满挂钉的原则。因为除了一个民族的真正生活还要表达什么呢？在一个"民主国家"里，除了"所有人民"之外还有什么呢？任何人有什么权力说："是我！我自己！我才是自己的法则！"你们如此快地成了"我领导"！成了——"我拥有！""我背信弃义！"你们默许得多么轻巧！你们以多么糟糕的愚蠢假设了自私的自我主义才是"民主"的基础！

这是多么有意义，现在，有些粗暴的手正在摇醒你们，有些尖厉的声音在叫唤："趁早醒来，为时未晚！"

"可是，"我听见你说，急躁难耐，"我们还太年轻，不该考虑这些丰功伟绩。

我们太忙于物质发展，还没有时间考虑这些。"

那么，要知道，首先，它们并非丰功伟绩，而是必需之物。并且，最后，你们已经足够长大了，且已经找到了时间，几乎成功地做了一门艺术——"背信弃义"的艺术，还有一门科学——"移花接木"！

要知道，你们和整个人类一样年纪。你们中间的每个人都积累了人类的力量，随时待用，以一种正确的方式，在他得出结论，认为宁可直接思考并因此直接行动，而非像现在这样曲折迂回地假装直接。

要知道，那个简单、直白的"诚实"测试工具（你们都会知道，每个人都会知道那究竟意味着什么），永远在你手中。

要知道，因为所有复杂的表达都有一个简单的来源，因此，你们民族的动荡不安、体弱多病，无力对简单的事物、真正重要的事物进行清晰准确的思考，这些都能轻易地追溯到一个单独、真实、正在作用着的原因——"不诚实"；它以不可避免的逻辑和公正的手段指向每一个"个人"！

"补救方法"："个人的诚实"。

这是个理性而公正的结论！

"但是，"你可能会说，"它简单得可笑。"

毋庸置疑，它是荒谬的，如果你这样认为的话，并且它还将是荒谬的，对你们而言，只要你还认为如此——否则就不再是荒谬。但是，对你的社会痛苦和各种不适的持续；你却不认为是荒谬的了。

当牛顿看见苹果落下，他看见了你可能会称为简单荒谬的事实。然而，就是这样简单的事实将他与"宇宙"联系在了一起。

此外，这一简单的事物，"诚实"，存在于"人类思想和行动的世界"中，正如它的"引力中心"一样，并且它也是我们人类的一个面具词语，背后储存着所有"自然的真实"的力量，它是现代思想说服了"生命"极力揭示的"最深远的事实"。

那么，对"人"来说，用什么愚蠢来冲撞惊人的"生命之流"；而不是自愿、愉悦地将他自己与它和谐共处，并由此把"自然"的创造性能量和平衡输送给他自己。

"但是，"你说，"所有这些都超出了我们的脑力所及。"

不，没有！它就你手边，近在咫尺！而它的力量也同样在那里。

再次，你说："诚实如何能够得到强迫呢？"

它不能被强迫。

"那么这补救方法如何能够去实现呢？"

它不能变得有效。它只能用来取得成效。

"那么它要怎么来呢？"

去问"自然"。

240

"'自然'会说什么呢？"

"自然"总是会说："我在每个男人、女人和儿童的心中。我敲击每一颗心灵，并等待着。我耐心等待——准备好带着我的礼物进入人们心里。"

"这就是'自然'说的全部？"

这就是全部。

"那么我们如何接纳'自然'呢？"

要敞开你们思维的大门！因为你们对自己最大的罪行就是你们当着"她"的面锁上了门，并扔掉了钥匙！现在你们说："根本没有钥匙！"

"那么我们如何制作一把新钥匙？"

第一：小心地关照你们自己和同僚的精神健康。要意识到那些破坏它的人；他们是你最为致命的危险。要意识到你们自己，如果你们自己正在破坏它，因为这样你们就是自己最致命的敌人。如此，你们将获得最为重要的基础——安静、强健和有韧性的神经系统。如此，你们的五官将成为你们物质环境的精确阐释者；并且如此，相当自然地，你们的大脑将恢复，在你们内心，它引出行动和反应的正常力量。

第二：立刻开始建设一套真正民主的教育系统。它的基础必须是个性；而思维必须以现实感进行训练，使它能够达到全部的力量，对所有事物进行量度和认识到其力量的来源和维持来自外部，来自"自然"对所有人慷慨大方、毫不吝惜地赋予。

这样的教育体系将产生身体、头脑和心灵的均衡发展。它将因此培养出真正的男人和女人——正如"自然"所希望的那样。

它将在人类事务的每个方面产生出社会平衡。它将如此清晰地揭示曾经诅咒你们、而你们将永远摈弃的愚蠢之处。因为，你们那时将认识到，并愉快地接受这个简单、重要的真理，即个人只有在真实完整中成长起来才会具有力量，以及存在于永恒的"自然"完整性和"自然"只是其代表的"无限平静"之中，取之不竭的资源。

于是，你们将会把"民主"解释为一种宗教——那时世界唯一发展出的——合适的自由人——在他们的身体的完整性、他们思想的完整性方面享有自由。

这样做，你们领域里的所有方面都会改变，因为你们的思想将会改变。你们所有的活动都将取得有机和平衡的一致，因为所有你们的思想将在单个"人"的完整中获得共同的引力中心。

并且，正如橡树对于橡子而言永远都是真实的，橡树从橡子中萌芽，并自己繁衍出新的橡子，你们届时也将为"民主"的种子提供真正的表达和形式，它曾被种植在你们的土壤中，并同样结出了真正的"民主"的种子。

于是，当你们的思想改变了，你们的文明也将改变。于是，当"民主"在你的思想中获得了生动、完整的形状，现在感染你们的"封建主义"也将消失。因为它目前的力量完全存在于你们默许和支持的思想中。它的力量完全取决于你们，而非它自己。所以，必然地，当你们的思想持续地撤退时， 241
封建主义也将土崩瓦解！

所以你们不需要"武力"，因为武力是一种残忍、低效的工具。思想是理想有力的工具。因此，要拥有对你们自己思想完整性的思考。因为所有的社会力量，无论善的还是恶的，都存在于"人民"的思想中。这是人类历史的一项宝贵经验。

自然，那时候，当你们的思想这样变化了，你们成长中的建筑也将产生变化。它的虚假会消失；它的真实将逐渐显现。因为，你们思想中的完整真实，作为一个"民族"，将在那时渗透入你们建筑师的头脑中去。

那么，同样，当你们的基本思想改变的时候，对所有的事物都会产生一种哲学，一首诗歌和一项表达的艺术；因为你们将知道，一种有个性的哲学、诗歌和表达艺术对一个民主民族的健康成长和发展至关重要。

作为一个"民族"，你们有巨大的潜力，尚未使用的力量。

唤醒它。

利用它。

用它造福大众。

现在就开始！

因为，这就像你们的一位智者曾经说的那样正确：——"重新开始的办法就是重新开始。[1]"

1　出自《纽约论坛报》著名记者 Horace Greeley 的名言，他于 1872 年竞选总统失利后所写。
　　——中译者注

附录

附录一

刊印在《州际建筑师和建设者》的《启蒙对话录》的论文原始样张被保存在一个剪报本中（现存于纽约哥伦比亚大学艾弗里图书馆），保存者是林顿·P·史密斯，沙利文的一位朋友，曾在纽约市的巴雅大楼项目中有过合作。关于林顿·P·史密斯的其他资料所获甚少：他在纽约帕利塞德有座房子，根据剪报本中的笔迹，《启蒙对话录》中的几章是在那里撰写的；他曾写过一篇关于施莱辛格和巴雅大楼（现卡森·佩里·斯科特百货大楼）的文章，发表在 1904 年 6 月单月刊，总第 16 卷的《建筑纪录》上；他逝于大约1936 年。

史密斯在剪报本中塞进了几封来自沙利文的信，这里从手稿中刊印出来，原标点未改动：

路易斯·H·沙利文
建筑师
芝加哥会堂大厦 1600 室
芝加哥

1900 年 12 月 13 日

亲爱的林顿：是的，我已经读了通知 [未经确认的]，一定忽略了一部分，并不知道同样——已寄出的数量足够了。

你也许会乐意知道我已经设法取得了克里夫兰的《州际建筑师和建造者》52 篇文章的约稿。将在大约 1901 年 3 月 1 日开始出版——实际上这 52 篇文章会包括一篇争鸣，并且彼此关联。我已经完成了两篇，迄今为止，而我认为它们的"风格"会让你感兴趣。它们会取名"启蒙对话录"。

你的
路易斯

路易斯·H·沙利文
建筑师
礼堂大厦 1600 室
芝加哥

1901 年 2 月 18 日

我亲爱的林顿

　　我应该会乐意让"启蒙对话录"在外行中尽可能地广泛传播。建筑师不会十分理解其中的内容，但行外人，往往更思想开放，会理解它们。

　　请转给

E.C.Kelly

经理俄亥俄州出版公司

商会大楼

克莱夫兰俄亥俄州

　　按照谁有可能阅读这些文章列一个尽量丰富的名单，他会给他们寄通知函和订阅表——我们想在人群中开展工作。文章的内容进行得十分愉快。我写了 27 篇。在第 24 篇中，我在炎热的一天里让"年轻人"来到室外，而觉醒就开始了。

　　时常让我知道，你对这些文章的印象，等他们刊出的时候。你和你的家人都还好吗？

真诚地，
沙利文

- -
- - - - - - - - - -

路易斯·H·沙利文
建筑师
礼堂大厦 1600 室
芝加哥

1901 年 2 月 22 日

我亲爱的林顿：

　　"启蒙对话录"会比你想象得影响更为深刻。作为一项心理研究，它们将远远超过我迄今为止的任何尝试。它们的关键，你会发现，等继续发展下去，缓慢但是精巧地——从年轻人的个性和艺术本质的发展中发现，从内部发现。

　　它将成为有史以来的首次认真尝试，用人性和民主来考验建筑学——不要让某种轻率的态度误导了你。尽力在外行人中传播这些，因为他们不受专业的束缚。我是在为人民写作，而不是为建筑师们写作。

凯利是颗未经雕饰的钻石。他理应得到充分信任，他有勇气和远见，并对使他的阅历成为教育力量有某种含糊但强烈的愿望。他坚持认为我应当绝对自由地写作。这笔投资对他而言相当多，而且他也应该有一些订阅量作为后备。我已经写了 37 篇文章，所以我的"曲线"恰到好处。

你的

路易斯

路易斯·H·沙利文

建筑师

礼堂大厦 1600 室

芝加哥

1902 年 1 月 11 日

亲爱的林顿：

我在从南方回来的时候发现了你可爱的圣诞卡片，我和玛格丽特[沙利文的妻子]在那里度假。我们想对你发自内心的好意报以充分的感谢。我们度过了一个愉快的圣诞——在游廊里享用午餐，等等——72 华氏度——鸟语莺莺——流水潺潺——一个完美的"海泉湾"日[沙利文曾经在密西西比的海泉湾建过一座别墅]——玛格丽特仍要在南方逗留一阵，而我十分想念她——我正在写《启》的结尾——第 52 篇——"春之歌"。我一直写到 5 月 30 日昨天早上——但这篇中的我定的步调极为高调，以至于我有点不敢发表它——在写了 30 页手稿之后我发现几乎还未介绍主题——所以我必须降降温——今晚再写——但愿能写完。这些《启蒙对话录》已经是相当沉重的压力了——生意好起来了一点，而气候也变温和了——我要向你们二位送上我最诚挚的祝福：玛格丽特也会，要是她在这儿的话。

路易斯

245   沙利文对凯利的评价是基于《州际建筑师和建造者》1902 年 2 月 18 日社论的某些段落：

"路易斯·H·沙利文撰写的《启蒙对话录》系列文章中的最后一篇出现在本期的《州际建筑师和建造者》当中。

整整一年中，沙利文先生保持了强势的、有时是猛烈的写作风格，但总是在建筑学及其实践下独创的原则脉络中进行着。他不是那种对他不喜欢的事物用尽量温和委婉的词进行描述的人；相反，他对在他看来，令人不快的事物使用了脑海中最严厉的词。

　　如果也有他的独创性、精力和勇敢，谁能不像他这样呢？他展示出了美国人尤其欣赏的一种人。

　　尽管沙利文先生对一些建筑学派进行了猛烈的攻击，他的动机总是原则上正确的。

　　他对自己所属的专业保有持续的较高标准。我们中有谁没有为在他看来教错了或做错了的事情极力辩护呢？如果不是那样，他的风格就只能索然无味了。

　　我们的想法并不相同。对一个人而言是错误的，对另一个人则是对的。所以沙利文先生的一些同胞并不认同他的观点。然而他已经让他们深思并说出了对阅读他的每个人而言都有益处的内容……"

――――――――――――――――――――――――――――――――

　　沙利文也在一封给克劳德·F·布瑞格登的信中提出了写作《启蒙对话录》的目的，被"圣甲虫"版本的简介所引用，具体如下：

　　一个在建筑学校'完成了学业'的年轻人来找我进行毕业后的修学——由此产生了对话的自由形式。

　　我不用间接和暗示而是以直接的规矩来继续他的教育。我使他接受一定的经历，并允许它们在他身上留下的印象潜移默化，而我注意到了它的效果，并逐渐引导他。我提供了酵母，可以说，并允许酵素在他身上起作用。

　　这是整个主题的要旨。然后剩下的就是小心地决定我将给这位小伙子什么样的经历、以什么样的次序或是逻辑（尤其是在心理上的）次序。随后，我从平实无华、客观真实、多少有些愤世嫉俗、粗暴无礼和平庸无知的方面开始，逐渐地加入主观的、优雅的、利他主义的内容，然后经过这两个主题反反复复、剧烈增加的节奏，我达到了初步的高潮，以粗野的性情期待着更高贵、更纯粹的事物。

　　由此在这个年轻人的灵魂里产生了迟钝的强烈厌恶和渴望；影响心灵的一刻到来了，我立刻将他带到乡村去——（'夏'：'暴风雨'）。这是四幕室外剧的第一幕，也是年轻人和自然接触的第一次真实经历。它粗野却强烈地使他印象深刻；在暴风雨紧张的兴奋之后，激励他得到了暂时的修辞能力；到最后，则会得到大大缓解。他在某种程度上又感觉，却仍不知道他已经成为'自然'华丽戏剧的一员了。（我这样暗中准备着提出创造性的建筑必然本质上是戏剧艺术和修辞艺术的概念：它们都具有微妙的节奏性美感、力量和敏感。）

　　被留在乡村的年轻人变得多愁善感——成了自然尚未成熟的爱人——并弱于言辞。回到城市之后他的感情变得温柔并开始倾诉——不可知晓的爱神温柔的羽箭射穿了他的心——'自然'微妙的咒语在他身上显现，消失不见又再次出现。然后紧跟着是讨论，多少有些说教，将会指向室外第二幕（'秋之光辉'）。年轻人在这里讲了许多话并表现出较为明晰和平静的思想。关于'责任'、'民主'、'教育'等的讨论必然与悲观主义的潜在精神相关：它一定是：我们潜入深渊和黑暗，并达到了第三幕的悲剧性高潮——'冬'。

"现在我们已经积聚了力量，并整装待发，真正的、健全的行动开始着手并被以高度的压力进行推进，并很快到了冗长的变调，直到第四幕也是最后的室外一幕注定的高潮和乐观的结语，正如在'春之歌'中描绘过的一样。结束的场所是树林中一处美丽的景点，就在比洛克西湾的海岸边——也是我写下这些的地方。"

附录二

给《州际建筑师和建造者》编辑的一封信，1901 年 5 月 11 日：

我已经兴致盎然地读了路易斯·H·沙利文先生的《启蒙对话录》系列，受益匪浅，我想。我这么说不是为了赞美沙利文先生，也不是为了恭维贵杂志社，只是向您表明，随后的一些批评并非出于对沙利文先生及其观点的一般敌意。

我认为，沙利文先生任由他强烈的信念（我对他的强烈信念表示欣赏）将他引向了 4 月 20 日贵刊第 10 篇（关于罗马神庙）文章中错误并不堪一击的理论基础。总体而言，我真切地认同他对"罗马神庙"的批评，并且当他为犯罪者缺乏能力而喝彩的时候，所有的感受也仅有满意而已，但要说一个人在判断上犯了错误就如同违规怠慢者一般卑劣，这种说法肯定有些违背所有的伦理观念和道德哲学了。将无能责备为犯罪肯定有失公正。它可能令人扼腕叹息，应该谴责，却不会引来道德上的震惊。我们极少会雇用一个愚蠢的人去填补责任重大的岗位，如果我们事先知道的话，但是如果我们的确雇用了他而他又辜负了这份信任，我们也不能指责他犯了罪。

也许沙利文先生想让大家都信服，所有建造了糟糕建筑的建筑师都因为"纯粹的刚愎自用"而眼高手低。当然，如果这就是他的立场，我除了实在无法相信之外，无话可说。

A.L.F.

沙利文的回信，1901 年 5 月 18 日刊发：

致编辑，

您的读者 A.L.F. 的信，在 5 月 11 日提到的问题使用的语气如此通情达理，以至于我希望，在某种程度上，能够予以答复。我不能够和他讨论他提出的伦理问题。我将只为了他和那些同他想法相同的人的益处提出建议，即《启蒙对话录》的目的不在于成为一篇篇彼此无关的周刊，而是要成为一篇论文，循序渐进、有条不紊。这篇论文会以自己的方式成长和展开，并在适当的时候结出花朵。当它完成的时候，它必须（正如任何艺术都必须）碰碰运气。我并没有特别反对批评。为什么要反对呢？我要求自己以最大的自由、毫无保留地进行批评。那么我为什么要拒绝别人对我的作品进行批评呢？我不是拒绝批评，而仅仅是写这封信作为给您的读者的建议，当他有可能读到并读完第 52 篇文章的时候会找到解释，不仅仅是对第 10 篇的解释，还有对所有其他文章的解释，而第 52 篇的解释则在第 51 篇，而每篇文章的正确性都会被其他 51 篇文章所证明。

247　　　　等我的论文完成的时候，您就可以开动所有您乐意的批评进行炮轰。不能经受住粗略应用的哲学就不是哲学，而以这一我预先接受的标准来看，我的哲学一定不仅会幸免于难还将取得胜利，而我也认为它理应如此。在此标准下，自然而然地，也会产生全世界范围内对建筑艺术的全面重建，否则——它一定会失败。我不要求帮助也不给予帮助。我不请求饶命也不善罢甘休。现在已经到了一个重要的问题亟待了结的时候了。无论虚伪的教育是否会支配我们，也无论我们是否会从自身和民主的环境中演进出真正的教育，它已然是个问题。

路易斯·H·沙利文

附录三

沙利文（在修改中）删除了这些语句："这个人就犹如美国建筑师学会的主席，他在主席演讲中表述了这种愚蠢、琐碎的情绪。"

在 1900 年美国建筑师学会于华盛顿特区举行的年会上，主席罗伯特·S·皮博迪评价道："……有一种批评认为，我们作为一个组织，不鼓励原创作品，而我们行业中有影响的人将建筑理解为仅仅是旧的形式与常用装饰的重复，毫无理由地作为虚饰用在全新建造方式所带来的结构之上。尽管有不同的观点，但这些人说我们当中绝大多数人制造的只是模仿品，多多少少是虚弱和不恰当的，它们是巴黎建筑、中世纪英格兰、15 世纪意大利或者是古典罗马的模仿品。或许建筑教授比建筑师自己更差劲。他们被形容为'像是枯萎病一样在他们的学校中教育学生'，大声称颂'符号与虚构之物'，'倾听回声'，偷窃'年轻人的自发性与魅力'，树立起'传统的绝对无错'……好在，我想，那种对使用装饰的恐惧并不广泛，这种使用是长久以来的联系所培养而成的。我们中的绝大多数一旦想到我们的土地如果受控于'创造性冲动的自由'会变成什么样，就会颤抖。"

皮博迪讽刺性地引用的语句来自沙利文的一篇论文，"建筑艺术中的现实"，发表在芝加哥论坛报上，随后刊印在《州际建筑师与建造者》上（第 2卷，第 25 期，1900 年 8 月 11 日）："这一点已经被很清楚地认识到，迄今为止的教育方法是犯罪一般错误的，令人迷惑而具有破坏力，一种热烈的渴望已经出现，要求为自然的人放松古典的、中世纪的外壳，以及帝王的做作形式，让他能成为自己……朝向这种渴望，教育者们，除去很少的例外，给予年轻人们热心的、理智的帮助。"

"这些例外当中，极为显著的，是建筑教授们，像枯萎病一样在他们的学校中教育学生。他们吸取了你我的身体养分——心理骄傲道貌岸然的伪君子。他们培养浅尝辄止的倾向。他们赞美做作的、不真实的东西。他们称颂符号与虚构之物。他们倾听回声。"

"在做这些的时候，他们声称自己在教授建筑艺术，而实际上，他们不仅模糊了艺术的现实，而且快速和确定地压制和偷窃年轻人的自发性与魅力，未来人们的理智与更高尚的作用……"

"救治方法显而易见——回到自然、简单、健康的充满同情的思考方式；创造性冲动的释放……"

波士顿皮博迪与斯登公司的罗伯特·S·皮博迪在新英格兰、纽约等地设计公共建筑与住宅，还完成了 1890 年芝加哥博览会的机器展厅。

附录四

1946 年 5 月 10 日在迈阿密举行的年会上，路易斯·H·沙利文被授予美国建筑师学会金奖，以下是休·莫里森的致辞：

我们向路易斯·沙利文致敬：

他的建筑职业生涯是毕生奉献他的理智能量与精神。

尊敬地将实际要求视为美学责任，他展现了新的设计原则。

他相信美国建筑的各个层面也是美国生活的各个层面，由此将我们引向一个属于我们人民、来自人民并且为了人民的艺术。

他以新鲜的方式对待每一个任务，相信每一个问题都包含并提示了它自己的解答。

他要求自己付出情感与精神，来给予每个建筑它自己的美的身份。

他攻击备受防护的信仰。

他驳斥错误的标准。

他鄙视市场上的风格之神。

他在那一代中孤身奋战，并不愉快的生活着，在贫困中死去。

但因为他的战斗，我们今天对于我们的艺术有了更富有勇气的理解。他帮助所有的建筑师更新了原创的自由以及创造的责任。他所贡献的标准为今天的成就作出了极大贡献，并且将强化明天的前途。

我们献给路易斯·沙利文这优美的赞颂，我们职业中最高的荣钰，美国建筑师学会金奖。

（致谢《美国建筑师学会杂志》）

奖章由乔治·格兰特·艾尔姆斯利接受，虽然并未出席，他的回应致辞如下：

怀着深厚的情感我接受学院在路易斯·沙利文身后授予他的金奖；这是学院最高奖项。我作为代表和权益监护人接受它，并且将怀着对其他日子的记忆珍视它。在他创造力的高峰时期，我有好些年与沙利文先生熟识。

到今年四月，这位伟大的美国人已经离开我们 22 年了，这些年的时间已经逐渐澄清了他的位置，并且将他的重要性定义为人们的领导者，并不仅仅是在他所热爱的建筑领域，而且也是在我们不断扩展的民主视野的大道上。现在大众与建筑行业比之前任何时候都更清楚他的精神的潜移默化的作用，在这个意义上，金奖恰逢其时。

作为人，他本质上是一个抒情诗人。一篇他未发表的作品声称"主"是
一位真正的抒情诗人，在他最为主观的时刻将这一特征展现给人们。对他一
生的批评在衡量他的成就时应当考虑这一重要因素。

他坚定而充满活力地站立着，与他那个时代的世界格格不入，在他将建
筑从学院式的奴役中解放出来的努力中从不犹豫，这种奴役牵涉传统建筑形
式，以及与他所认为的正常人创造精神相比的，我们当中包含很多禁忌的封
建残余。

也许谈谈我与他相处的一些体验并无不当。对于那些注重独立思考以及
那些在有此殊荣在他伟大的会堂塔楼顶楼绘图室中接受他指导的人来说，沙
利文先生是一个亲切的、充满活力的导师。在工作评判中他的评论路径极为
宽广，充满启发；很少挑剔和武断。对于那些有想法的人，他尤其鼓励。

作为绘图人，他少有匹敌，观赏他绘图时的灵活与精确是现成的教学。
他的设计均是在与各种问题本身的探讨中预先构思的，远离纸张与铅笔笔
画——对这种头脑与精神的路径与方式的强调他从未停歇。

很多人都读过他的《一个理念的自传》，由美国建筑师学会出版，但很少
有人读过他讨论建筑、教育与民主的《启蒙对话录》。这本书一个新的、扩展
的版本包含了此前未发表的文章，它将在今年面世，我作为他文字作品的监
护人安排了出版。你们也可能有兴趣知道，尤其是建筑界的年轻人以及学生们，
在芝加哥艺术学院的伯纳姆图书馆中有一套沙利文先生手稿、绘图以及其他
材料的收藏，作为拥有历史重要性的资料保存着。

我非常抱歉不能出席这个为路易斯·沙利文举办的仪式，他是艺术以及
生活方式领导者。

用他的文章中的一段话来结束这个致辞是恰当的：
"当我前行，在我眼前展开的是一幅令人迷惑的景观——在那里有一个拥
有和平、智慧与神智的建筑——这个建筑具备了如此自然以及精妙的形状，
就仿佛是自然创造了它；因为它将从人的头脑、人的心、人的灵魂中优雅地
产生；它就像是上帝所造，因为它被给予了生命的呼吸——但它也将是'人'
所建造的建筑——因为那时人已经成为'人'。"

《启蒙对话录》的手稿与版本

　　A. 手写书稿，铅笔；艾弗里图书馆，哥伦比亚大学（31 与 32 章不存）。手写的章节表，图表形式，附有相应的在《州级建筑师与建造者》杂志上的发表日期，粘贴在林登·P·史密斯先生制作的剪贴簿中，并由他捐赠给艾弗里图书馆。

　　B. 为印刷者（可能）准备的 A 手稿的打印书稿——这一文献的几个副本也现存。

　　C.《州级建筑师与建造者》1901 年 2 月 8 日至 1902 年 2 月 16 日之间的连载。仅仅在一些词语的微小调整以及短语的删除上这本文献与 A 有所区别。

　　D. 由沙利文修改的文稿（1918 年 6—10 月）：包括 B 的一个副本，有铅笔的行间修改，主要是打印的，以及广泛的删减。在单独的纸张上重写了六章，除了两章（31 章——在艾弗里——与 32 章）外均已遗失，这些是给予 F 版本的编者乔治·G·艾尔姆斯利先生的。原始的修改书稿在伯纳姆图书馆，芝加哥艺术学院。艾尔姆斯利大约在 1936 年收到这一文献，并赠给伯纳姆图书馆。在修改中，沙利文将字数从 13 万字减到大约 10 万字。

　　E，D. 文献的打印副本，由查尔斯·H·维塔克先生赠给伯纳姆图书馆。这里缺少沙利文为 D 写的前言。

　　F. 圣甲虫兄弟会出版社 1934 年限量版本，由克劳德·F·布拉戈顿编辑并撰写简介。他根据《州级建筑师与建造者》杂志准备了书稿（以及 D 中提及的两个书稿章节）。布拉戈顿先生的简介解释了他编辑的性质与范围，并且大段引用了沙利文的一封信来说明《启蒙对话录》的意图（见附录 A）；其中一个结论被 D 文稿所证明是错误的："在沙利文 1924 年去世前后，有过几次尝试将这些论文以书籍的形式出版，但都没有完成……因为以书籍形式出版，必须进行修改与删减。沙利文本人拒绝完成这一任务，也不愿意交由任何人编辑。"

　　G. 本书版本，直接来自 D 文献，再加上 E 文献中的两篇遗失的章节。

附录六 *

　　"因此记住，在你的思考与行动中永远牢记，形式永远追随功能，这是法则——一个普遍的真理。"

——路易斯·H·沙利文

　　他是形式 – 功能建筑最重要的支持者，被很多人视为现代摩天楼的创造者，路易斯·亨利·沙利文（1856—1924 年）是美国最原创、最具影响力的建筑师，也是讨论建筑功能本质这一领域极为重要的写作者。他因为很多商业项目而广为人知——芝加哥会堂（1889 年）、圣路易斯温莱特大厦（1891 年）、布法罗普鲁登休大厦（1895 年），以及芝加哥卡森皮里与斯科特大厦（1899—1903 年）——今天他也同样因为两本著作《一个理念的自传》（Dover 出版社，20281–X）以及《启蒙对话录》（1901—1902 年，1918 年修订）而被人们景仰。

　　在这一创造性的重要作品中，他关于建筑、艺术、教育以及更宽泛的生活的理论以一位建筑师与一位初学者之间对话或者是"聊天"的形式呈现出来。沙利文对 19 世纪折中建筑的蔑视——"我们大部分的建筑已经烂入骨髓，这是一个不容丝毫怀疑的事实"、他对一种更为功能化设计路径的努力，以及他的摩天楼理论只是这些书页中记录的部分原则与洞见。就像建筑师与作家克劳德·布莱格顿所评价的："在我的记忆中，《启蒙对话录》仍然是我所读过的最具有挑战性、最令人愉悦、最令人震惊、最具有启发性的作品之一。"

　　刘易斯·芒福德将沙利文视为理查德森与弗兰克·劳埃德·赖特之间的联系链条；他"为一种真正有机的建筑铺下了基础，能够满足任何实际需求同时拥有支持着人类精神的任何理念性的主张。"赖特实际上作为绘图员为沙利文工作，而且习惯性地将沙利文称为"大师"。

　　这个版本是《启蒙对话录》1918 年最终版的第一个低价重印版本，原版由沙利文本人修订，他完全重写了一些章节并且总体性地调整了原始版本的观点论述，使之更为流畅。八篇附加的论文，涵盖 1885—1906 年之间，补充了基本文本；它们包括"建筑中的装饰"、"基于美学／艺术考虑的高层办公建筑"、"建筑界的年轻人"，以及"什么是建筑？"建筑专业学生、建筑师、艺术家、教育者以及其他能够欣赏一个活跃、拒绝偶像的头脑所能提供的刺激的读者，都会被这一大胆的、激发思索的书籍的强烈磁力所吸引。

---

* 这个部分是英文版原书的封底内容。——编者注